KÜHLTÜRME

Grundlagen der
Berechnung und Konstruktion

P. Berliner

Springer-Verlag Berlin · Heidelberg · New York 1975

Dr.-Ing. PAUL BERLINER
Gesellschaft für Kernforschung m.b.H., Karlsruhe

Mit 123 Abbildungen

ISBN-13: 978-3-642-65856-3   e-ISBN-13: 978-3-642-65855-6
DOI: 10.1007/978-3-642-65855-6

Library of Congress Cataloging in Publication Data
Berliner, Paul, 1921
Kühltürme; Grundlagen der Berechnung und Konstruktion.
Includes bibliographies.

1. Cooling towers. I. Title.
TJ563. B47   621.1'97   74-16354

Für Ina Maria

Vorwort

Die Kühlturmtechnik überspannt heute einen weiten Leistungsbereich. Während die großen Kühltürme nahezu ausschließlich für Kraftwerke benötigt werden, steht bei den kleineren und mittleren Leistungen die Kälte- und Klimatechnik an erster Stelle. In beiden Fällen ist es die Kondensationswärme eines Kreisprozesses, die an die Umgebungsluft abzuführen ist.

In den kommenden Jahren wird die Stromerzeugung rasch zunehmen; der Anteil der Kernenergie wird wachsen; die Aufnahmefähigkeit der Gewässer für die zusätzlichen Wärmeströme wird definitiv ihre Grenze erreicht haben. Damit ist zu erwarten, daß die insgesamt an die Luft abzuführenden Verlustwärmeströme noch schneller ansteigen werden als die Stromerzeugung. Ein ähnlich rasches Wachstum zeichnet sich im Kälte- und Klimabereich ab.

Der steile Anstieg in der Anwendung von Kühltürmen bringt neue Probleme mit sich. Auf der einen Seite sind es die Umwelteinflüsse der in ihrem Ausmaß bisher unbekannten Wärmeströme, die bei der zunehmenden Dichte der Abwärmeausbreitung in den Ballungszentren der Industrie nicht mehr vernachlässigt werden dürfen. Auf der anderen Seite sind es die neuen Erkenntnisse aus mitwirkenden Zweigen der Technik (Entwicklung von Spezialventilatoren, Baukörpern aus GfK, Seilnetzsystemen usw), die veranlassen, in den Konstruktionen neue Wege einzuschlagen.

Die Literatur über die anstehenden Fragen ist weit verzweigt. Es stellte sich daher für das vorliegende Buch die Aufgabe, einen Überblick über die heute gültigen wissenschaftlichen Untersuchungen zu geben. Nur bei entschieden speziellen Fragen soll es bei der Notwendigkeit bleiben, auf die zu den einzelnen Kapiteln gehörigen Originalarbeiten zurückzugehen.

Nachdem bisher eine zusammenfassende Übersicht über die verstreuten thermo-, aero- und hydrodynamischen Untersuchungen noch nicht existiert, rechtfertigt der gegenwärtig erreichte Stand der Technik die Sammlung der für die Zukunft wesentlichen Erkenntnisse. So ist die vorliegende Zusammenfassung der Grundlagen ganz auf die Erfordernisse der künftigen Entwicklung in der Kühlturmtechnik abgestellt.

Karlsruhe, Oktober 1974   **P. Berliner**

Inhaltsverzeichnis

1. Thermodynamische Begriffe in der Kühlturmtechnik

1.1 Verdunstungsprozesse

Die Verdunstung zählt zu den thermodynamischen Ausgleichsprozessen, sie verläuft irreversibel und strebt stets einem Gleichgewicht zu. Es findet an der Wasseroberfläche ein Phasenwechsel statt, indem sich dort Dampf bildet, der in die angrenzenden Luftschichten eindringt. Zugleich mit dem Stoffübergang vollzieht sich ein Übergang von latenter Wärme.

1.2 Adiabate Sättigung

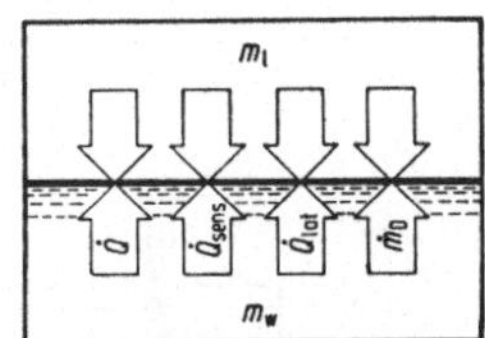

Bild 1.1. Adiabate Sättigung. Schema eines Gleichgewichts der Energie- und Stoffströme in einem abgeschlossenen System.
m_l Luft m_w Kühlwasser $\dot{Q}$ Wärmestrom; $\dot{Q}_{sens}$ Strom sensibler (fühlbarer) Wärme; $\dot{Q}_{lat}$ Strom latenter Wärme; $\dot{m}_D$ Wasserdampfstrom

In einem thermodynamisch abgeschlossenen System, in dem weder ein Wärmestrom noch ein Stoffstrom die Systemgrenzen überschreitet, verlangsamt sich der Vorgang mit der zunehmenden Sättigung der Luft. Die Zustandsgrößen, die ihn bewirken, nähern sich, bis sie am Ende, wenn das Gleichgewicht als Ruhepunkt erreicht ist, bestimmte, einander zugeordnete Werte annehmen. Man spricht von einer adiabaten Sättigung.

1.3 Kühlturmprozesse

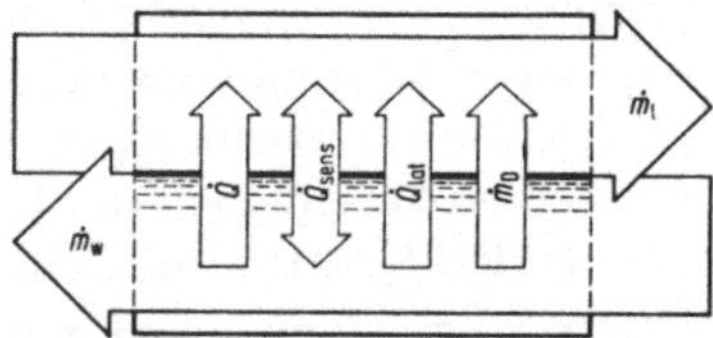

Bild 1.2. Kühlturm.

Die Verdunstung in einem Kühlturm verläuft stationär in einem offenen System. Über die vom Austauschraum gebildeten Systemgrenzen hinweg bewegen sich ununterbrochen die großen Stoffströme des Kühlwassers und der Luft. Mit dem zirkulierenden Kühlwasser wird die Wärme von der Umgebung des Systems herantransportiert.

Zwischen dem herabrieselnden Kühlwasser und der hindurchströmenden Luft stellt sich an keinem Punkt ein Gleichgewicht ein. Es bleibt über den ganzen Strömungsverlauf hinweg ein Gefälle erhalten. Nur an der Phasengrenze, zwischen sehr dünnen Schichten der beiden

Medien, entsteht das Gleichgewicht der sich dort einander entsprechenden Zustandsgrößen.

Wollte man die mittleren Zustandsgrößen des Wasserstromes und des Luftstromes auch nur an einem Querschnittspunkt zu einem Ausgleich bringen, so müßte man die Austauschfläche oder die Verweilzeit über alle realen Grenzen wachsen lassen.

Das thermodynamische Gleichgewicht der Sättigung, das bei den stationären Prozessen nicht erreicht wird, leitet indessen auch hier den Verlauf der Zustandsgrößen.

Zustandsgrößen sind Druck, Volumen, Temperatur, Konzentration, Enthalpie.

1.4 Psychrometer

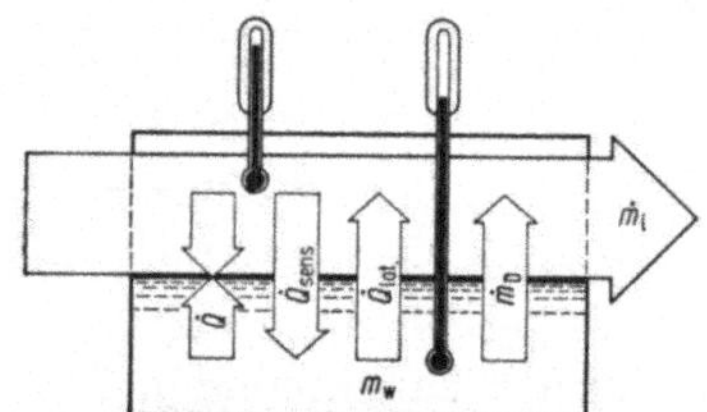

Bild 1.3. Psychrometer.

Zur gleichzeitigen Bestimmung von Luftfeuchtigkeit und Lufttemperatur benutzt man nach *August* (1825) zwei Thermometer, die Fühlerkugel des einen bleibt trocken, die des zweiten ist mit einem Gewebe umhüllt, das vor der Messung befeuchtet wird.

Wird das Gerät mit der zu untersuchenden Luft angeblasen, so sinkt die Temperatur des feuchtgehaltenen Thermometers infolge der Verdunstung unter diejenige des trockenen. Nach wenigen Minuten kommt die Temperaturabsenkung zum Stillstand, und man liest die Werte an den beiden Thermometern ab. Hiernach kann der Luftzustand für den betreffenden Gesamtdruck eindeutig festgestellt werden.

Die Messung beruht auf einem stationären Verdunstungsprozeß in einem offenen System. Ständig wird von außen neue Luft zugeführt. Der kleine Wasservorrat an der einen Thermometerkugel gibt anfänglich noch Wärme ab, oder er nimmt noch Wärme auf. Im Beharrungszustand ist dann ein Temperaturausgleich eingetreten. Die Temperatur des Wassers ist genau gleich der Lufttemperatur an der Phasengrenze. Vom Innern der Wasserschicht dringt keine sensible Wärme mehr nach.

Die latente Wärme, die die Luft mit dem verdunstenden Wasser aufnimmt, ist gleich der sensiblen Wärme, die sie abgibt. Gegenüber dem Wasservorrat ist indessen die Luftmenge so groß, daß — ebenso wie die ursprüngliche Wassertemperatur — die aufgenommene latente und die abgegebene sensible Wärme auf das Meßergebnis keinen Einfluß haben kann. Die Luft verändert ihren Zustand in Richtung einer zunehmenden Sättigung kaum. Die Zustandsänderung ist nicht meßbar, nur die Verlaufsrichtung kann mithilfe der Wassertemperatur ermittelt werden.

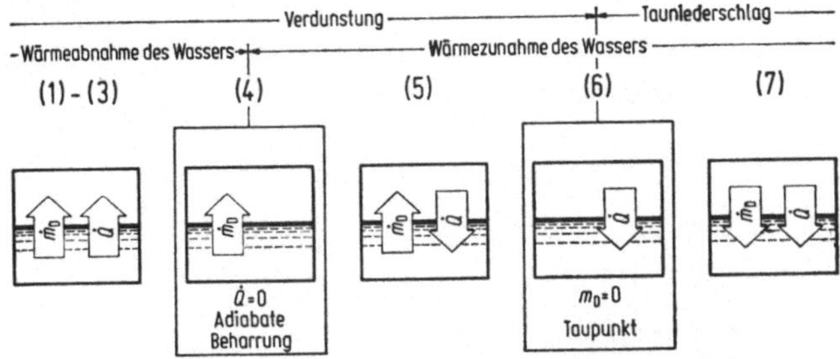

Bild 1.4. Austauschprozesse zwischen Luft und Wasser.

1.5 Übersichtsschema

Verdunstungs- und Taubildungsprozesse lassen sich in

- drei Grenzprozesse und
- vier Grundprozesse aufgliedern. Das Schema vermittelt eine erste Orientierung und verdeutlicht die Symmetrie.[1]

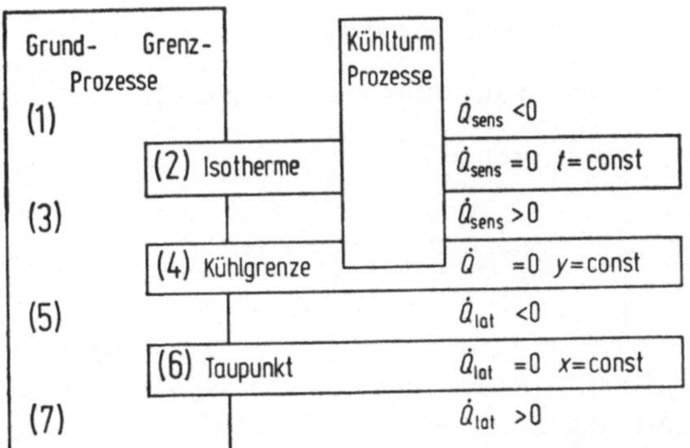

Der Übergang eines Wärme- oder Stoffstromes in Richtung vom Wasser zur Luft wird mit einem positiven Vorzeichen gekennzeichnet.

1.6 Isotherme Verdunstung (Grenzprozeß (2))

Beim Durchströmen eines Kühlturms kann sich die Luft sowohl erwärmen als auch abkühlen. Bei einer Temperaturzunahme handelt es sich um den Grundprozeß (1), bei einer Temperaturabnahme um den Grundprozeß (3). Dazwischen, beim Grenzprozeß (2) wird aus-

---

[1] Die exakten Werte für die Transportprozesse zwischen Wasser und Luft sind in Abschnitt 4.8 behandelt und mit y ($\approx h$) bezeichnet.

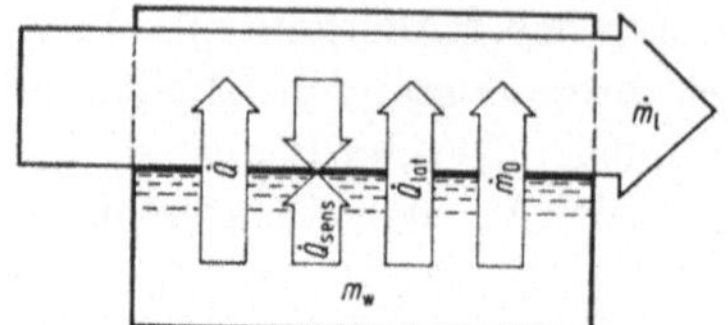

Bild 1.5. Isotherme Verdunstung.

schließlich latente Wärme vom Wasser auf die Luft übertragen. Die sensible Wärme ändert sich nicht.

1.7 Kühlgrenze (Grenzprozeß (4))

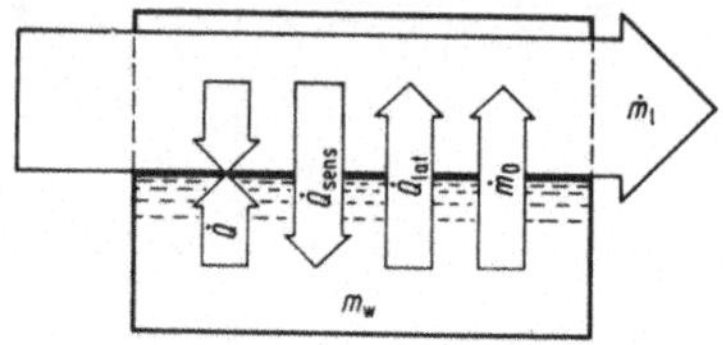

Bild 1.6. Kühlgrenze.

Als Kühlgrenze ist diejenige Temperatur anzusehen, auf die sich Wasser (Eis) durch Verdunstung (Sublimation) abkühlt, wenn es einem genügend großen Luftstrom ausgesetzt ist und im Beharrungszustand keine Wärme mehr abgibt.

Die Kühlgrenze ist also die „Temperatur am feuchten Thermometer" des Psychrometer-Prozesses.

1.8 Taupunkt (Grenzprozeß (6))

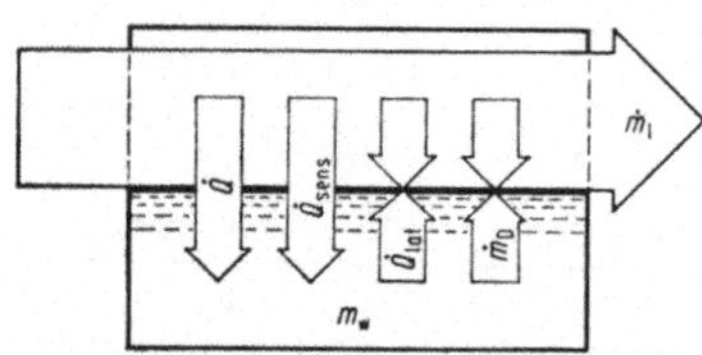

Bild 1.7. Taupunkt.

Analog ist der Taupunkt diejenige Temperatur, auf die ein Körper in feuchter Luft abgekühlt werden kann, ohne daß sich der Wasserdampf aus der Luft als Tau (Reif) niederschlägt.

1.9 Gegenüberstellung

Die Übersicht, Bild 1.8, veranschaulicht die Unterschiede zwischen den Verdunstungsprozessen inbezug auf den Verlauf bis zum Gleichgewicht der Sättigung.

Wenn man von einem beliebigen Anfangszustand der Luft, 0, ausgeht und den Verdunstungsprozeß bis zur Sättigung, S, führen kann, so lassen sich für diesen Endzustand alle thermodynamischen Daten nach den Erhaltungssätzen und den aus diesen abgeleiteten Bilanzgleichungen, Mischungsregeln usw. exakt beschreiben. Es ist nicht erforderlich, Kenntnis über die Zustände bei den „Zwischenstationen", z. B. bei 1, zu haben.

Wird der Prozeßverlauf unmittelbar nach seinem Beginn abgebrochen — Psychrometer — oder noch bis 1 weitergeführt — Kühlturm —, so kann man für viele Ingenieuraufgaben ebenfalls die Ableitungen aus den Erhaltungssätzen heranziehen. Die Aussagen sind dann nicht mehr genau.

Für die Behandlung der Kühlturmprozesse ist nun wichtig, sich Klarheit zu verschaffen, wodurch die Abweichungen im Prozeßverlauf bei den „Zwischenstationen" entstehen und wie sehr sie sich bei den Rechnungen auswirken.

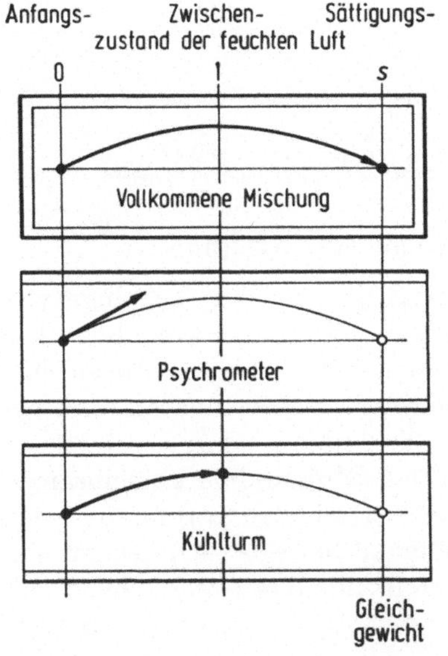

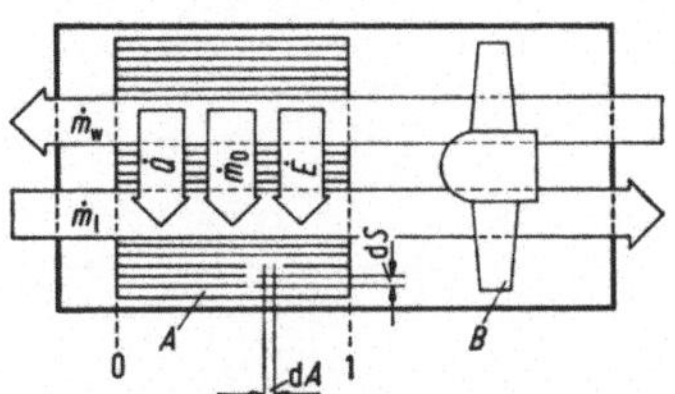

Bild 1.9. Der Kühlturm als thermodynamisches System.
$\dot{m}_\mathrm{w}$ Kühlwasserstrom; $\dot{m}_\mathrm{l}$ Luftstrom; $\dot{Q}$ Wärmestrom; $\dot{m}_\mathrm{D}$ Wasserdampfstrom; $\dot{E}$ Energiestrom; dS Querschnittsflächenelement; dA Austauschflächenelement; A Austauschkonfiguration; B Strömungsmaschine (Kamin oder Ventilator); 0 Anfang des Verdunstungsprozesses am Lufteintritt; 1 Ende des Verdunstungsprozesses am Luftaustritt.

Bild 1.8. Verdunstungsprozesse. Unterschiedlicher Zustandsverlauf der Luft zum Gleichgewicht der Sättigung.

1.10 Thermodynamische Ströme

Die Verdunstung vereinigt in sich drei Ausgleichsprozesse, die in Wechselwirkung zueinander stehen. Jeder wird von einem thermodynamischen Strom repräsentiert, nämlich von einem

Wärmestrom, einem Stoffstrom und einem Energiestrom.

Die Vorstellung, daß die Ausbreitungsgeschwindigkeiten dieser drei Ströme,

- a Temperaturleitfähigkeit   m²/s
- D Diffusionskoeffizient   m²/s
- v kin. Zähigkeit   m²/s

untereinander gleich seien, führt zu einer vereinfachten Verdunstungstheorie; diese stellt einen Grenzfall dar und impliziert den Zahlenwert 1 für die folgenden dimensionslosen Kennzahlen:

- wenn $a = D$ dann $\mathrm{Le} = 1$ (1.1)
- wenn $a = v$ dann $\mathrm{Pr} = 1$ (1.2)
- wenn $D = v$ dann $\mathrm{Sc} = 1$. (1.3)

In Wirklichkeit haben die drei Ströme, die ja von verschiedenen
treibenden Kräften bewegt werden, unterschiedliche Geschwindigkeiten. Die drei Kennzahlen weichen daher von 1 ab.

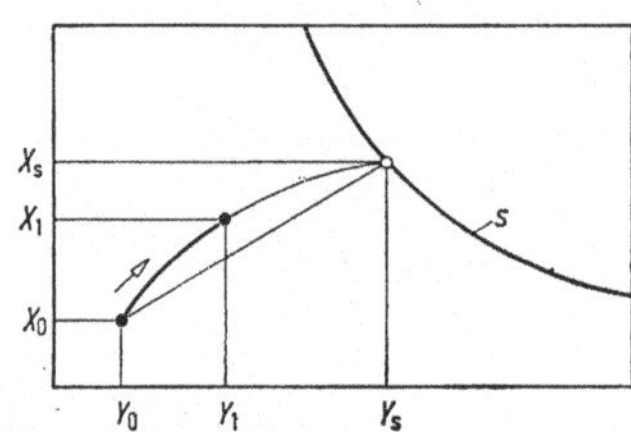

Bild 1.10. Überlagerung von Ausgleichsvorgängen.
Thermodynamische Ströme X und Y
Index: s Gleichgewicht; 0 Prozeßbeginn;
1 Prozeßende bei stationärem Betrieb

1.11 Der Zustandsverlauf von zwei Strömen

In einem Zustandsdiagramm, Bild 1.10, seien zwei beliebige von
den drei thermodynamischen Strömen X und Y, betrachtet. Die
Ortsveränderung in einer Zeitspanne von 0 bis 1, also die Ausgleichs-
geschwindigkeit, wird durch die Differenzen der Koordinatenwerte bezeichnet.

Wie man sieht, nähern sich die beiden Ströme dem gemeinsamen
Gleichgewicht, s, erst „auf Umwegen". Derjenige Strom, der sich
anfänglich mit einer höheren Geschwindigkeit bewegte — im Diagramm
ist es X —, wird zum Ende hin seine treibende Kraft weitgehend ein-
gebüßt haben. Er wird eine relative Verzögerung erfahren, so daß der
Partnerstrom aufholen kann.

Der Zusammenhang wird durch die Stanton-Zahlen der beiden Ströme ausgedrückt:

$$\mathrm{St_x} = \frac{X_1 - X_0}{X_g - X_0} \frac{\mathrm{d}S}{\mathrm{d}A} , \tag{1.4}$$

$$\mathrm{St_y} = \frac{Y_1 - Y_0}{Y_g - Y_0} \frac{\mathrm{d}S}{\mathrm{d}A} . \tag{1.5}$$

Hierin ist $\mathrm{d}S/\mathrm{d}A$ das Verhältnis der Querschnittsfläche $\mathrm{d}S$, die der
Strom einnimmt, zu der zugehörigen Austauschfläche, $\mathrm{d}A$, vgl.
Bild 1.9.

Bildet man $\mathrm{St_x}/\mathrm{St_y}$, so entfällt das Flächenverhältnis, und man
hat einen Ausdruck, der die Krümmung im Zustandsverlauf quantita-

tiv kennzeichnet. Es sind folgende Möglichkeiten vorhanden:

- wenn $w_x > w_y$ dann $St_x/St_y > 1$ (1.6)
- wenn $w_x = w_y$ dann $St_x/St_y = 1$,   (1.7)
- wenn $w_x < w_y$ dann $St_x/St_y < 1$.   (1.8)

Würden sich die beiden Ströme mit der gleichen Geschwindigkeit bewegen, so spielte sich der Vorgang auf der Verbindungsgeraden zwischen den beiden Punkten 0 und s ab. Die vier Kennzahlen wären gleich 1.

An welchem Punkt auch immer der Prozeß unterbrochen wird, stets würden anteilig die gleichen Teilströme von X und Y übertragen sein.

1.12 Verdunstung und Verdampfung

Man unterscheidet im Deutschen das Verdunsten vom Verdampfen. Beide Begriffe beinhalten den Übergang von der flüssigen zur gasförmigen Phase.

Beim Verdampfen des Wassers in atmosphärischer Luft ist der Dampfdruck gleich dem Gesamtdruck des Gasgemisches. Beim Verdunsten genügt es, daß er den Partialdruck des Wasserdampfes in der Luft übersteigt. Diesem Umstand ist zuzuschreiben, daß in der Natur Verdunstungsprozesse häufiger anzutreffen sind als Verdampfungsprozesse.

Beim Verdampfen kann der Phasenwechsel sowohl an der Oberfläche als auch im Innern der Flüssigkeit stattfinden. Eine geringe Überhitzung durch Wärmezufuhr oder Druckabsenkung genügt, um die Dampfblasen entstehen zu lassen, die für den Vorgang charakteristisch sind. Die Bewegung der Luft an der Phasengrenze ist nicht entscheidend.

Beim Verdunsten hingegen wird die Übertragungsleistung von den Strömungen an der Phasengrenze bestimmt.

1.13 Gleichgewicht und Phasenwechsel

Enthält die feuchte Luft ihren Wasseranteil ausschließlich in überhitzter Form, so ist ihr Gleichgewichtszustand nach der Gibbsschen Phasenregel durch *drei* untereinander unabhängige Zustandsgrößen bestimmt.

Ist der Wasseranteil in zwei Phasen vorhanden — in der gasförmigen und in der flüssigen, oder in der gasförmigen und in der festen — so ist das Gleichgewicht durch *zwei* Zustandsgrößen bestimmt.

Bei einer Abweichung vom Gleichgewicht kann sich die Luft durch eine Phasenänderung, d. h. durch eine Änderung ihres Dampfanteils, dem Gleichgewicht wieder nähern. Bei einer Untersättigung wird sie sich mit verdunstendem Wasser anreichern; bei einer Übersättigung wird der überschüssige Wasserdampf kondensieren.

Stehen alle drei Phasen des Wassers mit der Luft im Gleichgewicht (Tripelpunkt des Wassers), so ist ihr Zustand durch *eine* Größe bestimmt.

1.14 Kreisläufe

Kühltürme sind oft mit thermodynamischen Kreisprozessen verbunden, z. B. bei Dampfkraftanlagen und Kältemaschinen.

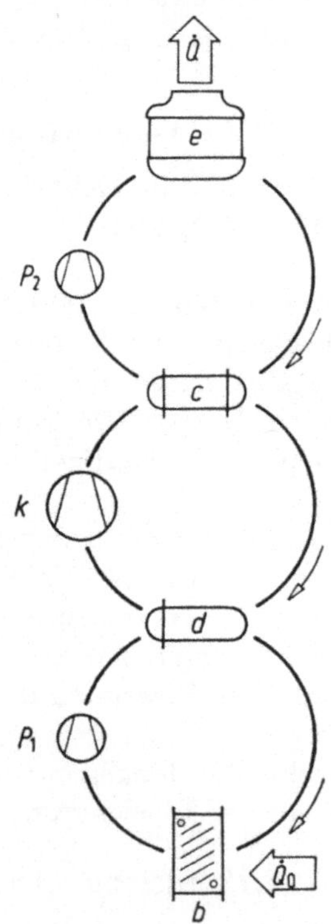

Bild 1.11. Drei Kreisläufe. Kältemaschine mit Kühlturm. Weitere Erläuterungen Bild 5.2. e Kühlturm; c Verflüssiger; d Verdampfer; b Luftkühler; k Verdichter; P_1 Soleumwälzpumpe; P_2 Kühlwasser-Umwälzpumpe

Das Beispiel, Bild 1.11, zeigt das Kreislaufschema einer Kältemaschine, wie sie für eine Lagerraumkühlung oder für eine Klimaanlage mit indirekter Verdampfung verwendet wird.

Man erkennt drei Kreisläufe. Die Medien sind Kühlwasser, Kältemittel und Sole als Kälteträger, bzw. Süßwasser bei höheren Temperaturen.

Die Nutzkälteleistung muß nicht weniger als sechs Trägerstoffe passieren, ehe sie schließlich vom Kühlturm an die Umgebungsluft abgeführt wird.

Von der Oberfläche des Lagergutes aus dringt die Wärme in den Kühlraum ein. Sie wird von einem Ventilator zu den Lamellenflächen des Luftkühlers transportiert. Im Innern des Rippenrohrsystems wird sie von der Sole aufgenommen und durch die Pumpe zum Röhrenkessel-Verdampfer gefördert. Hier geht sie in der Form der Verdampferleistung auf das Kältemittel über. Vom Verdichter wird das angesaugte gasförmige Kältemittel auf höheren Druck gebracht, so daß es sich anschließend, im Verflüssiger, an den Rohrwandungen niederschlägt. Mit dem Kühlwasser bringt die Umwälzpumpe die Kondensationswärme zum Kühlturm. Die Verdunstung bewirkt, daß der Wärmestrom auf die Luft übergeht, die der Ventilator ins Freie fördert.

Den drei Kreisläufen stehen fünf — überwiegend irreversible Prozesse der Wärmeübertragung gegenüber. Der Kühlturm-Prozeß ist der letzte; er muß neben der Nutzleistung alle Verlustleistungen übertragen.

Das Anwachsen des Wärmestromes vollzieht sich in den folgenden Schritten:

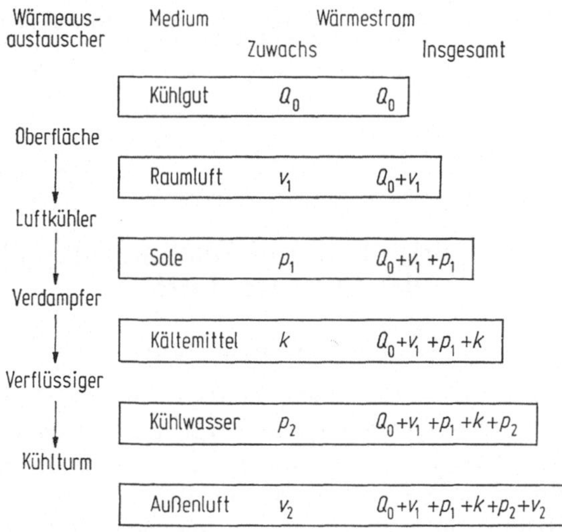

Die Symmetrie der Kreisläufe spiegelt sich auch in dem h,x-Diagramm, Bild 1.12. Die Mittelwerte der Sättigungstemperaturen grenzen darin die vier Austauschprozesse der Wärmeübertragung, c, e, b und d, voneinander ab. Der Verdichter, k, muß gewissermaßen die ganze Temperaturspanne, t_d bis t_c, überbrücken, damit schließlich eine netto verfügbare Temperaturspanne zwischen dem Kühlturm und der Umgebungsluft, $t_{fm} - t'_{fm}$, bleibt.

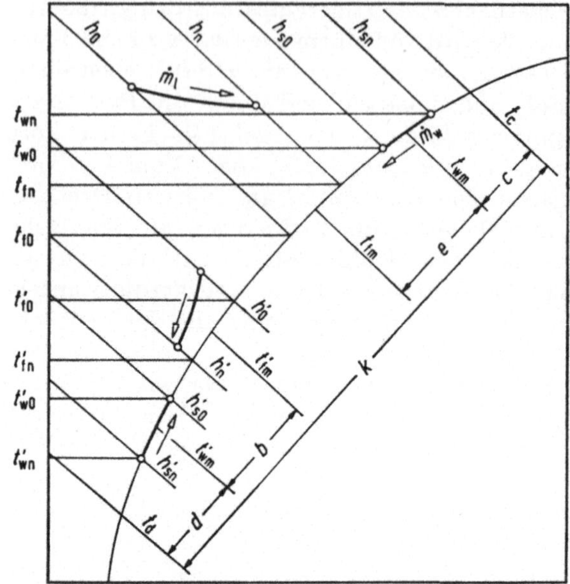

Bild 1.12. Analogie zwischen Kühlturm- und Luftkühler-Prozeß, darstellt im h,x-Diagramm.
Bezeichnungen nach Bild 3.6 und 5.1.
Die zu dem Kühlturm (e) analogen Zustandswerte beim Luftkühler (b) sind durch einen hochgestellten Strich als Index kenntlich gemacht.

2. Zustandsgrößen und Zustandsbereiche der feuchten Luft

2.1 Zustandsdiagramme

Verdunstungsprozesse lassen sich ebenso wie andere lufttechnische Prozesse in Zustandsdiagrammen anschaulich vor Augen führen. Zur Kennzeichnung jedes Zustandspunktes der feuchten Luft im Prozeßverlauf sind drei Zustandsgrößen erforderlich. In der Wahl ist man frei. Für die Kühlturmtechnik kommen folgende in Betracht:

- die Enthalpie h
- die Temperatur t
- der Wassergehalt x
- der Gesamtdruck p .

Legt man einen bestimmten Gesamtdruck zugrunde — was im Hinblick auf die lufttechnischen Prozesse bei annähernd konstantem, atmosphärischen Druck naheliegt —, so bleiben zwei Zustandsgrößen.

Mit diesen als Koordinaten kann man ein Diagramm entwerfen, das die vier Zustandsbereiche abbildet.

Es sind danach drei Koordinatensysteme möglich:

- das h,x-Diagramm von *Mollier* (1923)
- das h,t-Diagramm von *Mueller* (1905)
- das t,x-Diagramm von *Carrier* (1911).

Das h, x-Diagramm von *R. Mollier*, Bild 2.1, ist in Deutschland allgemein eingeführt. Es darf als das vorteilhafteste angesehen werden und ist im vorliegenden Text hauptsächlich angewendet.

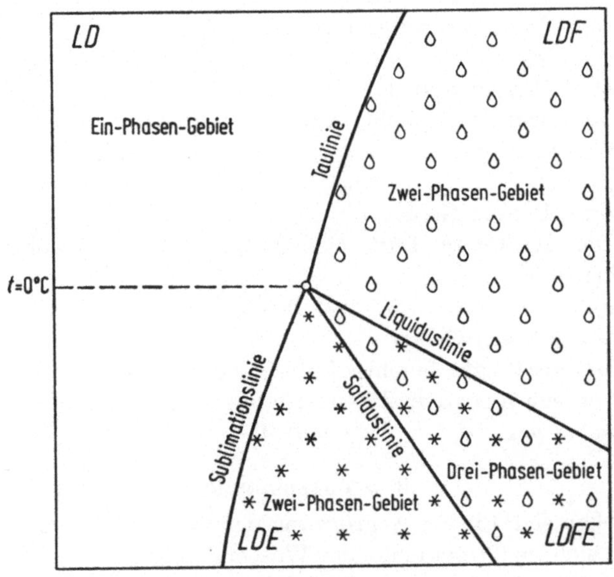

Bild 2.1. Die vier Zustandsbereiche der feuchten Luft (LD), (LDF), (LDE) und (LDFE) im h, x-Diagramm.

Das h,t-Diagramm wurde schon von *O. H. Mueller* zur Erläuterung von Kühlturm-Prozessen herangezogen. Es eignet sich gut für eine Darstellung des reinen Gegenstromes, weil die Enthalpie-Differenzen zwischen der Sättigungslinie und der Bilanzlinie als senkrechte Strecken erscheinen.

Das t,x-Diagramm von *W. H. Carrier* (psychrometric chart) wird in den USA allgemein benutzt. In den Ländern, in denen man sich an die Arbeitsweise der amerikanischen Ingenieure anlehnt, ist es ebenfalls vorherrschend.

Für die Darstellung von Prozessen, die nicht bei annähernd konstantem Druck verlaufen, kann es zweckmäßig sein, den Gesamtdruck als Ordinate zu nehmen. Ein Zustandsdiagramm dieser Art wurde für die Meteorologie von *H. Hertz* (1884) eingeführt.

2.2 Die vier Zustandsbereiche

Aus der Phasenregel folgt, daß der Wasseranteil der Luft stets in der dampfförmigen Phase im überhitzten Zustand vorhanden ist. Zusätzlich, in schwebender Form, kann er in den beiden übrigen Phasen mitgeführt sein, vgl. Bild 2.1. Es sind demnach vier Zustandsbereiche zu unterscheiden,

(LD)   Ein-Phasen-Gebiet

Die ungesättigte feuchte Luft enthält ausschließlich Wasserdampf in überhitzter Form.

$p_D < p_{Ds}$.

(LDF)   Zwei-Phasen-Gebiet.

Die gesättigte feuchte Luft enthält zusätzlich schwebende Wassertropfen.

$p_D = p_{Ds}$ $\qquad\qquad$ $t > 0\ °C$.

(LDE)   Zwei-Phasen-Gebiet

Die gesättigte Luft enthält zusätzlich schwebende Eiskristalle.

$p_D = p_{Ds}$ $\qquad\qquad$ $t < 0\ °C$.

(LDFE)   Drei-Phasen-Gebiet

Die gesättigte feuchte Luft enthält zusätzlich ein Gemisch von schwebenden Wassertropfen und Eiskristallen.

$p_D = p_{Ds}$ $\qquad\qquad$ $t = 0°\ C$.

2.3 Grenzzustände

Es ergeben sich für die Abgrenzung der vier Zustandsbereiche vier Linien, die sich im Tripelpunkt des Wassers treffen,
zwischen den Zustandsbereichen:

(LD)	und	(LDF)	die Taulinie.
(LD)	und	(LDE)	die Sublimationslinie,
(LDF)	und	(LDFE)	die Liquiduslinie,
(LDE)	und	(LDFE)	die Soliduslinie.

2.4 Anknüpfung an die thermische Zustandsgleichung

Die atmosphärische feuchte Luft kann in der Kühlturmtechnik als ein binäres Gas–Dampf-Gemisch angesehen werden, das den Gesetzen der idealen Gase unterliegt. Den einen Mischungsteilnehmer stellt die trockene Luft dar. Ihr Partialdruck p_L liegt weit über dem kritischen ($-141\ °C$). Den zweiten Mischungsteilnehmer bildet der Wasserdampf. Sein Partialdruck p_D liegt in der Nähe des Naßdampfgebietes, ist jedoch so niedrig, daß der geringe Wasserdampfanteil der Luft in der Kühlturmtechnik ebenfalls ohne merklichen Fehler als ein ideales Gas behandelt werden kann.

Bei Anwendung des Daltonschen Gesetzes $p = p_\mathrm{L} + p_\mathrm{D}$ lautet die thermische Zustandsgleichung für die ungesättigte feuchte Luft:

$$p = (m_\mathrm{L} R_\mathrm{L} + m_\mathrm{D} R_\mathrm{D})\frac{T}{V}. \tag{2.1}$$

2.5 Konzentration

In der Thermodynamik der feuchten Luft benutzt man zwei Konzentrationsbezeichnungen; den Wasser- oder Feuchtegehalt der Luft, x, und den, weniger wichtigen, Eisgehalt der Luft, ζ.

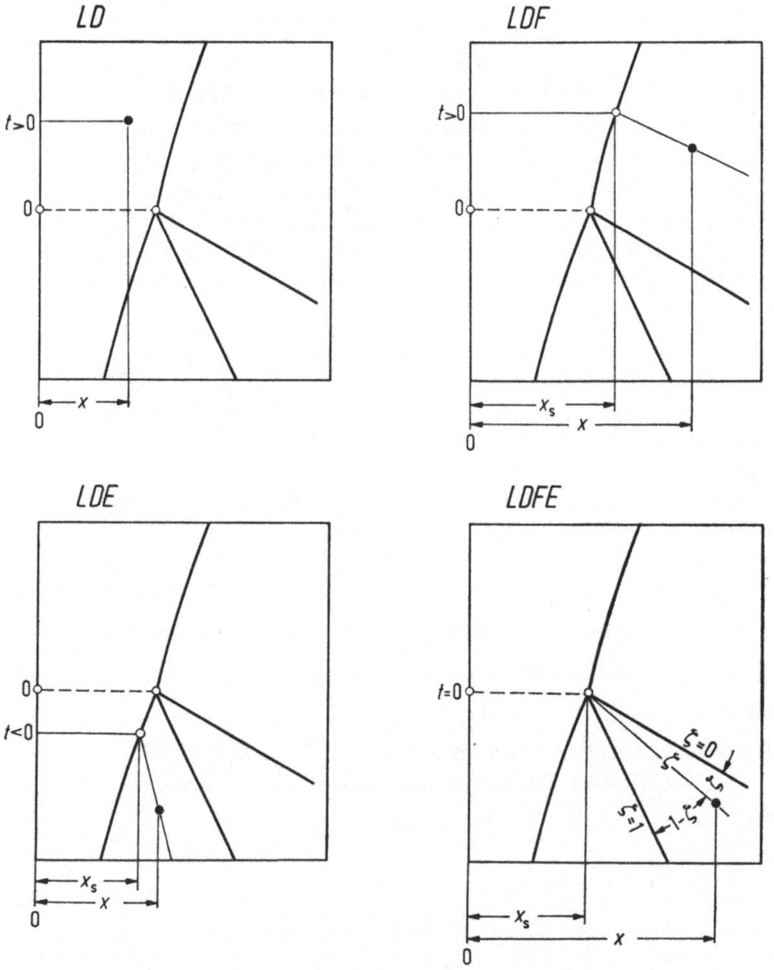

Bild 2.2. Konzentrationswerte in den vier Zustandsbereichen.

Für den Wassergehalt der Luft, der in allen drei Phasen auftreten kann, ist vereinbart, daß er sich auf die trockene Luft beziehe[1]:

$$x = \frac{m_{\mathrm{W}}}{m_{\mathrm{L}}} . \qquad (2.2)$$

Für den Zustandsbereich (LD) gilt nach der Zustandsgleichung für ideale Gase (2.1)

$$x_{(\mathrm{LD})} = \frac{m_{\mathrm{D}}}{m_{\mathrm{L}}} = \frac{R_{\mathrm{L}}}{R_{\mathrm{D}}}\frac{p_{\mathrm{D}}}{p_{\mathrm{L}}} = \frac{287{,}1}{461{,}5}\frac{p_{\mathrm{D}}}{p_{\mathrm{L}}} = 0{,}622\frac{p_{\mathrm{D}}}{p_{\mathrm{L}}} . \qquad (2.3)$$

Die Konzentration des Eises in dem Flüssig/Feststoff-Gemisch des Drei-Phasen-Gebietes (LDFE) ist dagegen auf das Gemisch bezogen:

$$\zeta = \frac{m_{\mathrm{E}}}{m_{\mathrm{E}} + m_{\mathrm{W}}} = \frac{x_{\mathrm{E}}}{x_{\mathrm{E}} + x_{\mathrm{W}}} . \qquad (2.4)$$

Die Linien gleicher Eis-Konzentration ζ sind in einem Zustandsdiagramm Geraden. Sie laufen, fächerartig vom Tripelpunkt ausgehend von der Liquiduslinie $\zeta = 0$ bis zur Soliduslinie $\zeta = 1$.

Der insgesamt in der Luft enthaltene Wasseranteil — Dampf, Flüssigkeit und Eis — wird mit x (ohne Index) bezeichnet. Der Dampfanteil der gesättigten Luft wird durch den Index s kenntlich gemacht. Für die vier Zustandsbereiche ist damit folgende Bezeichnungsweise festgelegt:

	Anteil an		
	D Dampf	F Wasser	E Eis
(LD)	x	—	—
(LDF)	x_{s}	$(x - x_{\mathrm{s}})$	—
(LDE)	x_{s}	—	$(x - x_{\mathrm{s}})$
(LDFE)	x_{s}	$(1 - \zeta)\,(x - x_{\mathrm{s}})$	$\zeta(x - x_{\mathrm{s}})$

2.6 Spezifische Enthalpie der Mischungsteilnehmer

Die spezifische Enthalpie der trockenen Luft ist

(L) $$h_{\mathrm{L}} = c_{\mathrm{pL}}t . \qquad (2.5)$$

Der Wasseranteil x kann in seinen drei Phasen auftreten.

Die spezifische Enthalpie des überhitzten Wasserdampfes ist

(D) $$h_{\mathrm{D}} = c_{\mathrm{pD}}t + r_0 . \qquad (2.6)$$

---

[1] Index l   feuchte Luft
Index L   trockener Anteil der feuchten Luft
In den Gleichungen für die Massenströme ist demzufolge $\dot{m}_{\mathrm{L}}$ gesetzt, wo die Gleichungen aus den Definitionen abgeleitet sind, die sich auf trockene Anteile beziehen.

Die spezifische Enthalpie des (flüssigen) Wassers ist

(F) $$h_\mathrm{F} = c_\mathrm{F} t \ .$$ (2.7)

Die spezifische Enthalpie des Eises ist

(E) $$h_\mathrm{E} = c_\mathrm{E} t - r_{0\mathrm{E}} \ .$$ (2.8)

Die geringfügigen Abweichungen von den kalorischen Zustandsgleichungen für ideale Gase werden mit den Werten für die spezifische Wärmekapazität — Tab. 1 — ausgeglichen.

Tabelle 1. Kalorische Werte für trockene Luft und Wasser. Gesamtdruck $p = 1$ bar
(nach H. D. Baehr: Mollier-i,x-Diagramme für feuchte Luft, Berlin, Göttingen Heidelberg: Springer 1961)

Temperatur	t	°C	-50	0	$+50$	$+100$
Spezifische Wärmekapazität						
trockene	c_pL	kJ/kg K	1,0055	1,0056	1,0064	1,0078
Luft		kcal/kg °C	0,2402	0,2402	0,2404	0,2407
Wasser-	c_pD	kJ/kg K	1,855	1,858	1,864	1,872
Dampf		kcal/kg °C	0,4431	0,4438	0,4452	0,4471
Wasser,	c_F	kJ/kg K		4,218	4,186	4,190
flüssig		kcal/kg °C		1,0075	0,9998	1,0008
Eis	c_E	kJ/kg K	1,924	2,108		
		kcal/kg °C	0,4595	0,5035		
Spezifische latente Wärme						
Wasser						
Verdampfungs-	r_0	kJ/kg		2500		
wärme		kcal/kg		597,12		
Schmelz-	$r_{0\mathrm{E}}$	kJ/kg		333,4		
wärme		kcal/kg		79,63		

Aus den Definitionen, Gln. (2.2) bis (2.8), lassen sich die Zustandsgleichungen für die Gemische — und weiterhin die Bilanzgleichungen für die Mischungsprozesse ableiten.

Zunächst noch folgende Beziehungen:
Nach Gln. (2.6) und (2.7) ist die Verdampfungswärme des Wasser bei der Temperatur t

$$r = h_\mathrm{D} - h_\mathrm{F} = r_0 - (c_\mathrm{F} - c_\mathrm{pD})\, t \ .$$ (2.9)

Die Schmelzwärme des Eises bei der Temperatur t ist analog

$$r_\mathrm{E} = h_\mathrm{F} - h_\mathrm{E} = r_{0\mathrm{E}} - c_\mathrm{E} t \ .$$ (2.10)

2.7 Spezifische Enthalpie der feuchten Luft

Die spezifische Enthalpie der feuchten Luft ist die Summe der spezifischen Enthalpien der Mischungsteilnehmer. Für den Zustandsbereich (LD) folgt aus Gl. (2.5) und (2.6)

$$\text{(LD)} \qquad h = h_{\mathrm{L}} + x h_{\mathrm{D}} = c_{\mathrm{pL}} t + c_{\mathrm{pD}} t x + r_0 x \; . \qquad (2.11)$$

Die spezifische Enthalpie der feuchten Luft wird — ebenso wie der Wassergehalt — nicht auf die Masse des Gemisches, sondern auf den trockenen Anteil bezogen:

$$\text{(LD)} \qquad h = \frac{m_{\mathrm{L}} h_{\mathrm{L}} + m_{\mathrm{D}} h_{\mathrm{D}}}{m_{\mathrm{L}}} \qquad (2.12)$$

Man setzt für trockene Luft von $t = 0\ °\mathrm{C}$

$$h = 0\ [J/\mathrm{kg\ tr.\ L.}] \quad \text{oder} \quad [\mathrm{kcal/kg\ tr.\ L.}]$$

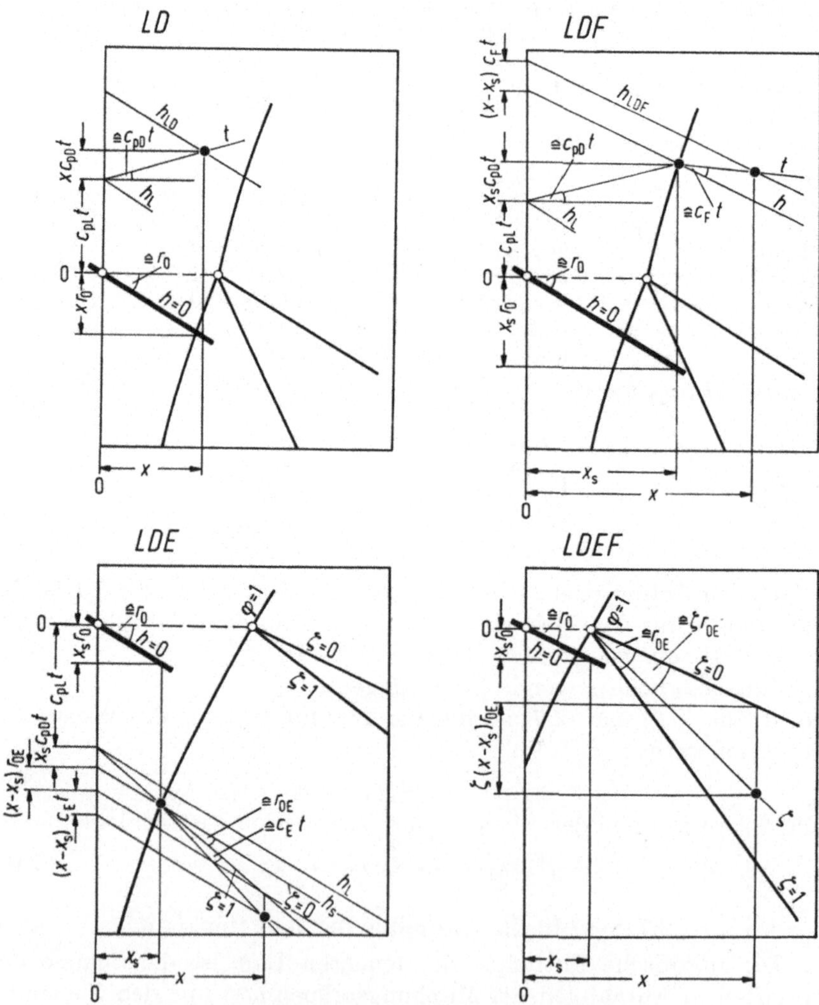

Bild 2.3. Komponenten der spezifischen Enthalpien feuchter Luft.

Tabelle 2. Zustandswerte des Wasserdampfes und der feuchten Luft bei Sättigung
Gesamtdruck $p = 1$ bar
(nach H. D. Baehr: Mollier-i,x-Diagramme für feuchte Luft, Berlin/Göttingen/
Heidelberg: Springer 1961)

Temperatur	*Wasserdampf*		*gesättigte feuchte Luft*			
	Partial-druck	Dichte	Dichte	Wasser-gehalt	Enthalpie	
t	p_{Ds}	ϱ_{Ds}	ϱ_s	x_s	h_s	
°C	mbar	g/m³	kg/m³	g/kg	kJ/kg	kcal/kg
−20	1,029	0,881	1,375	0,641	−18,53	−4,43
−19	1,133	0,966	1,370	0,705	−17,37	−4,15
−18	1,247	1,059	1,364	0,777	−16,18	−3,87
−17	1,369	1,158	1,359	0,853	−14,99	−3,58
−16	1,504	1,267	1,354	0,937	−13,77	−3,29
−15	1,651	1,386	1,348	1,029	−12,54	−3,00
−14	1,809	1,513	1,343	1,127	−11,28	−2,69
−13	1,981	1,650	1,338	1,235	−10,01	−2,39
−12	2,169	1,800	1,333	1,352	− 8,72	−2,08
−11	2,373	1,962	1,327	1,479	− 7,39	−1,77
−10	2,594	2,136	1,322	1,618	− 6,04	−1,44
− 9	2,833	2,324	1,317	1,767	− 4,66	−1,11
− 8	3,094	2,529	1,312	1,930	− 3,25	−0,78
− 7	3,376	2,749	1,307	2,107	− 1,80	−0,43
− 6	3,681	2,986	1,302	2,298	− 0,31	−0,07
− 5	4,010	3,241	1,297	2,504	1,21	0,29
− 4	4,368	3,517	1,292	2,729	2,78	0,66
− 3	4,754	3,813	1,287	2,971	4,40	1,05
− 2	5,172	4,133	1,282	3,234	6,06	1,45
− 1	5,621	4,476	1,277	3,516	7,78	1,86
0	6,107	4,845	1,272	3,822	9,56	2,28
1	6,566	5,190	1,267	4,111	11,29	2,70
2	7,054	5,556	1,262	4,419	13,08	3,12
3	7,575	5,944	1,258	4,747	14,91	3,56
4	8,129	6,356	1,253	5,097	16,81	4,02
5	8,719	6,793	1,248	5,471	18,76	4,48
6	9,346	7,255	1,243	5,868	20,77	4,96
7	10,012	7,744	1,239	6,290	22,85	5,46
8	10,721	8,263	1,234	6,740	25,00	5,97
9	11,473	8,812	1,229	7,219	27,22	6,50
10	12,271	9,391	1,224	7,727	29,52	7,05
11	13,118	10,004	1,220	8,267	31,90	7,62
12	14,015	10,651	1,215	8,841	34,37	8,21
13	14,967	11,334	1,210	9,450	36,93	8,82
14	15,974	12,055	1,206	10,097	39,59	9,46
15	17,041	12,815	1,201	10,783	42,35	10,12
16	18,17	13,62	1,196	11,51	45,22	10,80
17	19,36	14,46	1,192	12,28	48,20	11,51

2 Berliner, Kühltürme

Tabelle 2 (Fortsetzung)

Tempe-ratur t °C	Wasserdampf		gesättigte feuchte Luft			
	Partial-druck	Dichte	Dichte	Wasser-gehalt	Enthalpie	
	p_Ds mbar	ϱ_Ds g/m³	ϱ_s kg/m³	x_s k/kg	h_s kJ/kg	kcal/kg
18	20,63	15,35	1,187	13,10	51,30	12,25
19	21,96	16,29	1,182	13,97	54,52	13,02
20	23,37	17,27	1,178	14,88	57,88	13,82
21	24,86	18,31	1,173	15,85	61,38	14,66
22	26,42	19,40	1,168	16,88	65,03	15,53
23	28,08	20,55	1,164	17,97	68,84	16,44
24	29,82	21,75	1,159	19,12	72,81	17,39
25	31,66	23,01	1,154	20,34	76,95	18,38
26	33,60	24,34	1,150	21,63	81,28	19,41
27	35,64	25,73	1,145	22,99	85,80	20,49
28	37,79	27,19	1,140	24,42	90,52	21,62
29	40,04	28,72	1,135	25,94	95,45	22,80
30	42,42	30,32	1,131	27,55	100,62	24,03
31	44,91	32,00	1,126	29,25	106,02	25,32
32	47,54	33,76	1,121	31,04	111,67	26,67
33	50,29	35,60	1,116	32,94	117,59	28,09
34	53,18	37,52	1,111	34,94	123,79	29,57
35	56,22	39,53	1,106	37,05	130,3	31,12
36	59,40	41,64	1,101	39,28	137,1	32,75
37	62,74	43,84	1,096	41,64	144,2	34,44
38	66,24	46,13	1,091	44,12	151,7	36,23
39	69,91	48,53	1,086	46,75	159,6	38,12
40	73,75	51,04	1,081	49,52	167,8	40,08

2.8 Die Enthalpien in den vier Zustandsbereichen

Die spezifischen Enthalpien für die vier Zustandsbereiche gewinnt man, indem man zu h_L entsprechend der Festlegung, Abschn. 2.5, die spezifischen Enthalpien der Mischungsteilnehmer hinzufügt:

(LD) $$h = h_\mathrm{L} + x h_\mathrm{D} \,. \tag{2.13}$$

(LDF) $$h = h_\mathrm{L} + x_\mathrm{s} h_\mathrm{D} + (x - x_\mathrm{s})\, h_\mathrm{F} \,. \tag{2.14}$$

(LDE) $$h = h_\mathrm{L} + x_\mathrm{s} h_\mathrm{D} + (x - x_\mathrm{s})\, h_\mathrm{E} \,. \tag{2.15}$$

(LDFE) $$h = x_\mathrm{s} r_0 - \zeta (x - x_\mathrm{s})\, r_\mathrm{0E} \,. \tag{2.16}$$

2.9 Die Steigung der Isothermen

Beim Gebrauch des h,x-Diagramms ist es oft nützlich, die Steigung der Isothermen gegenüber den schiefwinkligen Isenthalpen zu kennen.

(LD)   Nach Gl. (2.13) $$\mathrm{d}h/\mathrm{d}x = h_\mathrm{D} = r_0 + c_\mathrm{pD} t \,. \tag{2.17}$$

(LDF)   Nach Gl. (2.14) $\mathrm{d}h/\mathrm{d}x = h_\mathrm{F} = c_\mathrm{F}t$.   (2.18)

(LDE)   Nach Gl. (2.15) $\mathrm{d}h/\mathrm{d}x = h_\mathrm{E} = r_{0\mathrm{E}} + c_\mathrm{E}t$.   (2.19)

(LDFE)   Nach Gl. (2.16) $\mathrm{d}h/\mathrm{d}x = \zeta\, r_{0\mathrm{E}}$.   (2.20)

Aus Gl. (2.20) folgt

- für $\zeta = 0$ die Steigung der Liquiduslinie gegenüber den Isenthalpen

$$\mathrm{d}h_\mathrm{liq}/\mathrm{d}x = 0$$

und

- für $\zeta = 1$ die Steigung der Soliduslinie gegenüber den Isenthalpen

$$\mathrm{d}h_\mathrm{sol}/\mathrm{d}x = r_{0\mathrm{E}}$$.

Literatur zum Kapitel 2

Baehr, H. D.: Mollier-i,x-Diagramme für feuchte Luft . . ., Berlin/Göttingen/
Heidelberg: Springer 1961.

Baehr, H. D., Schwier, K.: Die thermodynamischen Eigenschaften der Luft . . .,
Berlin/Göttingen/Heidelberg: Springer 1961.

Berliner, P.: Das erste Zustandsdiagramm für feuchte Luft. HLH 24 (1973) 1,
9—11.

Carrier, W. H., Lindsay, D. C.: The temperatures of evaporation of water into
air. Refr. Engn. 11 (1925) 7, 241—257, 267—268.

Häußler, W.: Das Mollier-i,x-Diagramm. Dresden: Steinkopf 1960.

Häußler, W.: Vorschläge zur Vereinheitlichung der Klimadiagramme. HLH 14
(1963) 4, 114—118.

Hertz, H.: Graphische Methode zur Bestimmung der adiabatischen Zustandsänderungen feuchter Luft. Meteor. Ztschr. (1884) 421—431.

Mollier, R.: Ein neues Diagramm für Dampf-Luft-Gemische. Z. VDI 67 (1923)
36, 869/72; 73 (1929) 1009.

Mueller, O. H.: Rückkühlwerke. Z. VDI 49 (1905) 1, 5—14, 2, 45—52; 4, 132
— 139.

Véron, M.: Enthalpie-Diagramm für feuchte Gase in räumlichen Koordinaten.
BWK 15 (1963) 11, 512—513.

Vits, H.: Graph. Darst. von Dampf-Luft-Gemischzuständen. Forsch. 22 (1956)
9—20.

3. Die Verdunstung als Mischungsprozeß

3.1 Thermodynamische Prozesse

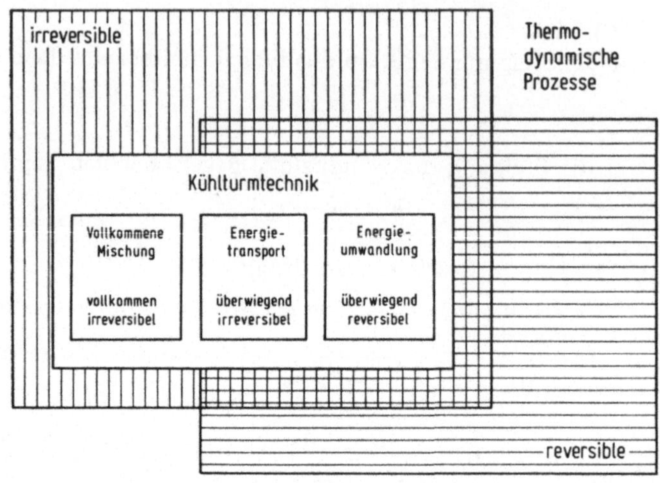

Bild 3.1.

Die lufttechnischen Prozesse stellen Zustandsänderungen der feuchten Luft dar, deren Verlauf man in einem h, x-Diagramm verfolgen kann. Vom Standpunkt der Thermodynamik aus hat man drei Kategorien zu unterscheiden:

- Vollkommene Mischung (irreversibel)
- Wärme- und Stofftransport (überwiegend irreversibel)
- Strömungsvorgänge (überwiegend reversibel).

3.2 Vollkommene Mischung

Bei der Vermischung von Gasen wird schnell ein thermodynamisches Gleichgewicht hergestellt. Das heißt: Es ist gleichgültig, wie lange man den Prozeß fortsetzt, das Gemisch wird den gleichen Zustand beibehalten. Es bleibt auch kein Gefälle der ursprünglich unterschiedlichen Temperaturen, Wassergehaltswerte usw. Man müßte beträchtliche Energie von außen her aufwenden, um innerhalb des Systems wiederum ein Gefälle zu schaffen, m. a. W., um eine Entmischung herbeizuführen. Man nennt einen solchen Prozeß, der kein ausnutzbares Gefälle von treibenden Kräften zurückläßt, vollkommen irreversibel.

Um unrichtige Folgerungen zu verhüten, sollen

- die eigentlichen Mischungsprozesse zweier Luftmengen, sowie von Luft und Wasser,

- von den Transportprozessen unterschieden werden, die nur näherungsweise als Mischungsprozesse behandelt werden dürfen.

3.3 Mischung zweier Luftströme

Für die Berechnung des Endzustandes der Luft nach der Zusammenführung von zwei Luftmengen gelten die Erhaltungssätze ohne Einschränkung.

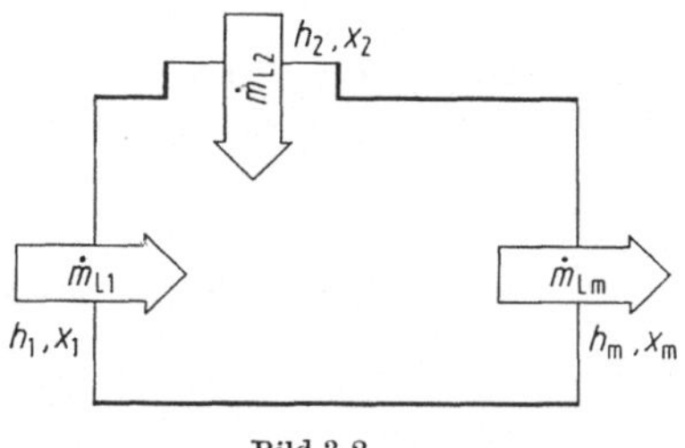

Bild 3.2.

In der Technik werden die Erhaltungssätze meist in der Form von Stoff- und Energie-(Wärme-) Bilanzen ausgedrückt. Auf der linken Seite der Bilanzgleichungen erscheinen die Zustandsgrößen vor dem Prozeß; auf der rechten Seite sind es die resultierenden Werte, die für das Gleichgewicht nach dem Prozeß gelten.

Bezeichnet man die Zustandsgrößen nach dem Schema, Bild 3.2, so hat man folgende Bilanzgleichungen:

Stoffbilanzen

Trockene Luft $\qquad \dot{m}_{L1} + \dot{m}_{L2} = \dot{m}_{Lm}$ [kg]   (3.1)

(LD)   Wassergehalt $\qquad \dot{m}_{D1} + \dot{m}_{D2} = \dot{m}_{Dm}$ [kg] .   (3.2)

Bei Anwendung von Gl. (2.2) erhält man

$$\dot{m}_{L1}x_1 + \dot{m}_{L2}x_2 = (\dot{m}_{L1} + \dot{m}_{L2})\, x_m \qquad [kg] \qquad (3.3)$$

und somit den Wasseranteil

$$x_m = \frac{\dot{m}_{L1}x_1 + \dot{m}_{L2}x_2}{\dot{m}_{L1} + \dot{m}_{L2}} \qquad [kg/kg\ tr.\ L.] . \qquad (3.4)$$

Wärmebilanz

Enthalpien (entsprechend)

$$\dot{m}_{L1}h_1 + \dot{m}_{L2}h_2 = (\dot{m}_{L1} + \dot{m}_{L2})\, h_m \qquad [kJ] . \qquad (3.5)$$

Die spezifische Enthalpie im Endzustand ist analog

$$h_m = \frac{\dot{m}_{L1}h_1 + \dot{m}_{L2}h_2}{\dot{m}_{L1} + \dot{m}_{L2}} \qquad [kJ/kg\ tr.\ L.] . \qquad (3.6)$$

Aus Gl. (3.4) und (3.6) folgt die Mischungsregel

$$\frac{h_2 - h_\mathrm{m}}{x_2 - x_\mathrm{m}} = \frac{h_\mathrm{m} - h_1}{x_\mathrm{m} - x_1} \, . \tag{3.7}$$

Die Gleichung besagt, daß der Zustandsverlauf im Diagramm *linear* ist; der Endzustand liegt auf der Verbindungslinie 1;2. Die Abstände verhalten sich zueinander umgekehrt proportional den betreffenden Luftmengen:

$$\frac{x_\mathrm{m} - x_1}{x_2 - x_\mathrm{m}} = \frac{\dot{m}_\mathrm{L2}}{\dot{m}_\mathrm{L1}} \, , \tag{3.8}$$

$$\frac{h_\mathrm{m} - h_1}{h_2 - h_\mathrm{m}} = \frac{\dot{m}_\mathrm{L2}}{\dot{m}_\mathrm{L1}} \, . \tag{3.9}$$

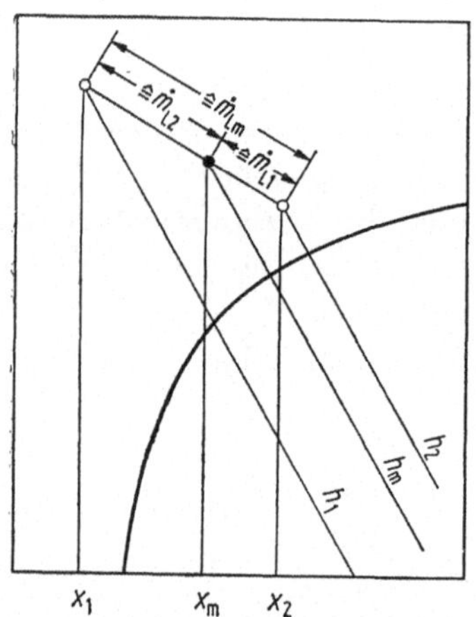

Bild 3.3. Mischung zweier Luftmengen. Endzustand im Zustandsbereich (LD).

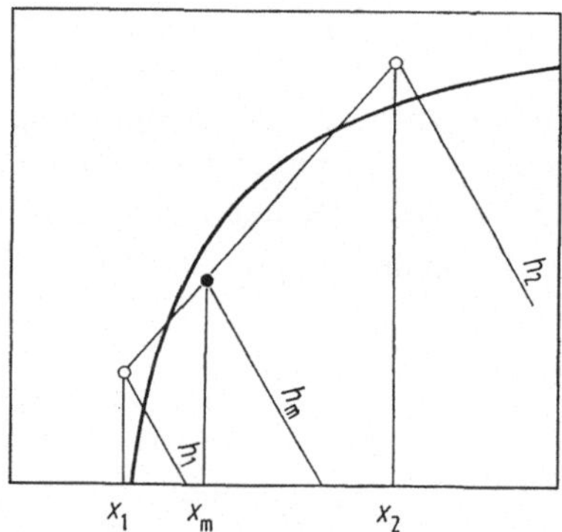

Bild 3.4. Mischung zweier Luftmengen. Endzustand im Zustandsbereich (LDF).

Bei dem Beispiel, Bild 3.4, liegen die beiden Anfangszustände im Zustandsbereich (LD), der Mischpunkt hingegen im Nebelgebiet (LDF). Es muß ein Phasenwechsel (Kondensation) eingetreten sein. Die Gültigkeit der Bilanzgleichungen setzt in diesem Falle voraus, daß Kondensationskerne in der Luft vorhanden waren und daß das kondensierte Wasser homogen im Gemisch verbleibt.

3.4 Mischung von Luft und Wasser

In Analogie zur Mischung zweier Luftmengen sind vier Fälle zu unterscheiden:

	LD+D	LD+F	LD+E	LD+FE	

Stoffbilanzen

$$
\begin{aligned}
& x\dot{m}_{\mathrm{L}} && x\dot{m}_{\mathrm{L}} && x\dot{m}_{\mathrm{L}} && x\dot{m}_{\mathrm{L}} \\
& + \dot{m}_{\mathrm{D}} && + \dot{m}_{\mathrm{F}} && + \dot{m}_{\mathrm{E}} && + \dot{m}_{\mathrm{F}} + \dot{m}_{\mathrm{E}} \\
& = x_{\mathrm{m}}\dot{m}_{\mathrm{L}} && = x_{\mathrm{m}}\dot{m}_{\mathrm{L}} && = x_{\mathrm{m}}\dot{m}_{\mathrm{L}} && = x_{\mathrm{m}}\dot{m}_{\mathrm{L}}.
\end{aligned}
\tag{3.10}
$$

Wärmebilanzen

$$
\begin{aligned}
& h\dot{m}_{\mathrm{L}} && h\dot{m}_{\mathrm{L}} && h\dot{m}_{\mathrm{L}} && h\dot{m}_{\mathrm{L}} \\
& + h_{\mathrm{D}}\dot{m}_{\mathrm{D}} && + h_{\mathrm{F}}\dot{m}_{\mathrm{F}} && + h_{\mathrm{E}}\dot{m}_{\mathrm{E}} && + h_{\mathrm{F}}\dot{m}_{\mathrm{F}} + h_{\mathrm{E}}\dot{m}_{\mathrm{E}} \\
& = h_{\mathrm{m}}\dot{m}_{\mathrm{L}} && = h_{\mathrm{m}}\dot{m}_{\mathrm{L}} && = h_{\mathrm{m}}\dot{m}_{\mathrm{L}} && = h_{\mathrm{m}}\dot{m}_{\mathrm{L}}.
\end{aligned}
\tag{3.11}
$$

Der Quotient von je zwei Bilanzgleichungen liefert die Richtung der
Zustandsänderung

$$
\frac{h_{\mathrm{m}} - h}{x_{\mathrm{m}} - x} \quad = h_{\mathrm{D}} \quad\quad = h_{\mathrm{F}} \quad\quad = h_{\mathrm{E}} \quad\quad = \zeta r_{0\mathrm{E}}.
\tag{3.12}
$$

Die Verlaufsrichtungen sind somit *identisch* mit der Steigung der
Isothermen gemäß Abschnitt 2.9.

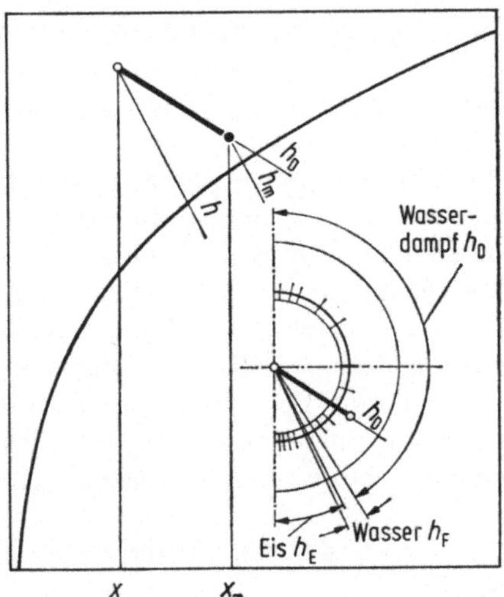

Bild 3.5. Mischung von Luft und
Wasserdampf. Richtung der Zu-
standsänderung, h_D (analog: h_F,
h_E und $\xi r_{0\mathrm{E}}$).

Da bei der Mischung von Luft und Wasser der Diagrammpunkt
eines „Wasseranteils" unendlich weit nach rechts aus dem Diagramm-
feld hinausrückt, kann der Endzustand nicht wie bei der Mischung
zweier Luftmengen zeichnerisch ermittelt werden. Nach einem Vorschlag von *Mollier* behilft man sich daher mit einer Winkelteilung,
dh/dx, die entweder in der freien Diagrammfläche, Bild 3.5, oder am
Rand aufgezeichnet ist.

Die Bilanzgleichungen setzen voraus, daß durch eine vollkommen
gleichmäßige — nebelförmige — Verteilung der Wasserpartikel

(Nu $\to \infty$ und Sh $\to \infty$) und nach einer genügend langen Verweilzeit ein homogenes Gemisch entsteht.

Aus den Stoffbilanzen erhält man den Abstand des Mischpunktes vom ursprünglichen Zustandspunkt der Luft. Für das h,x-Diagramm ergeben sich folgende waagerechte Abstände:

$$\begin{array}{cccc} \text{D} & \text{F} & \text{E} & \text{FE} \\ \hline x_\mathrm{m} - x = m_\mathrm{D}/m_\mathrm{L} & = m_\mathrm{F}/m_\mathrm{L} & = m_\mathrm{E}/m_\mathrm{L} & = (m_\mathrm{F} + m_\mathrm{E})/m_\mathrm{L} \, . \end{array} \quad (3.13)$$

3.5 Mischungsprozesse als Näherung

Verdunstung und Taubildung können näherungsweise als Mischungsprozesse aufgefaßt werden. Man geht davon aus, daß sich an der Grenzschicht zur Luft einzelne Wassermoleküle aus dem Verband der Flüssigkeit lösen und in den Luftraum eindringen. Andere wiederum, die sich im Luftraum geradlinig und mit großer Geschwindigkeit bewegen, werden zum Teil auf die Wasseroberfläche treffen und dort festgehalten. Je nachdem, ob ein Überschuß in der einen oder der anderen Richtung auftritt, spricht man von Verdunstung oder Taubildung.

Es ist einleuchtend, daß die Häufigkeit des Phasenwechsels eine Folge der Energie in den einzelnen Molekülen ist.

Läßt man bei der Verdunstung den Wasserdampf-Molekülen genügend Zeit, so werden sie sich von der Phasengrenze her schließlich gleichmäßig in dem verfügbaren Luftraum verteilen. Der Transportprozeß mündet in einen Endzustand, der dem Gleichgewicht nach einem Mischungsprozeß gleichkommt. Wohlgemerkt: nur im Grenzfall, bei sehr langer Austauschzeit und sehr großer Austauschfläche, wird das Gleichgewicht vollkommener Mischung erreicht. Es ist dann — und nur dann — belanglos, mit welcher Geschwindigkeit die Ströme der Energie und des Wasserdampfes dem Ausgleich zustreben. Man kann, rückschauend vom Zeitpunkt des Eintritts in das Gleichgewicht, unbeachtet lassen, welche Geschichte der Transportprozeß hatte.

3.6 Psychrometer — Erste Näherung

Wenn man in der Theorie des Psychrometers die winzige Flüssigkeitsmenge am feuchten Thermometer — und mithin die winzige Flüssigkeitswärme — vernachlässigt, so bedeutet dies, daß man in der Bilanzgleichung (3.11) (LD + F) die der Luft „beigemischte Wassermenge" $\dot{m}_\mathrm{F}$ gleich 0 setzt:

$$h\dot{m}_\mathrm{L} + h_\mathrm{F} \cdot 0 = h_\mathrm{m}\dot{m}_\mathrm{L} \, . \quad (3.14)$$

Mit dieser Vereinfachung wird $h = h_\mathrm{m} = \mathrm{const}$ und

$$\frac{h_\mathrm{s} - h}{x_\mathrm{s} - x} \approx \frac{h_\mathrm{m} - h}{x_\mathrm{m} - x} = 0 \quad (3.15)$$

Die Zunahme an latenter Wärme ist genau gleich der Abnahme an sensibler Wärme. Der Prozeßverlauf wird durch die Steigung der Isenthalpen ausgedrückt. Es ist $h_\mathrm{s} \approx h_\mathrm{m} \approx h$ und somit nach Gl. (2.11):

$$x \approx \frac{h_\mathrm{s} - c_\mathrm{pL}t}{c_\mathrm{pD}t + r_0} . \tag{3.16}$$

3.7 Psychrometer — Zweite Näherung

Wenn man die Zunahme der Luftenthalpie durch die winzige Flüssigkeitswärme berücksichtigt, die mit dem verdunstenden Wasseranteil vom Luftstrom aufgenommen wird, so benutzt man die Bilanzgleichung (3.11) (LD + F) mit $\dot{m}_\mathrm{F} \neq 0$ und wendet den Quotienten, Gl. (3.12) (LD + F) an:

$$\frac{h_\mathrm{s} - h}{x_\mathrm{s} - x} \approx \frac{h_\mathrm{m} - h}{x_\mathrm{m} - x} = h_\mathrm{F} . \tag{3.17}$$

Zieht man im h,x-Diagramm vom gemessenen Sättigungspunkt, t_s; x_s, aus die Flüssigkeitsisenthalpe, h_F, bis zum Schnitt mit der Isothermen, t, so erhält man den Zustandspunkt der Luft. Dieser liegt etwas weiter links als derjenige nach der ersten Näherung. Rechnerisch ergibt sich aus Gl. (2.11):

$$x \approx \frac{h_\mathrm{s} - c_\mathrm{pL}t - c_\mathrm{F}t_\mathrm{s}x_\mathrm{s}}{c_\mathrm{pD}t + r_0 - c_\mathrm{F}t_\mathrm{s}} . \tag{3.18}$$

3.8 Psychrometer — Beispiel für die Auswertung

Abgelesen wurden bei $p = 1$ bar
am trockenen Thermometer $t = +\,30\ °\mathrm{C}$
am feuchten Thermometer $t_\mathrm{s} = +\,20\ °\mathrm{C}$.

Nach Tab. 1 ist

$$c_\mathrm{pL} = 1{,}0061 \ \mathrm{kJ/kg\ K}$$
$$c_\mathrm{pD} = 1{,}862 \ \ \mathrm{kJ/kg\ K}$$
$$r_0 = 2{,}500 \ \ \mathrm{kJ/kg}$$
$$c_\mathrm{F} = 4{,}205 \ \ \mathrm{kJ/kg\ K} .$$

Nach Tab. 2 ist

$$x_\mathrm{s} = 14{,}88 \ \ \mathrm{g/kg\ tr.\ L.}$$
$$h_\mathrm{s} = 57{,}88 \ \ \mathrm{kJ/kg} .$$

Erste Näherung

$$x = \frac{57{,}88 - 1{,}0061 \cdot 30}{1{,}862 \cdot 30 + 2{,}500}$$

$$x = 10{,}83 \ \mathrm{g/kg\ tr.\ L.} .$$

Zweite Näherung

$$x = \frac{57{,}88 - 1{,}0061 \cdot 30 - 4{,}205 \cdot 20 \cdot 0{,}01488}{1{,}862 \cdot 30 + 2.500 - 4{,}205 \cdot 20}$$

$$x = 10{,}70 \text{ g/kg tr. L.} .$$

3.9 Kühlturm — als Mischungsprozeß

Nach den Bezeichnungen, Bild 3.6, ergeben sich für den Kühlturm

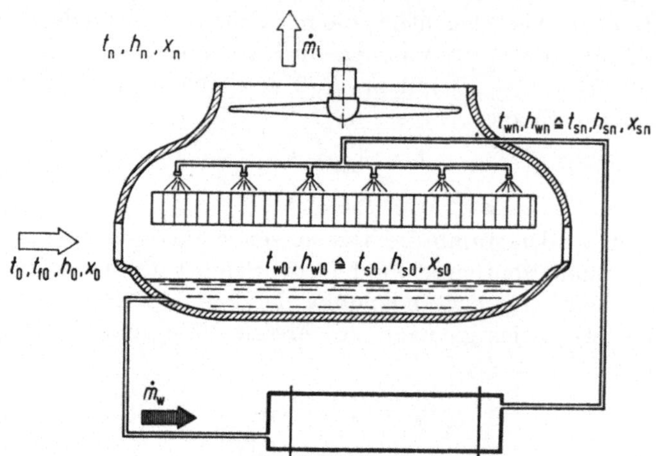

Bild 3.6. Kühlturm. Definition der Bezeichnungen.

folgende Bilanzgleichungen:

Stoffbilanzen

Trockene Luft　　　　　　　$\dot{m}_\mathrm{L} = \text{const} .$

Wassergehalt der Luft

$$\dot{m}_\mathrm{L} x_0 + \dot{m}_\mathrm{D} = \dot{m}_\mathrm{L} x_\mathrm{n}$$
$$\dot{m}_\mathrm{D} = \dot{m}_\mathrm{L}(x_\mathrm{n} - x_0) . \tag{3.19}$$

Kühlwasserstrom

$$\dot{m}_\mathrm{wn} - \dot{m}_\mathrm{D} = \dot{m}_\mathrm{w0}$$
$$\dot{m}_\mathrm{D} = \dot{m}_\mathrm{wn} - \dot{m}_\mathrm{w0} . \tag{3.20}$$

Wärmebilanz

$$\dot{m}_\mathrm{L} h_0 + \dot{m}_\mathrm{wn} h_\mathrm{wn} = \dot{m}_\mathrm{L} h_\mathrm{n} + \dot{m}_\mathrm{w0} h_\mathrm{w0} . \tag{3.21}$$

Hieraus folgt:

Erwärmung der Luft = Abkühlung des Wassers = Wärmeübertragung

$$\dot{m}_\mathrm{L}(h_\mathrm{n} - h_0) = \dot{m}_\mathrm{wn} h_\mathrm{wn} - \dot{m}_\mathrm{w0} h_\mathrm{w0} = \dot{Q} \qquad [\text{W}] . \tag{3.22}$$

3.10 Kühlturm — Richtung der Zustandsänderungen, Zweite Näherung

Wenn bei einem Verdunstungsprozeß nur ein kleiner Anteil des Wassers von der Luft aufgenommen wird, so bestimmt der zurückbleibende Anteil den Prozeßverlauf. Unmittelbar an der Phasengrenze ist die Sättigungstemperatur der Luft gleich der Temperatur des angrenzenden Wassers. Unter dem Einfluß der molekularen Diffusion und gegebenenfalls der Turbulenz in der Luft vollzieht sich ein Mischungsprozeß. Die feuchtegesättigte Luft an der Wasseroberfläche mischt sich mit der benachbarten Luft und dann fortschreitend auch mit der Luft, die von der Phasengrenze weiter entfernt ist.

Die Konzeption eines Mischungsprozesses beinhaltet, daß die Luft, die unterschiedliche Feuchtewerte aufweist, durch einen mittleren Zustandspunkt repräsentiert werden kann. Diesem Zustandspunkt steht der Sättigungspunkt der Luft an der Phasengrenze gegenüber.

Nimmt man an, daß sich die Wassertemperatur nicht ändert, so erreicht der Mischungsvorgang nach einer gewissen Zeitspanne den Mischpunkt m nach Bild 3.7.

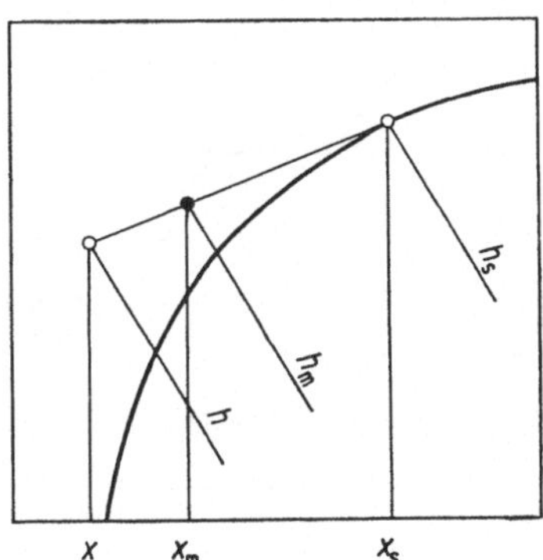

Bild 3.7. Verdunstung als Mischungsprozeß von zwei Luftmengen. Richtung der Zustandsänderung bei konstanter Wassertemperatur.

Man kann für diesen Sonderfall einer Mischung von zwei Luftmengen die allgemeine Gl. (3.7) heranziehen und die Bezeichnungen nach Bild 3.7 einsetzen.

Jeder denkbare Mischpunkt liegt auf der Verbindungsgeraden zwischen h_s; x_s und h; x.

Man erhält eine Gleichung für den Zustandsverlauf an irgend einem Querschnitt zwischen dem Lufteintritt o und dem Luftaustritt n. Diese Gleichung entspricht der zweiten Näherungsgl. (3.17) für den Psychrometer-Prozeß. Der Unterschied besteht darin, daß $h_F = c_F t_w$ nicht vom Luftzustand, sondern von der Temperatur des Kühlwassers bestimmt wird.

3.11 Kühlturm — Prozeßverlauf

Die Luft möge sich in einem Kühlturm von t_0, h_0, x_0 auf t_n, h_n, x_n erwärmen, Bild 3.6. Gleichzeitig kühlt sich das Wasser bei Annahme eines reinen Gegenstroms von t_{wn} auf t_{w0} ab. Für den Zustandsverlauf der gesättigten Luft an der Phasengrenze gilt entsprechend die Abkühlung von t_{sn}, h_{sn}, x_{sn} auf t_{s0}, h_{s0}, x_{s0}. Die Bezeichnungen für den Prozeßverlauf sind so gewählt, daß für jedes Element der Austauschfläche die gleichen Indices $0, 1, 2, \ldots, n$ gelten.

Das Gesetz der Mischungsgeraden ist bei veränderlichen Zustandswerten der Luft und des Wassers jeweils nur für ein Element der Austauschfläche definiert. Wenn der Prozeß stationär verläuft — wie es beim Kühlturm der Fall ist —, so kann man den Zustandsverlauf im Diagramm näherungsweise durch einhüllende Geraden darstellen, Bild 3.8.

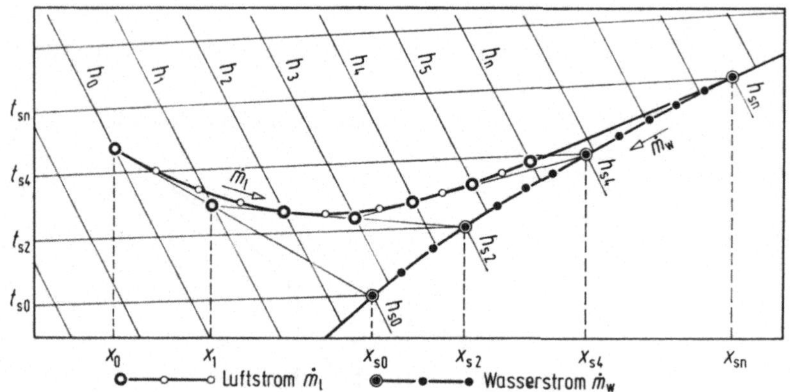

Bild 3.8. Zustandsverlauf der Luft und des Kühlwassers in einem Kühlturm, dargestellt durch einhüllende Geraden im h,x-Diagramm.

3.11.1 Kühlturm — Rechenverfahren für den Prozeßverlauf

Die einhüllenden Geraden werden nach dem Schema, Bild 3.9, so gelegt, daß sie die Kurve des Prozeßverlaufes näherungsweise in einem Punkte berühren und daß sie sich in den dazwischen angeordneten Mittelwertpunkten schneiden.

Bezeichnet man

- die Berührungspunkte mit *geraden* Indices $0, 2, 4, \ldots, n$ und
- die Schnittpunkte mit *ungeraden* Indices $(1), (3), (5), \ldots, (n-1)$

so haben

- die Mischungsgraden o und n je einen Mischpunkt, (1) bzw. $(n-1)$.

Sie stellen die beiden Grenzprozesse dar.

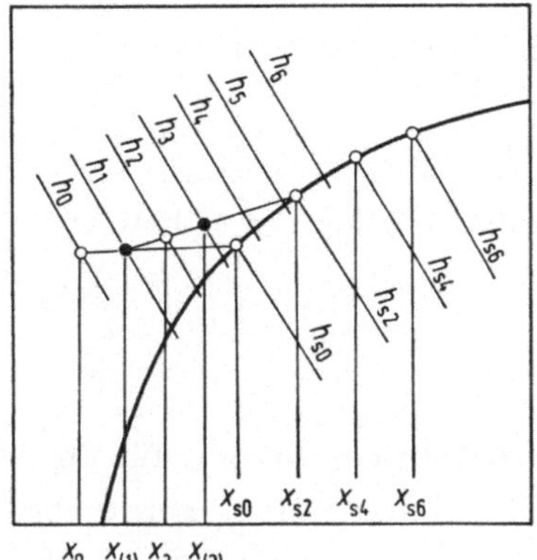

Bild 3.9. Die Verdunstung als ein Mischprozeß. Basis der Merkelschen Theorie und der Reynolds-Analogie.

- Die dazwischen liegenden Mischungsgraden $\nu = 2, 4, ..., n - 2$ je zwei Mittelwertspunkte, $(\nu - 1)$ und $(\nu + 1)$. Sie stellen Mittelwertsprozesse dar.

Für alle Geraden gelten eine, bzw. zwei Gleichungen von der Form (3.17).

(Da die Hilfspunkte (1), (3), ..., $(n - 1)$ wohl auf den Isenthalpen h_1, h_3, ..., h_{n-1} liegen, die zugehörigen Wassergehaltswerte $x_{(1)}$, $x_{(3)}$, ..., $x_{(n-1)}$ aber nur Konstruktionswerte sind, $- x_{(1)} \neq x_1 -$, wurden sie in Klammern gesetzt.)

Im einzelnen vollzieht sich das Differenzenverfahren nach Bild 3.9 folgendermaßen:

Mischungsgerade 0

hat den Tangentenpunkt 0 als Anfang, den Hilfspunkt (1) als Mischpunkt. Nach Gl. (3.17) ist

$$\frac{h_{s0} - h_0}{x_{s0} - x_0} = \frac{h_1 - h_0}{x_{(1)} - x_0}$$

hieraus der unbekannte Hilfswert

$$x_{(1)} = \frac{h_1 - h_0}{h_{s0} - h_0}(x_{s0} - x_0) + x_0 . \tag{3.17.1}$$

Mischungsgerade 2

hat den Tangentenpunkt 2 als Mischpunkt, den Hilfspunkt (1) als Anfang. Nach Gl. (3.17) ist

$$\frac{h_{s2} - h_1}{x_{s2} - x_{(1)}} = \frac{h_2 - h_1}{x_2 - x_{(1)}}$$

hieraus der unbekannte Wert

$$x_2 = \frac{h_2 - h_1}{h_{s2} - h_1}(x_{s2} - x_{(1)}) + x_{(1)} . \tag{3.17.2}$$

Weiterhin hat die Mischungsgerade 2 den Hilfspunkt (1) als Anfang, den Hilfspunkt (3) als Mischpunkt. Nach Gl. (3.17) ist

$$\frac{h_{s2} - h_1}{x_{s2} - x_1} = \frac{h_3 - h_1}{x_{(3)} - x_{(1)}}$$

hieraus der unbekannte Hilfswert

$$x_{(3)} = \frac{h_3 - h_1}{h_{s2} - h_1}\,(x_{s2} - x_{(1)}) + x_{(1)} \qquad (3.17.3)$$

usw.

3.11.2 Kühlturm — Beispiel für die Berechnung eines Prozeßverlaufes

Ein Kühlwasserstrom werde abgekühlt

$$\text{von} \quad t_{wn} = t_{sn} = +\,34\ ^\circ\text{C}$$
$$\text{auf} \quad t_{w0} = t_{s0} = +\,22\ ^\circ\text{C}$$
$$\text{d. h. um} \qquad\qquad 12\ ^\circ\text{C}.$$

Man unterteilt den Abkühlungsverlauf in drei gleiche Abschnitte von je 4 °C und erhält unter Zuhilfenahme der Tab. 1:

$$t_{sn} = +\,34\ ^\circ\text{C} \quad h_{sn} = 123{,}79\ \text{kJ/kg} \quad x_{sn} = 34{,}94\ \text{g/kg}$$
$$t_{s4} = +\,30\ ^\circ\text{C} \quad h_{s4} = 100{,}62\ \text{kJ/kg} \quad x_{s4} = 27{,}55\ \text{g/kg}$$
$$t_{s2} = +\,26\ ^\circ\text{C} \quad h_{s2} = 81{,}28\ \text{kJ/kg} \quad x_{s2} = 21{,}63\ \text{g/kg}$$
$$t_{s0} = +\,22\ ^\circ\text{C} \quad h_{s0} = 65{,}03\ \text{kJ/kg} \quad x_{s0} = 16{,}88\ \text{g/kg}\,.$$

Die vom Kühlturm angesaugte Luft habe folgende Zustandswerte:

$$t_0 = +\,32\ ^\circ\text{C} \qquad x_0 = 4{,}00\ \text{g/kg}\,.$$

Nach Gl. (2.11) ist

$$h_0 = 1{,}0061 \cdot 32 + 1{,}862 \cdot 32 \cdot 0{,}004 + 2{,}500 \cdot 0{,}004$$
$$h_0 = 42{,}44\ \text{kJ/kg}\,.$$

Die Luft werde um 48,00 kJ/kg erwärmt. Somit ist

$$h_n = 42{,}44 + 48{,}00 = 90{,}44\ \text{kJ/kg}\,.$$

Bei einer Aufgliederung der Erwärmung in $n = 6$ Abschnitte erhält man eine Enthalpiezunahme der Luft von 48,00 : 6 = je Abschnitt 8,00 kJ/kg und somit die Folge

$$\begin{aligned}
h_0 &= 42{,}44\ \text{kJ/kg}\\
h_1 &= 50{,}44\ \text{kJ/kg}\\
h_2 &= 58{,}44\ \text{kJ/kg}\\
h_3 &= 66{,}44\ \text{kJ/kg}\\
h_4 &= 74{,}44\ \text{kJ/kg}\\
h_5 &= 82{,}44\ \text{kJ/kg}\\
h_n &= 90{,}44\ \text{kJ/kg}\,.
\end{aligned}$$

Als zweiten Zustandswert für die einzelnen Punkte gewinnt man aus

Gl. (3.17.1)	$x_{(1)}$	$=$	8,56 g/kg tr. L.
Gl. (3.17.2)	x_2	$=$	11,95 g/kg tr. L.
Gl. (3.17.3)	$x_{(3)}$	$=$	15,34 g/kg tr. L.
Gl. (3.17.4)	x_4	$=$	18,20 g/kg tr. L.
Gl. (3.17.5)	$x_{(5)}$	$=$	21,05 g/kg tr. L.
Gl. (3.17.6)	x_n	$=$	23,74 g/kg tr. L.

3.11.3 Kühlturm — Zeichnerische Lösung für den Prozeßverlauf

Schritt Nr.	Mischungsgerade von	Schnittpunkt mit	ergibt
1	h_0, x_0 bis x_{s0}	h_1	$x_{(1)}$
2	h_1, $x_{(1)}$ bis x_{s2}	h_2	x_2
3	desgl.	h_3	$x_{(3)}$
4	h_3, $x_{(3)}$ bis x_{s4}	h_4	x_4
5	desgl.	h_5	$x_{(5)}$
...			
n (= 6)	h_5, $x_{(5)}$ bis x_{sn}	h_n	x_n

Der Kurvenzug, den die Mischungsgeraden einhüllen, zeigt bei dem gezeichneten Beispiel, daß bei einer fortlaufenden Abkühlung des Wassers die Temperatur der Luft zunächst sinkt und dann ansteigt.

3.12 Sensible und latente Wärme

Der vom Kühlturm auf die Umgebungsluft übertragene Wärmestrom setzt sich aus einem sensiblen (fühlbaren) und einem latenten Anteil zusammen

$$\dot{Q} = \dot{Q}_{\text{sens}} + \dot{Q}_{\text{lat}} \quad [\text{W}] . \tag{3.23}$$

$\dot{Q}_{\text{sens}}$ kann positiv (Stromrichtung vom Wasser zur Luft) oder negativ, $\dot{Q}_{\text{lat}}$ nur positiv sein.

3.13 Latente Wärme

Der Strom latenter Wärme ist mit dem Stoffstrom des verdunstenden Wassers verbunden. Die Übertragung findet an der Phasengrenze des Kühlwassers statt. Dort herrscht die Sättigungstemperatur t_s. Die zugehörige Verdampfungswärme ist r_s.

$$\dot{Q}_{\text{lat}} = r_s \dot{m}_D = r_s \dot{m}_L (x_n - x_0) \quad [\text{W}] . \tag{3.24}$$

3.14 Zustandsverlauf des verdunstenden Wassers

Der verdunstende Anteil des umgewälzten Kühlwassers durchläuft während der Abkühlung die drei Zustandsänderungen, die für einen

Querschnitt im Strömungsverlauf in dem p,h-Diagramm für Wasser, Bild 3.10, dargestellt sind:

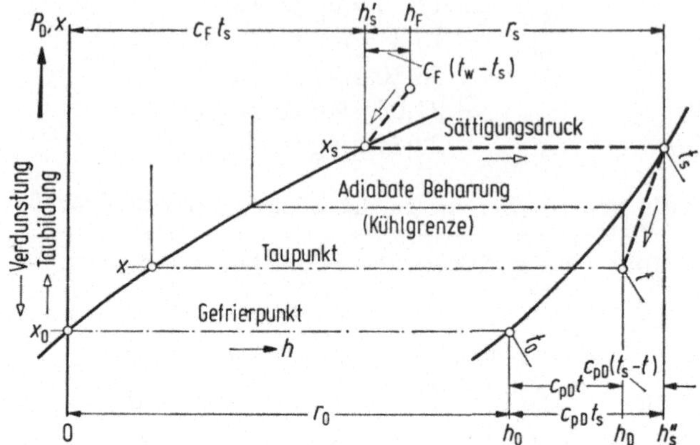

Bild 3.10. Zustandsverlauf des verdunstenden Wassers, dargestellt im p, h-Diagramm.

● Abkühlung des Wassers in der flüssigen Phase

Das verdunstende Wasser stellt einen Massenstrom $\dot m_\mathrm{D}$ dar, der mit seiner anfänglichen spezifischen Enthalpie $h_\mathrm{F} = c_\mathrm{F} t_\mathrm{w}$ den Prozeß einleitet. Die Wärme wird vom Innern der Wasserschicht zur Oberfläche dringen. Dabei ist die Abnahme der Flüssigkeitswärme

$$h_\mathrm{F} - h_\mathrm{s}' = c_\mathrm{F}(t_\mathrm{w} - t_\mathrm{s}) \;. \tag{3.25}$$

● Verdunstung — Phasenwechsel

An der Grenzfläche zur Luft verdunstet das Wasser bei der Sättigungstemperatur der Luft t_s. Nach Gl. (2.9) ist die Verdampfungswärme

$$h_\mathrm{s}'' - h_\mathrm{s}' = r_\mathrm{s} = r_0 - c_\mathrm{F} t_\mathrm{s} + c_{\mathrm{pD}} t_\mathrm{s} \;. \tag{3.26}$$

● Abkühlung oder Erwärmung des verdunsteten Wasserdampfes in der angrenzenden Luft

Nachdem das verdunstende Wasser als trockengesättigter Dampf bei der Temperatur t_s die Grenzfläche zur Luft verläßt, mischt es sich mit dem Luftstrom und erreicht schließlich dessen mittlere Temperatur t. Diese kann über oder unter t_s liegen. Im ersten Fall gibt die Luft sensible Wärme ab — Grundprozeß (3) —, im zweiten Fall nimmt sie sensible Wärme auf — Grundprozeß (1). Im Diagramm 3.10 ist der zweite Fall angenommen. Der Dampfstrom verliert die Überhitzungswärme

$$h_\mathrm{s}'' - h_\mathrm{D} = c_{\mathrm{pD}}(t_\mathrm{s} - t) \;. \tag{3.27}$$

Insgesamt gilt als eine Verallgemeinerung von Gl. (2.9) bei $t_\mathrm{w} > t_\mathrm{s} > t$

$$h_\mathrm{D} - h_\mathrm{F} = r_0 - c_\mathrm{F} t_\mathrm{w} + c_{\mathrm{pD}} t \;. \tag{3.28}$$

Bei den Einfilm-Theorien der Wärme- und Stoffübertragung wird die Flüssigkeitswärme, Gl. (3.25) der Einfachheit halber unbeachtet gelassen.

3.15 Richtung der Zustandsänderung der Luft bei Verdunstungsprozessen — näherungsweise nach den Erhaltungssätzen

Für jeden der Querschnitte im Strömungsverlauf des Kühlturmprozesses, Bild 3.11, kann die lineare Bilanzgleichung (3.17) ange-

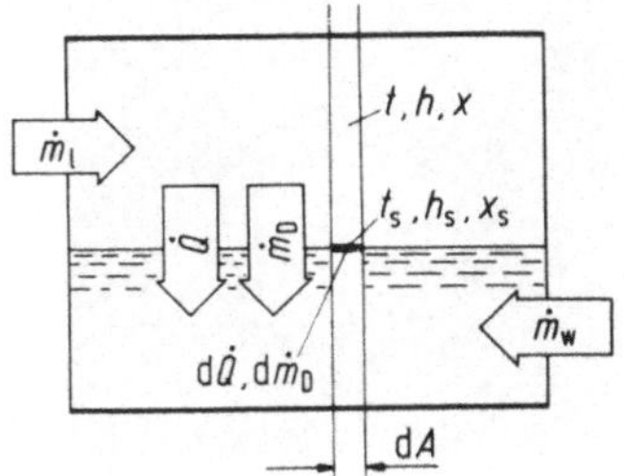

Bild 3.11. Verdunstung als Mischungsprozeß.

wendet werden und demzufolge auch

$$\mathrm{d}\dot{Q} = \dot{m}_\mathrm{L}\, \mathrm{d}h \, , \qquad\qquad (3.22\,\mathrm{a})$$

$$\mathrm{d}\dot{Q} = \mathrm{d}\dot{Q}_\mathrm{sens} + \mathrm{d}\dot{Q}_\mathrm{lat} \, , \qquad\qquad (3.23\,\mathrm{a})$$

$$\mathrm{d}\dot{Q}_\mathrm{lat} = r_\mathrm{s}\dot{m}_\mathrm{L}\, \mathrm{d}x \, . \qquad\qquad (3.24\,\mathrm{a})$$

Man unterstellt bei der Rückführung auf die Erhaltungssätze, daß der Luftzustand linear in Richtung zum Gleichgewicht der Sättigung läuft. In der Darstellung, Bild 1.8, bedeutet dies, daß die Richtungspfeile der drei Prozesse waagerecht wären. Bei dieser Annahme ist die Richtung des Zustandsverlaufs nach den drei obigen Gleichungen

$$\frac{\mathrm{d}h}{\mathrm{d}x} = \left(\frac{\mathrm{d}\dot{Q}_\mathrm{sens}}{\mathrm{d}\dot{Q}_\mathrm{lat}} + 1 \right) r_\mathrm{s} \qquad\qquad (3.29)$$

4. Die Verdunstung als Ausgleichsprozeß

Bild 4.1. *John Dalton* (1766—1844). Nach einem Gemälde von *J. Lonsdale* (aus: *Tilden*, Famous Chemists).

4.1 Das Daltonsche Verdunstungsgesetz

Um 1800 fand *John Dalton*, daß die Wassermenge, die in atmosphärischer Luft verdunstet, vom Partialdruckgefälle bestimmt wird. Er hatte eine Schale mit Wasser aufgestellt und bei verschiedenen Temperaturen den Dampfdruck der gesättigten Luft an der Wasseroberfläche und gleichzeitig den Dampfdruck der Luft in weitem Abstand von der Schale ermittelt.

In technischen Verdunstungsprozessen hat man es gewöhnlich nicht mit ruhender Luft sondern mit Luftströmen zu tun. Als Bezugspunkt kann nicht ein genügend weiter Abstand von der Phasengrenze zugrundegelegt werden. Es muß ein über dem Strömungsquerschnitt gemittelter Partialdruck eingesetzt werden:

$$d\dot{m}_{\mathrm{D}} = b(p_{\mathrm{Ds}} - p_{\mathrm{Dm}})\, dA \ . \tag{4.1}$$

Sobald die Luft in den Austauschraum eintritt, bildet sich ein Partialdruckgefälle von der Wasseroberfläche zum Strömungskern hin aus; auch die Kernströmung wird bald von der Feuchtigkeitsaufnahme beeinflußt. Nur am Lufteintritt ist ein einheitlicher, von der Verdunstung an der betreffenden Stelle nicht erhöhter Partialdruck vorhanden.

4.2 Übergang zum Konzentrationsgefälle

Anstelle des Partialdruckes benutzt man bei den Berechnungen der Verdunstungskühlung den Wasserdampfgehalt der Luft als treibende Kraft. Beide Größen sind gemäß Gl. (2.3) im Zustandsbereich (LD) praktisch verhältnisgleich.

In Anbetracht des geringen Dampfgehalts atmosphärischer Luft und den in der Kühlturmtechnik vorkommenden Temperaturen kann man annehmen, daß der Stoffübergang vom Übergang sensibler Wärme nicht beeinflußt wird.

$$\mathrm{d}\dot{m}_\mathrm{D} = \sigma(x_\mathrm{s} - x)\,\mathrm{d}A \ . \tag{4.2}$$

Hierin ist die Verdunstungszahl σ nach Gl. (2.3) und dem Daltonschen Gesetz für den Partialdruck von Gasgemischen

$$\sigma = R_\mathrm{D}/R_\mathrm{L} \,(p - p_\mathrm{Dm})\,b \ . \tag{4.3}$$

4.3 Die Wärmeübertragung im Kühlturm

Zum Unterschied zu Abschn. 3.8 ff. wird nachfolgend der Wärmeübergang in Kühltürmen als Ausgleichsprozeß behandelt.

Für den Übergang sensibler Wärme entspricht die Schreibweise dem Newtonschen Abkühlungsgesetz

$$\mathrm{d}\dot{Q}_\mathrm{sens} = \alpha(t_\mathrm{s} - t)\,\mathrm{d}A \ . \tag{4.4}$$

Für den Übergang latenter Wärme erhält man analog aus Gl. (4.2) und (3.24) für ein Flächenelement

$$\mathrm{d}\dot{Q}_\mathrm{lat} = \sigma(x_\mathrm{s} - x)\,r_\mathrm{s}\,\mathrm{d}A \ . \tag{4.5}$$

Die insgesamt übertragene Wärme ist nach Gl. (3.23) die Summe der beiden Anteile

$$\mathrm{d}\dot{Q} = [\alpha(t_\mathrm{s} - t) + \sigma(x_\mathrm{s} - x)\,r_\mathrm{s}]\,\mathrm{d}A \ . \tag{4.6}$$

Bild 4.2. *Richard Mollier* (1863—1935).

4.4 Die Theorie von Merkel

Bevor 1925 die grundlegende Arbeit von *Friedrich Merkel*, betitelt ‚Verdunstungskühlung', erschien, versuchte man bei den Rechnungen, die sensible und die latente Wärme getrennt zu ermitteln. Hierbei mußten wegen der großen Zahl von Zustandsgrößen einschränkende Annahmen gemacht werden. Die Rechnungen waren unübersichtlich und mühevoll — und überdies nur in den Grenzen gemessener Kombinationen von Zustandswerten gültig. Man gab sich daher in der Kühlturmtechnik mit repräsentativen Erfahrungswerten zufrieden.

Bild 4.3. *Friedrich Merkel* (1892—1929).

Angeregt von seinem Lehrer *Richard Mollier*, fand *Merkel* ein Rechenverfahren, nach dem das Gefälle der Temperaturen und der Konzentrationen, Gl. (4.6), in einer gemeinsamen treibenden Kraft, dem Enthalpie-Gefälle, vereinigt werden.

Der Vorschlag von *Merkel* brachte zwei wesentliche Erleichterungen:
- Es genügte fortan, den Anfangszustand der Luft durch *eine* Größe, die Luftenthalpie oder die Temperatur am feuchten Thermometer, festzulegen.
- Die Enthalpien wurden bereits in den Bilanzgleichungen, z. B. Gl. (3.22), benutzt.

4.5 Die Merkelsche Hauptgleichung

Die Merkelsche Ableitung geht von der Gl. (4.6) aus. Sie schließt Vereinfachungen ein, die bei den meisten technischen Aufgaben in Kauf genommen werden dürfen. Man muß sich nur bewußt bleiben, daß die Rechnungen in den Zahlenergebnissen nicht genauer sein können, als es die Vereinfachungen zulassen:
- Die Ausgleichsgeschwindigkeiten des Stromes sensibler und latenter Wärme sind gleich (Le = 1).

- Die spezifische Wärmekapazität der trockenen und feuchten Luft ist gleich ($c_{\mathrm{pL}} = c_{\mathrm{pl}}$).
- Der Wärmestrom vom Innern der Wasserschicht zur Oberfläche wird vernachlässigt. Sein Anteil — Gl. (3.25) — kann indessen durch den Übergang von der physikalisch exakten Verdunstungszahl zu einem fiktiven und verminderten Koeffizienten, der nur für bestimmte Konfigurationen und Betriebsverhältnisse anwendbar ist, gut ausgeglichen werden — Ein-Film-Theorie ($\sigma \neq \sigma_{\mathrm{phys}}$).
- Die wirkliche Verdampfungswärme nach Gl. (3.26) bei t_{s} ist gleich der Verdampfungswärme bei 0 °C ($r_{\mathrm{s}} = r_0$).

Merkel gelangte zu einem sehr einfachen Ausdruck

$$\mathrm{d}\dot{Q} = c_{\mathrm{F}}\,\dot{m}_{\mathrm{w}}\,\mathrm{d}t_{\mathrm{w}} = \sigma(h_{\mathrm{s}} - h)\,\mathrm{d}A \ . \tag{4.7}$$

Er nannte ihn seiner Bedeutung wegen Hauptgleichung.

4.6 Die exakte Ausgangsgleichung

Setzt man die spezifische Wärmekapazität der feuchten Luft $c_{\mathrm{pl}} = c_{\mathrm{pL}} + xc_{\mathrm{pD}}$ in Gl. (2.11) ein, so erhält man

$$c_{\mathrm{pl}}t = (c_{\mathrm{pL}} + xc_{\mathrm{pD}})\,t = h - xr_0 \ . \tag{4.8}$$

Mit dieser Umformung gewinnt man eine exakte Form der Merkelschen Hauptgleichung

$$\mathrm{d}\dot{Q} = \sigma\left[\frac{\alpha}{c_{\mathrm{pl}}\sigma}\,(h_{\mathrm{s}} - h - x_{\mathrm{s}}r_0 + xr_0) + (x_{\mathrm{s}} - x)\,r_{\mathrm{s}}\right]\mathrm{d}A \ . \tag{4.9}$$

4.7 Die Lewissche Beziehung

Die dimensionslose Wertegruppe $\alpha/c_{\mathrm{pl}}\sigma$ kennzeichnet das Verhältnis der Ausgleichsgeschwindigkeiten zwischen den Strömen der sensiblen und der latenten Wärme. Sie wird im deutschen Sprachgebrauch Lewissche Kennzahl genannt. In der angelsächsischen Literatur ist die Bezeichnung ‚psychrometric ratio' üblich.

Wenn die Kennzahl den Wert 1 hat, wie es *W. K. Lewis* anfänglich annahm, und wenn die Verdampfungswärme auf 0 °C und nicht auf die Sättigungstemperatur an der Phasengrenze bezogen wird, so wird die exakte Gl. (4.9) auf die Merkelsche Hauptgleichung zurückgeführt.

Somit erweist sich die Merkelsche Hauptgleichung als ein Grenzfall für Le $= 1$ und $r_{\mathrm{s}} = r_0$.

Die Lewissche Kennzahl charakterisiert die Geschwindigkeitsrelationen zwischen dem Wärme- und Stoffaustausch. Nimmt man den Impulsaustausch hinzu, so ergeben sich drei Relationen für die Austauschkoeffizienten. Die Kennzahlen lauten

$$Le = a/D \, ,$$
$$Sc = v/D \, ,$$
$$Pr = v/a \, .$$

Es werden folgende Definitionen benutzt

Wärmeleitfähigkeit	$\lambda = \alpha\, s$,
Diffusionskoeffizient	$D = \beta\, s$,
Stoffübergangszahl	$\beta = \sigma/\varrho_1$,
Temperaturleitfähigkeit	$a = \lambda/(c_{p1}\varrho_1)$,
Charakteristische Länge	s .

Mit diesen Definitionen drückt die Lewissche Kennzahl folgenden Zusammenhang aus

$$Le = \frac{\lambda}{c_{p1}D\varrho_1} = \frac{a}{D}$$

Wenn man Zähler und Nenner mit der kinematischen Viskosität v multipliziert, so schließt sich der Zusammenhang

$$Le = \frac{Sc}{Pr}$$

Bei $Le = 1$ ist also die Prandtl-Zahl gleich der Schmidt-Zahl. Die Bedingungen für den Wärme-, Stoff- und Impulsaustausch, die dann vorliegen, werden als (erweiterte) Reynolds-Analogie bezeichnet. Die Merkelsche Theorie basiert mithin auf der Reynolds-Analogie.

Nach der Sprungschen Psychrometerformel[1]

$$p_D = p_{Ds} - 0{,}5\,(t - t_s)\,p/755\ [\text{Torr}]\ \text{ist}\ Le = 1{,}03 \, .$$

Nach der Chilton-Colburn-Analogie[2] ist allgemein, für beliebige Stoffpaare, $Le = (a/D)^{2/3}$.

Nach den Analogiebetrachtungen von *Bedingfield* und *Drew*[3] ist

$$Le = (0{,}294/c_{p1})\,(v/D)^{0{,}56} \, .$$

Aufgrund der widersprüchlichen Meßergebnisse hatte man ursprünglich angenommen, die Lewis-Zahl werde von zahlreichen Faktoren außerhalb der Analogie-Konzeption beeinflußt. Heute wird sie für den technischen Anwendungsbereich turbulenter Strömungen aus den Stoffwerten abgeleitet[4].

<hr>

[1] *Sprung, A.:* Das Wetter 5 (1888) 105.
[2] *Colburn, A. P.:* Ind. Engn. Chem. 22 (1930) 967/970.
[3] *Bedingfield, Ch. H. jr., Drew, Th. B.:* Ind. Engn. Chem. 42 (1950) 1164/1173.
[4] z. B. *Gröber, Erk:* Die Grundgesetze der Wärmeübertragung, 3. ber. Neudr. von *Grigull, U.,* Berlin/Göttingen/Heidelberg: Springer 1963, 344 ff.

Tabelle 3. Lufttechnische Ausgleichsprozesse. Stoffwerte
$p = 1$ bar $t = $ ca. $+30$ °C

Wärmeleitfähigkeit	$\lambda = 0{,}0227$ kcal/m h °C
Temperaturleitfähigkeit	$a = 0{,}0814$ m²/h
Diffusionskoeffizient	$D = 0{,}0939$ m²/h
kinematische Zähigkeit	$\nu = 0{,}0578$ m²/h
Prandtl-Zahl	Pr $= 0{,}712$
Schmidt-Zahl	Sc $= 0{,}616$
Lewis-Zahl	Le $= 0{,}866$

4.8 Die wirkliche treibende Kraft $y_s - y$

Wenn man in Gl. (4.9) die Zustandswerte der Sättigung von den mittleren trennt, so erhält man folgende Form

$$d\dot{Q} = \sigma \left[\text{Le} \left(c_{pL} + c_{pD} x_s \right) t_s + r_s x_s - \text{Le} \left(c_{pL} + c_{pD} x \right) t - r_s x \right] dA \ .$$
$$(4.10)$$

Diese Schreibweise läßt unmittelbar deutlich werden, wie eine neue Zustandsgröße y entsteht, deren Differenz die wirkliche treibende Kraft der Verdunstungsprozesse ausdrückt:

$$y = \text{Le} \left(c_{pL} + c_{pD} x \right) t + r_s x \ . \tag{4.11}$$

Die neue Zustandsgröße ähnelt der spezifischen Enthalpie

$$h = \left(c_{pL} + c_{pD} x \right) t + r_0 x \ .$$

Bei Le < 1 vollzieht sich also der Übergang sensibler Wärme langsamer als der Übergang latenter Wärme. Da auch $r_s < r_0$, ist der latente Anteil von y ebenfalls geringer als bei h.

Die exakte Gl. (4.10) kann somit auf eine kurze Form gebracht werden

$$d\dot{Q} = \sigma(y_s - y)\, dA \ . \tag{4.12}$$

4.9 Die wirkliche Richtung der Zustandsänderungen

Geht man von den Sätzen aus, die die Ausgleichsvorgänge bestimmen, Gl. (4.5) und (4.12), so gelangt man zu dem exakten Ausdruck

$$\frac{dy}{dx} = \left(\frac{d\dot{Q}_{sens}}{d\dot{Q}_{lat}} + 1 \right) r_s \ . \tag{4.13}$$

Diese Gleichung stimmt in ihrem formalen Aufbau mit Gl. (3.29) überein.

Wenn man zur Analyse die Richtung der Zustandsänderungen, dh/dx, beibehalten will, so muß man anstelle von Gl. (4.12) Gl. (4.6) heranziehen:

$$\frac{dh}{dx} = \left(\frac{1}{\text{Le}} \frac{d\dot{Q}_{sens}}{d\dot{Q}_{lat}} + \frac{r_0}{r_s} \right) r_s \ . \tag{4.14}$$

Man erkennt deutlich, daß bei $Le = 1$ und $r_s = r_0$

$$\mathrm{d}y/\mathrm{d}x = \mathrm{d}h/\mathrm{d}x \ .$$

Die Voraussetzungen der Merkelschen Theorie sind in den Erhaltungssätzen, Abschnitt 3, begründet.

Im allgemeinen Fall, bei $r_0/r_s > 1$ und $Le < 1$, ist

$$\mathrm{d}y/\mathrm{d}x < \mathrm{d}h/\mathrm{d}x \ .$$

4.10 Gesamtübersicht

Mit Hilfe der gewonnenen Gleichungen können alle Ausgleichsprozesse für das thermodynamische System Wasser/Luft in einer systematischen Anordnung, Bild 4.4, dargestellt werden. Die Pfeile verdeutlichen die Richtung des Zustandsverlaufes für ein Flächenelement.

4.11 Psychrometer — Exakte Theorie

Nach Erreichen des (sogenannten dynamischen) Gleichgewichts kann die winzige Wassermenge am feuchten Thermometer keine Wärme mehr abgeben. Die Kühlgrenze, Grenzprozeß (4), ist erreicht. Es ist $\mathrm{d}\dot{Q} = 0$ und somit $- \mathrm{d}\dot{Q}_{sens} = \mathrm{d}\dot{Q}_{lat}$.

Nach Gl. (4.6) gilt für den Grenzprozeß

$$- \alpha(t_s - t) = \sigma(x_s - x)\, r_s \ .$$

$$x = x_s - Le\, c_{pl}\, r_s^{-1}\, (t - t_s) \ . \tag{4.15}$$

4.12 Psychrometer — Merkelsche Theorie

Bei Anwendung der Merkelschen Theorie vereinfacht sich diese Gleichung mit $Le = 1$ und $r_s = r_0$ zu

$$x = x_s - c_{pl} r_0^{-1}\, (t - t_s) \ . \tag{4.16}$$

Der Ausdruck ist identisch mit Gl. (3.16).

4.13 Analyse der Zustandsänderungen

Für die Richtung der Zustandsänderung liefert

Gl. (4.13) $\mathrm{d}y/\mathrm{d}x = 0$ (Exakte Lösung),

Gl. (4.14) $\mathrm{d}h/\mathrm{d}x = - r_s/Le + r_0$ (Exakte Lösung).

Bei $Le = 1$ und $r_s = r_0$ ist wiederum

$$\mathrm{d}h/\mathrm{d}x = \mathrm{d}y/\mathrm{d}x = 0 \quad \text{(Merkelsche Theorie)} \ .$$

Bild 4.5 veranschaulicht die Zusammenhänge.

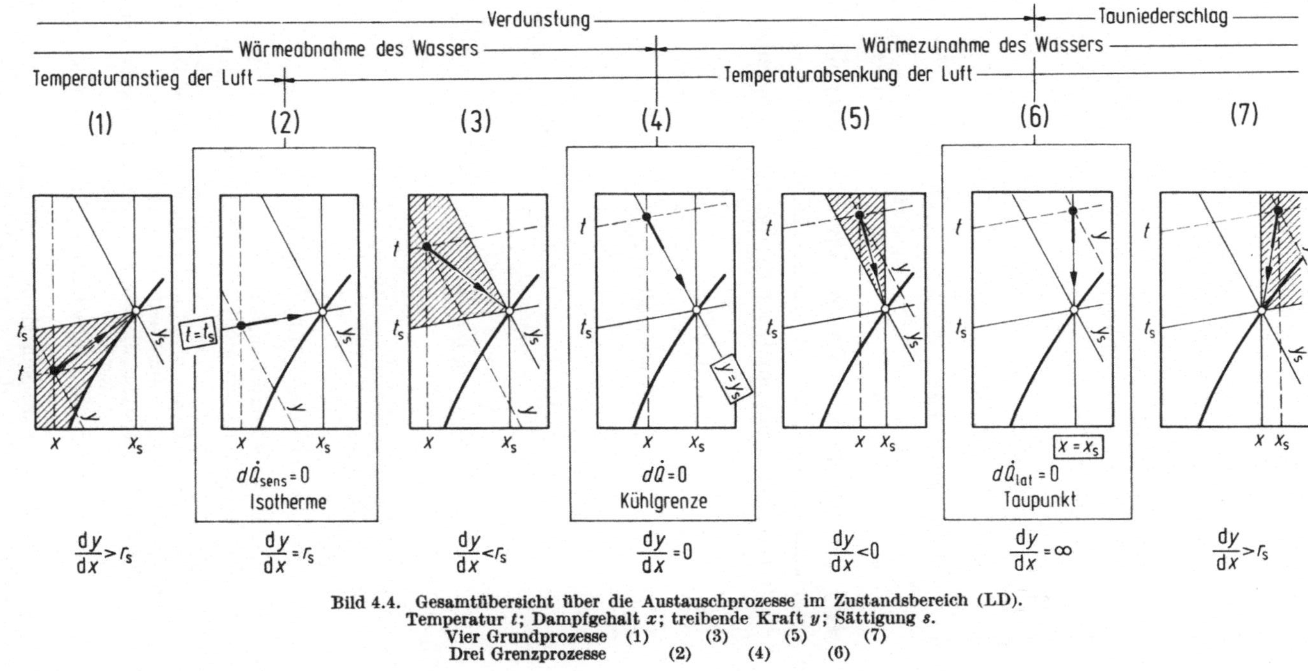

Bild 4.4. Gesamtübersicht über die Austauschprozesse im Zustandsbereich (LD).
Temperatur t; Dampfgehalt x; treibende Kraft y; Sättigung s.
Vier Grundprozesse (1) (3) (5) (7)
Drei Grenzprozesse (2) (4) (6)

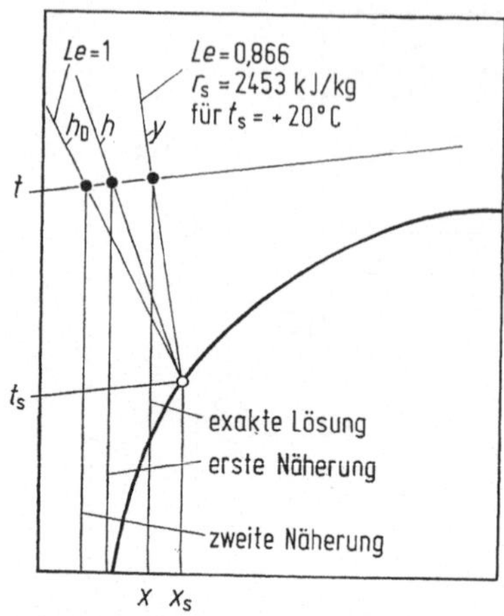

Bild 4.5. Psychrometer. Die drei theoretischen Konzeptionen.

4.14 Psychrometer — Beispiel für die Auswertung

Die Interpolation für die kalorischen Daten liefert nach Tab. 1 folgende spezifische Wärmekapazitäten für den Sättigungszustand (vgl. Abschn. 3.7):

$$t_s \;\;= +20 \;°\text{C} ,$$
$$c_{\text{pLs}} = 1{,}0059 \;\text{kJ/kg K} ,$$
$$c_{\text{pDs}} = 1{,}8604 \;\text{kJ/kg K} ,$$
$$c_{\text{Fs}} \;= 4{,}205 \;\;\text{kJ/kg K} .$$

Hiermit wird

$$c_{\text{pl}} = 1{,}0059 + 1{,}8604 \cdot 0{,}01488$$
$$= 1{,}0335 \;\text{kJ/kg K} ,$$
$$r_s \;= 2500 - (4{,}205 - 1{,}860) \cdot 20$$
$$= 2453 \;\text{kJ/kg} .$$

Nach Gl. (4.15)

$$x = 0{,}01488 - 0{,}866 \cdot 1{,}0335 \cdot 10/2453 ,$$
$$x = 11{,}23 \;\text{g/kg tr.L.}$$

Literatur zum Kapitel 4

Ackermann, G.: Theorie der Verdunstungskühlung. Ing.-Arch. 5 (1934) 124.

Ackermann, G.: Wärmeübergang und molekulare Stoffübertragung ... VDI-Fh. 382 (1937) 1—16.

Berliner, P.: Lufttechnische Prozesse — ihre Theorie und ihre Darstellung in einem neuen h,x-Diagramm. Klimatechn. 14 (1972) 7, 3—10.

Bošnjaković, F.: Techn. Thermodynamik, Bd. 2, 3. Aufl., Darmstadt: Steinkopff 1960.

Bošnjaković, F.: Wärme- und Stoffaustausch bei feuchten Gasen. KT 9 (1957) 9, 266—270; 10, 309—313.

Dalton, J.: Versuche über die Expansivkraft der Dämpfe ... Über die Verdunstung des Wassers. Ann. d. Physik 15 (1803) 9, 1—24; 10, 121—143.

Gilliland, E. R., Sherwood, T. K.: Diffusion of vapors into air streams. Ind. Engn. Chem. 26 (1934) 516—523.

Grassmann, P.: Phys. Grdl. d. Chemie-Ingenieur-Technik. Aarau, Frankfurt/M.: Sauerländer 1961.

Grassmann, P., Lemaire, L. H.: Zur Darstellung zweiphasiger Strömungsvorgänge. Chem. Ing. Techn. 30 (1958) 7, 450—454.

Kirschbaum, E.: Verdunstungsvorgang in math. u. graph. Darst. Z. VDI 95 (1953) 27, 927—932.

Lewis, W. K.: The evaporation of a liquid into a gaz. Mech. Engn. 44 (1922) 7, 445.

Merkel, F.: Verdunstungskühlung. VDI-Fh 275 (1925).

Nusselt, W.: Wärmeübergang, Diffusion und Verdunstung. Z. AMM 10 (1930) 105—121.

Rossié, K.: Die Diffusion von Wasserdampf in Luft . . . Forschg. Ing.-Wes. 19 (1953) 49—58.

Schirmer, R.: Die Diffusionszahl von Wasserdampf-Luft-Gemischen. VDI-Beih. Verf. T. 1 (1938) 6, 170—177.

Schmidt, E.: Verdunstung und Wärmeübergang. Ges.-Ing. 52 (1929) 29, 525—529.

5. Die Berechnung der Leistung

5.1 Zustandsverlauf der Luft im Kühlturm

Die Merkelsche Hauptgleichung liefert die Austauschleistung näherungsweise für ein Flächenelement im Strömungsquerschnitt. Integriert man den Ausdruck über den Bereich der Wasserabkühlung vom Lufteintritt bis zum Luftaustritt, so erhält man den Wärmestrom, der die Austauschleistung repräsentiert.

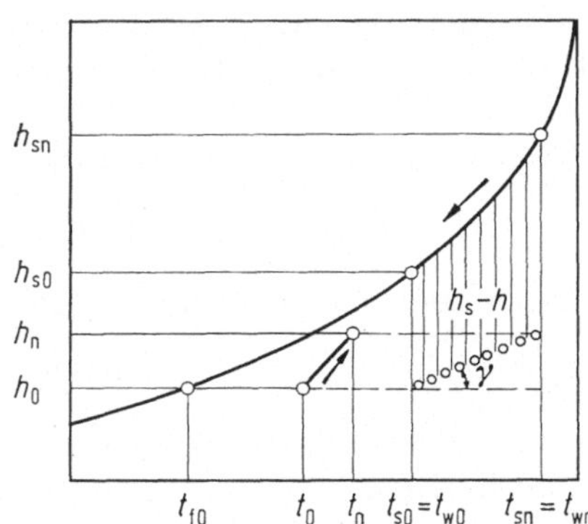

Bild 5.1. Kühlturmprozeß, dargestellt im h,t-Diagramm.
o o o o Bilanzlinie.

Der Verlauf der Luftzustände ist in dem h,t-Diagramm, Bild 5.1, dargestellt. Die Luftenthalpien erscheinen als Ordinaten, die Lufttemperaturen als Abszissen. Zum Unterschied zum h,x-Diagramm ist die Sättigungslinie konvex nach unten gekrümmt.

Bei dem eingezeichneten Prozeß handelt es sich um einen reinen Gegenstrom, jedem Enthalpiewert für die feuchtgesättigte Luft an der Phasengrenze, $h_{sn}, ..., h_{s0}$ ist ein Enthalpiewert $h_0, ..., h_n$ der Luft zugeordnet, deren Zustand für den betreffenden Strömungsquerschnitt gemittelt werden muß.

Diese eindeutige Zuordnung gilt, streng genommen, allein für die idealisierten Modelle eines reinen Gegenstroms — als der günstigsten — und eines reinen Gleichstroms — als der ungünstigsten Strömungsführung. Nur diese beiden Idealprozesse, die den Bereich der wirklichen Prozesse nach oben und nach unten abgrenzen, lassen sich zweidimensional abbilden.

Jeder Enthalpie der feuchtgesättigten Luft, $h_{sn}, ..., h_{so}$, ist eine Sättigungstemperatur der Luft, $t_{sn}, ..., t_{so}$, und eine (Oberflächen-)Temperatur des Kühlwassers, $t_{wn}, ..., t_{wo}$, zugeordnet.

5.2 Bilanzlinie

Um die Enthalpie-Differenzen, $h_s - h$, als die treibenden Kräfte der Verdunstung deutlich hervortreten zu lassen, projiziert man im h,t-Diagramm die Enthalpien von h_0 bis h_n nach rechts auf eine Verbindungsgerade zwischen den Schnittpunkten dieser Grenzenthalpien mit den Senkrechten der Kühlwassertemperaturen, t_{wo} und t_{wn}.

Diese Bilanzlinie entspricht der Verstärkungs- und Abtriebslinie in der Rektifiziertechnik. Der Zusammenhang wird deutlich, wenn man sich das h,t-Diagramm als ein h_L,h_F-Diagramm vorstellt. In gleicher Weise wie die Molanteile im McCabe-Thiele-Diagramm bilden dann die Enthalpien die Ordinaten für die Potentiale des binären Gemisches. Sie sind die treibenden Kräfte für die Verdunstung, analog zu den Molanteilen, denen für die Trennung von Gemischen die gleiche Aufgabe zukommt.

Die vom Wasserstrom abgegebene Wärme

$$\dot{Q} = c_F \dot{m}_w \left(t_{wn} - t_{wo} \right) \tag{5.1}$$

ist gleich der vom Luftstrom aufgenommenen Wärme

$$\dot{Q} = \dot{m}_L (h_n - h_0) \, . \tag{3.22}$$

Aus den beiden Bilanzgleichungen ergibt sich die Steigung der Bilanzlinie im h,t-Diagramm

$$\frac{h_n - h_0}{t_{wn} - t_{wo}} = \frac{c_F \dot{m}_w}{\dot{m}_L} = \tan \gamma \, . \tag{5.2}$$

Die Bilanzlinie verläuft um so steiler, je geringer die Luftleistung des Ventilators oder des Kamins ist.

5.3 Mittelwert-Verfahren von Merkel

Zur Berechnung der Leistung und zur Prüfung seiner Theorie nach den Meßergebnissen wendet *Merkel* ein Mittelwert-Verfahren an, das einer Integration über die Austauschfläche gleichkommt:

$$\dot{Q} = c_{\mathrm{F}}\dot{m}_{\mathrm{w}}\,(t_{\mathrm{wn}} - t_{\mathrm{wo}}) = \sigma A \left(\frac{1}{t_{\mathrm{n}} - t_0} \int\limits_{t_0}^{t_{\mathrm{n}}} h_{\mathrm{s}}\,\mathrm{d}t - \frac{h_{\mathrm{n}} + h_0}{2} \right). \quad (5.3)$$

Das Verfahren ist für die praktische Ingenieurarbeit, d. h. für die Leistungsberechnungen nach vorgegebenen Betriebsbedingungen und im Rahmen wirtschaftlicher Prozeßführungen, hinreichend genau. Nachteilig ist, daß $\dot{Q}$ *implizit* ausgedrückt wird. Die Enthalpie der *austretenden* Luft, h_{n}, auf der rechten Seite der Gleichung, ist von $\dot{Q}$ abhängig!

Der Mangel zeigt sich sofort, wenn eine Leistungsberechnung folgender Art durchgeführt werden soll. Ein Kühlwasserstrom $\dot{m}_{\mathrm{w}}$ soll von t_{wn} auf t_{wo} bei einer Enthalpie der Umgebungsluft von h_0 abgekühlt werden. Gl. (5.3) liefert keine eindeutige Lösung. Wenn beispielsweise die Verdunstungszahl σ und die Austauschfläche A bekannt sind, so sind nach Gl. (3.22) zahlreiche Kombinationen von h_{n} und $\dot{m}_{\mathrm{L}}$ möglich.

Man behilft sich meist mit Rechnungen in Näherungsschritten oder mit einer Ersatzfunktion. Einfacher ist das im folgenden beschriebene Verfahren.

5.4 Grundgleichung

Verbindet man Gl. (5.3) und (3.22), so gewinnt man eine für $\dot{Q}$ explizite Gleichung zur Berechnung der Leistung

$$\dot{Q} = \frac{1}{\dfrac{1}{\sigma A} + \dfrac{1}{2\dot{m}_{\mathrm{L}}}} \left(\frac{1}{h_{\mathrm{sn}} - h_{\mathrm{so}}} \int\limits_{h_{\mathrm{so}}}^{h_{\mathrm{sn}}} h_{\mathrm{s}}\,\mathrm{d}h_{\mathrm{s}} - h_0 \right). \quad (5.4)$$

In dieser Gleichung ist h_{n} eliminiert! Es treten nur noch die Zustandsgrößen auf, die mit der Aufgabenstellung der Berechnung gegeben sind:

- die spezifische Enthalpie der eintretenden Luft h_0, die Eintritts- und die Austrittstemperatur des Kühlwassers in der Form der zugehörigen Sättigungsenthalpien, $h_{\mathrm{sn}}, h_{\mathrm{so}}$,
- die spezifischen Konstruktionsdaten eines Kühlturms, und zwar die Verdunstungszahl σ, die Austauschfläche A und die Luftleistung $\dot{m}_{\mathrm{L}}$.

Besonders vorteilhaft für die Rechnungen ist, daß die Konstruktionsgrößen und die Potentialgrößen in der Gleichung zu je einem Faktor zusammengefaßt sind:

$$\dot{Q} = Z \cdot \Delta h_0 \,.$$

5.5 Die Kennzahl Z

Die Kennzahl

$$Z = \frac{1}{\dfrac{1}{\sigma A} + \dfrac{1}{2\dot{m}_{\mathrm{L}}}} \quad [\mathrm{kg/h}] \qquad (5.5)$$

ist vom Standpunkt der irreversiblen Thermodynamik aus ein Koeffizient, der die Verbindung zwischen einem ‚Strom' und einer ‚treibenden Kraft' herstellt. Für jede Baugröße und Bauart von Kühltürmen gibt es charakteristische Werte für Z, die auf Meßdaten beruhen.

Die Wertegruppe σA drückt die Leistung der Austauschkörper aus. Wie die Messungen zeigen, ändert sie sich für einen bestimmten Kühlturm (oder ein Zellenelement) hauptsächlich mit der spezifischen Beaufschlagung des Kühlwassers (Regendichte) und mit der Luftgeschwindigkeit. Somit ist Z praktisch nur von $\dot{m}_{\mathrm{w}}$ und $\dot{m}_{\mathrm{L}}$ abhängig.

Der Aufbau der Gl. (5.5) zeigt, daß es keinen Sinn haben kann, die Austauschfläche gegenüber der Luftleistung sehr groß zu bemessen. Das Gleiche gilt für die gegenteilige Auslegung. Der Zuwachs im Wert von Z sinkt, wenn eine der beiden Wertegruppen allein in gleichen Schritten erhöht wird.

5.6 Das Enthalpiepotential Δh_0

Die treibende Kraft in der Grundgleichung (5.4)

$$\Delta h_0 = \frac{1}{h_{\mathrm{sn}} - h_{\mathrm{so}}} \int\limits_{h_{\mathrm{so}}}^{h_{\mathrm{sn}}} h_{\mathrm{s}}\, \mathrm{d}h_{\mathrm{s}} - h_0 \quad [\mathrm{kJ/kg}] \qquad (5.6)$$

ist *nicht*, wie bei *Merkel*, eine mittlere spezifische Enthalpiedifferenz. Es ist die Differenz zwischen der spezifischen mittleren Enthalpie der feuchtgesättigten Luft an der Wasseroberfläche und der spezifischen Enthalpie der *eintretenden* Luft.

Die spezifischen Enthalpien der gesättigten Kühlluft sind, wie beschrieben, mit den Kühlwassertemperaturen gekoppelt. Die Werte können der Tab. 2 entnommen werden.

Die spezifische Enthalpie der eintretenden Luft wird gewöhnlich durch die zugehörige Temperatur am feuchten Thermometer festgelegt. Auch diese Werte können der Tab. 2 entnommen werden.

Δh_0 ist eine allgemeingültige Enthalpiefunktion für Verdunstungsprozesse. Da zur Berechnung nur *drei* Werte erforderlich sind, kann man leicht die Integration oder die (geometrische) Mittelwertbildung von h_s mit Hilfe einer Tabelle oder eines Nomogramms entbehrlich machen. Das Nomogramm, Bild 5.2, ist eine solche Rechenhilfe.

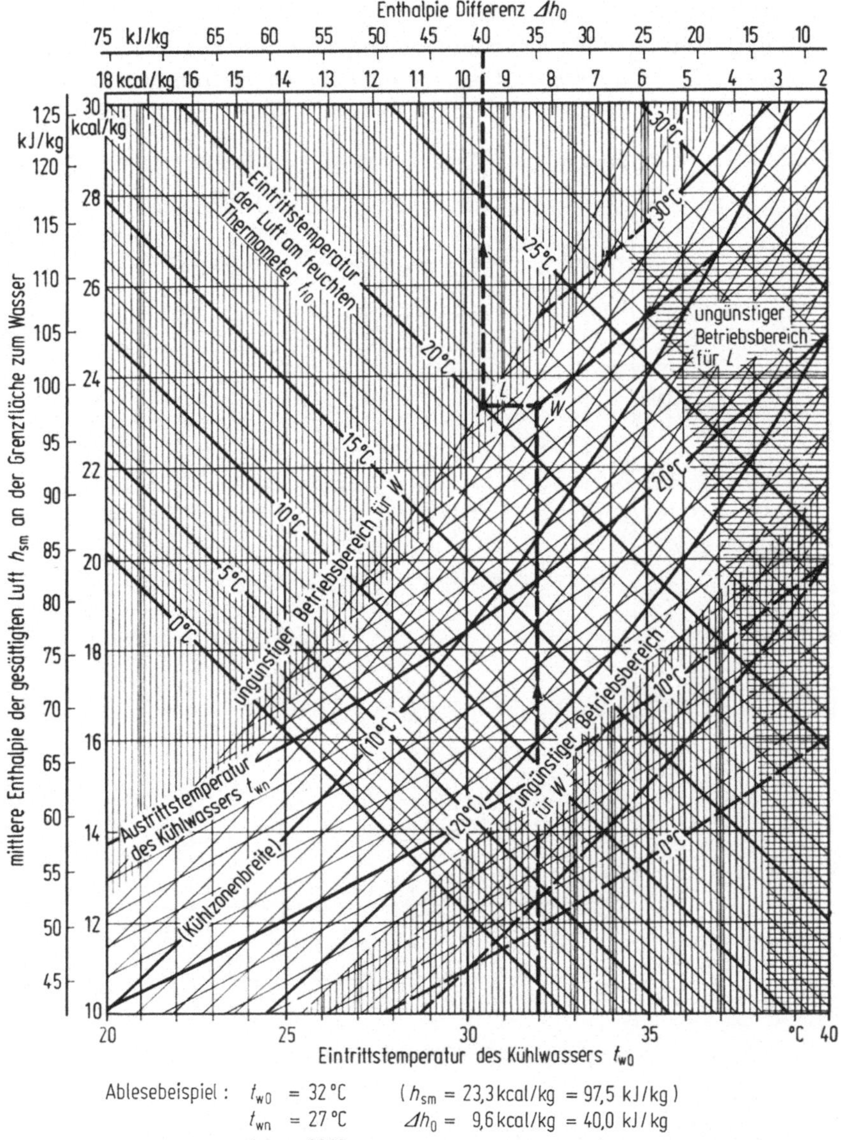

Ablesebeispiel : $t_{w0} = 32\,°C$ ($h_{sm} = 23{,}3\,\text{kcal/kg} = 97{,}5\ \text{kJ/kg}$)
$t_{wn} = 27\,°C$ $\Delta h_0 = 9{,}6\,\text{kcal/kg} = 40{,}0\ \text{kJ/kg}$
$t_{f0} = 20\,°C$

Bild 5.2. Nomogramm zur Ermittlung des Enthalpiepotentials Δh_0.

5.7 Auslegungsbasis

In welchem Maße und in welcher Zeitdauer man zulassen kann, daß die Leistung eines Kühlturmes an heißen Sommertagen nicht erreicht wird, richtet sich nach den jeweiligen Betriebsbedingungen und den örtlichen Gegebenheiten. Man muß sich bei der Auslegung für einen Grenzwert entscheiden.

Die Rechnung führt dann zu einer bestimmten Baugröße. In Einzelfällen kann es interessant sein, von der ermittelten Baugröße als festem Wert auf verschiedene Betriebsbedingungen zurückzurechnen.

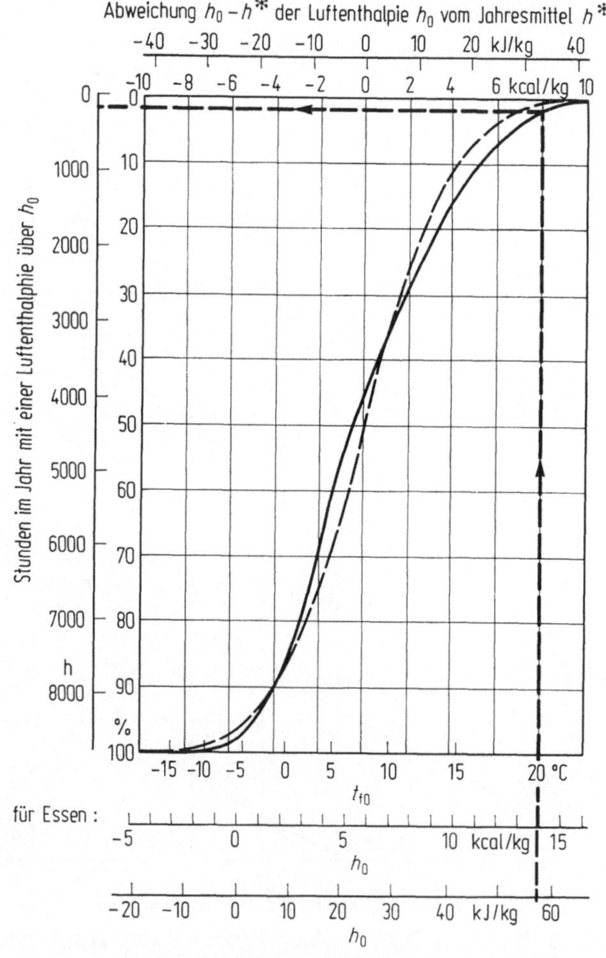

Bild 5.3. Häufigkeitsverteilung der Luftenthalpie in Deutschland.
Ablesebeispiel: Bei den vorgesehenen Betriebsbedingungen max. Temperatur der Luft am feuchten Thermometer.
$t_{f0} = + 20\ °\mathrm{C}$; $h_0 = 13{,}8\ \mathrm{kcal/kg}$ entspricht einer Überschreitung von $1{,}5\% = 150\ \mathrm{h/annum}$.

So kann man beispielsweise die sommerliche Betriebsweise einer Kältemaschine mit Kühlturm unter dem Gesichtspunkt verschiedener spezi-
fischer Umgebungsluft-Enthalpien untersuchen. Als Ergebnis erhält
man eine Zuordnung von t_{wo}, der tiefsten erzielbaren Kühlwassertemperatur, zu h_0.

Bei allen Rechnungen dieser Art ist wichtig zu wissen, mit welcher
Häufigkeit die einzelnen Werte h_0 über- oder unterschritten werden.
Diese Häufigkeitsverteilung von h_0 ist in dem Diagramm, Bild 5.3,
dargestellt. In der zugehörigen Arbeit wird gezeigt, daß man den
Kurvenverlauf auch auf andere Orte in Mitteleuropa übertragen kann,
wenn man die Differenz zwischen den Jahresmittelwerten von dem
betreffenden Ort und Essen dem Ergebnis hinzufügt, bzw. davon ab-
zieht.

5.8 Genauigkeit des Verfahrens

Es ergibt sich die Frage, welche Ungenauigkeiten man in Kauf
nimmt, wenn man *Merkel* folgt und die Mittelwerte anstelle einer
mathematisch genauen Integration anwendet.

Der Ausdruck ‚mathematisch genau‘ bezieht sich hierbei auf das
Strömungsmodell des reinen Gegenstroms. Die Abweichungen der
wirklichen Strömungen vom Modell werden im Kapitel 8 ausführlich
behandelt. An dieser Stelle kann nur ein formaler Zusammenhang vor-
weggenommen werden, der lediglich begrenzte Schlüsse zuläßt.

Der wirtschaftliche Betrieb eines Kühlturms ist dadurch gekennzeichnet, daß die Enthalpiedifferenzen am Lufteintritt nicht zu sehr
von denjenigen am Luftaustritt abweichen. Die Relation

$$\psi = \frac{h_{so} - h_0}{h_{sn} - h_n}$$

soll in der Nähe von 1 liegen.

Nun zeigt das Diagramm, Bild 5.4, daß in dem weiten Bereich
überhaupt möglicher Betriebsbedingungen von etwa $\psi = 0{,}65$ bis
$\psi = 1{,}6$ die Leistungsminderung bei Annahme eines reinen Gegenstroms gegenüber dem Merkelschen Mittelwertverfahren kleiner als 1%
ist. Der Vergleichswert ω liegt über 0,99.

Ein Verfahren, das gegenüber dem Merkelschen Mittelwertverfahren
eine dichtere Annäherung an das idealisierte Strömungsmodell des
reinen Gegenstroms anstreben würde, müßte in seiner Perfektion den
realen Voraussetzungen nicht gerecht werden. Diese Voraussetzungen
sind schon in den Vereinfachungen begründet, die *Merkel* bewußt in
Kauf nahm. Zu ihnen gehören weiterhin die im Kapitel 8 behandelten
Zusammenhänge.

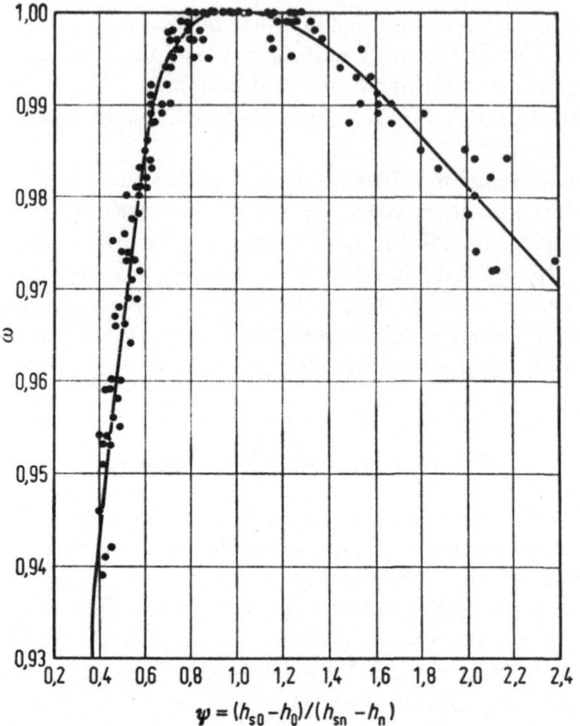

$$\psi = (h_{s0}-h_0)/(h_{sn}-h_n)$$

Bild 5.4. Die Funktion $\omega = f(\psi)$ Verminderung der Leistung bei Abweichungen von Optimum $(\dot{m}_\mathrm{w}/\dot{m}_\mathrm{L})_\mathrm{opt}$. Zugleich: Relation zwischen der Merkelschen Mittelwertmethode und der Konzeption des reinen Gegenstroms.

5.9 Der Begriff NTU

Aus der Merkelschen Hauptgleichung in der Form

$$\frac{\sigma \, \mathrm{d}A}{\dot{m}_\mathrm{w}} = \frac{\mathrm{d}h_\mathrm{w}}{h_\mathrm{s} - h} \tag{4.7a}$$

gewinnt man bei Annahme eines reinen Gegenstroms

$$\frac{\sigma A}{\dot{m}_\mathrm{w}} = \int_{h_\mathrm{wo}}^{h_\mathrm{wn}} \frac{\mathrm{d}h_\mathrm{w}}{h_\mathrm{s} - h} = \mathrm{NTU} \tag{5.7}$$

Der Quotient wird als ‚tower characteristic' (‚Kühler-Kennzahl') oder als ‚number of transfer units' (NTU) bezeichnet.

NTU kann für kleine und große Kühltürme den gleichen Zahlenwert haben. Der Relationswert ist aufgehoben, wenn er mit dem ‚aktiven Volumen' eines Kühlturms multipliziert wird.

Gl. (5.7) liefert in Verbindung mit Gl. (5.1) den für $\dot{Q}$ impliziten

Ausdruck

$$\dot{Q} = \sigma A \frac{h_{\mathrm{wn}} - h_{\mathrm{wo}}}{\displaystyle\int\limits_{h_{\mathrm{wo}}}^{h_{\mathrm{wn}}} \frac{\mathrm{d}h_{\mathrm{w}}}{h_{\mathrm{s}} - h}} . \qquad (5.8)$$

Die Relation $\mathrm{NTU} = \sigma A / \dot{m}_{\mathrm{w}} = f(\dot{m}_{\mathrm{L}} / \dot{m}_{\mathrm{w}})$ für $A = \mathrm{const}$ ist identisch mit der Relation $\sigma = f(\dot{m}_{\mathrm{L}})$. Die ähnlichkeitstheoretisch korrekte Form $Sh = f(\mathrm{Re})$ wird heute vorgezogen.

5.10 Die Merkelsche Kühlziffer a

Der Begriff NTU wird von *Merkel* nicht benutzt. Eine Überprüfung seiner Schriften zeigt, daß die diesbezüglichen Angaben in der Literatur nicht zutreffen.

Merkel benutzte zur Kennzeichnung der Leistung eine ‚Kühlziffer‘

$$a = \frac{\dot{m}_{\mathrm{w}}}{2\dot{m}_{\mathrm{L}}} + \frac{\dot{m}_{\mathrm{w}}}{\sigma A} . \qquad (5.9)$$

5.11 Genauigkeitsvergleich

Zur Überprüfung der Genauigkeit verschiedener Berechnungsverfahren sind in der Tab. 4 als Ergebnisse von zwei sorgfältig aufgenommenen Meßreihen,

- die Merkelsche Kühlziffer a
- die Kennzahl Z
- die Kühler-Kennzahl NTU

einander gegenübergestellt.

Allein die Abweichungen der Z-Werte von dem Mittelwert der Konstruktion bewegen sich in den Grenzen, die Z für eine Leistungsrechnung tauglich erscheinen lassen. Eine Standardabweichung in der Größenordnung von nur 3% ist bei einem so großen Kühlturm in den Schwierigkeiten bei der Aufnahme der Meßwerte bedingt.

Gegenüberstellung

Meß-reihe	Ventilator-Drehzahl	Relative Standardabweichung bei		
		a	NTU	Z
1	66 min^{-1}	21,3%	21,2%	2,46%
2	61 min^{-1}	18,1%	16,5%	3,07%

Hiermit ist auch der empirische Nachweis erbracht, daß allein die Kennzahl Z als Konstruktionsgröße für die Leistung eines Kühlturms

Tabelle 4. Gegenüberstellung der Merkelschen Kühlziffer a und des Leistungswertes Z bei unterschiedlichen Betriebsbedingungen nach *Rögener*

Meßreihe 1

t_{wo}	(°C)	32,5	32,1	30,8	30,4	37,3	36,1	27,4	30,9
t_{wn}	(°C)	23,9	22,5	23,9	20,2	26,7	23,7	18,6	22,1
t_{lf}	(°C)	12,2	12,8	14,4	11,6	15,1	15,5	11,1	9,1
$\dot{m}_w$	(t/h)	13280	10190	13130	7990	12980	8220	7900	12760
$\dot{m}_l$	(t/h)	11260	11150	11060	11280	10880	10900	11360	11230
$\dot{Q}$	(Mill. kcal/h)	114,0	97,5	90,0	81,0	137,3	102,3	89,3	111,6
a	(—)	1,59	1,28	1,63	1,01	1,56	1,05	0,98	1,55
Z	(t/h)	8350	7950	8050	7900	8350	7850	8050	8250

Meßreihe 2

t_{wn}	(°C)	28,4	31,7	34,7	30,6	35,8	38,8	33,8	27,1	31,2
t_{w0}	(°C)	18,5	22,7	25,8	22,7	23,6	28,2	23,6	19,2	21,0
t_{lf}	(°C)	7,9	12,5	13,5	9,9	14,0	15,6	12,2	11,4	8,3
$\dot{m}_w$	(t/h)	7990	10520	12870	12820	8150	13030	10380	7900	10200
$\dot{m}_l$	(t/h)	10200	9940	9920	9980	9860	9620	9950	10200	10000
$\dot{Q}$	(Mill. kcal/h)	79,6	94,7	115,0	101,0	99,3	138,5	105,7	62,6	103,5
a	(—)	1,11	1,37	1,72	1,62	1,13	1,74	1,40	1,08	1,33
Z	(t/h)	7250	7700	7500	7900	7200	7500	7400	7300	7650

charakteristisch ist. Sie gestattet eine einfache und übersichtliche Berechnung. Die beiden anderen Kennwerte stellen Relationen dar, die als Merkmale der jeweiligen Betriebsweise ihren Wert haben.

5.12 Zusammenfassung

Für die praktische Ingenieurarbeit ergeben sich aus dem geschilderten Rechenverfahren folgende Vorteile:

- Die Konstruktionsgrößen — vereinigt unter Z — sind von den Potentialgrößen — vereinigt unter Δh_0 — vollkommen getrennt.
- Z schließt σA, sowie $\dot{m}_\mathrm{L}$ ein und ist, wie die Meßwerte zeigen, praktisch nur von $\dot{m}_\mathrm{w}$ abhängig.
- Die Grundgleichung für $\dot{Q}$ ist explizit.
- Das Merkelsche Mittelwertverfahren ist genügend genau.

5.13 Beispiel für die Berechnung

Es seien folgende Betriebsdaten gegeben:

$$\dot{m}_\mathrm{w} = 40 \cdot 10^6 \ \mathrm{kg/h} \ ,$$
$$t_\mathrm{wn} = +32 \quad {}^\circ\mathrm{C} \ ,$$
$$t_\mathrm{wo} = +27 \quad {}^\circ\mathrm{C} \ ,$$
$$t_\mathrm{f0} = +20 \quad {}^\circ\mathrm{C} \ ,$$
$$\varrho_1 = \quad 1{,}2 \quad \mathrm{kg/m^3} \ .$$

1. Nach Gl. (5.1) ist $\quad \dot{Q} = 4{,}20 \cdot 40 \cdot 10^9 \cdot 5 \cdot 3\,600^{-1} \ \mathrm{W} \ ,$

$$\dot{Q} = 233 \ \mathrm{MW} \ .$$

2. Nach Gl. (5.6) oder nach dem Nomogramm 5.2 ist
$$\Delta h_0 = 9{,}6 \ \mathrm{kcal/kg} = 40 \ \mathrm{kJ/kg} \ .$$

3. Nach Gl. (5.4) ist $\quad Z = 233/40 \cdot 10^3 \cdot 3\,600 \ \mathrm{kg/h} \ ,$
$$Z = 20{,}9 \cdot 10^6 \qquad \mathrm{kg/h} \ .$$

5.14 Leistungsdiagramme

Man kann nach Gl. (5.4) für jeden Kühlturm mit Ventilator ein Leistungsdiagramm aufstellen, das gestattet, $\dot{Q}$ und $\dot{m}_\mathrm{w}$ sofort abzulesen. Das Diagramm, Bild 5.5, ist ein Beispiel. Es gilt für $Z = 1$. Man braucht nicht von einem Nomogrammteil zum folgenden Linien zu ziehen und Zwischenrechnungen anzustellen.

Literatur zum Kapitel 5

Agnon, S. E., Spurlock, B. H.: Psychrometric analysis . . . Heat. Pip. Air Cond. 27 (1955) 7, 137—144.

Baker, D. R., Shrycock, H. A.: Analysis of cooling tower performance. Trans. ASME J. Heat Transfer 83 (1961) 3, 339—350.

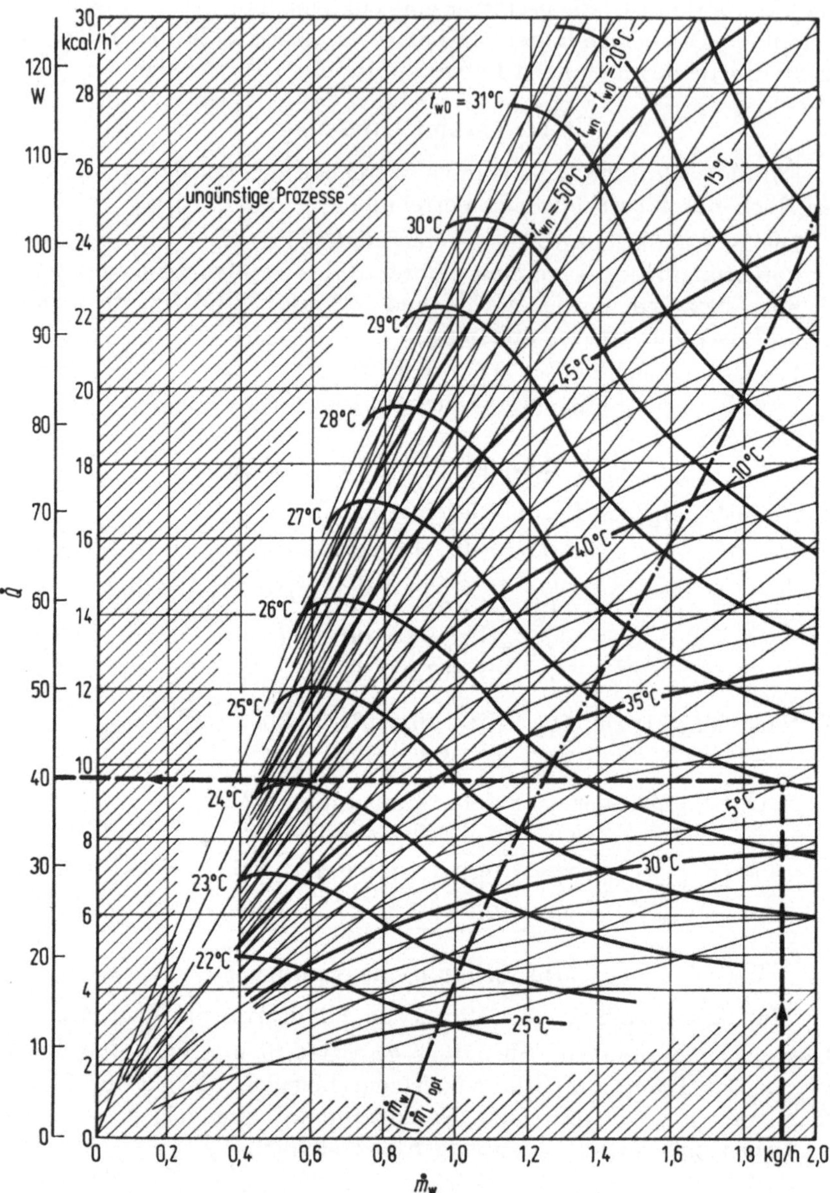

Bild 5.5. Leistungsdiagramm für Kühltürme. Verallgemeinerte Darstellung, bezogen auf den Leistungswert $Z = 1$ kg/h ($\sigma A = 1,5$ kg/h, $m_1 = 1,5$ kg/h).

Berliner, P.: A new method of rating cooling towers. dtsch. Ein neues Verfahren zur Berechnung der Leistung von Kühltürmen. Int. Inst. Refr. Wash. 1962. KT 16 (1964) 4, 103—110.

Berliner, P.: Leistungsdiagramme für Kühltürme. Klimatechn. 14 (1972) 5, 5—12.

Berman, L. D.: Evaporative cooling of circulating water (Übers.), Oxford: Pergamon 1961.

Bošnjaković, F.: Halbwertgröße als Bemessungseinheit bei stationärem Austausch. Chem.-Ing.-Techn. 29 1(957) 3, 187—197.

Bošnjaković, F.: Techn. Thermodynamik, Bd. 2, 3. Aufl., Darmstadt: Steinkopff 1960.

Coffey, B. H., Horne, G. A.: A theory of cooling towers. Refr. Engn. 11 (1924) 6, 187—194, 205.

Hausen, H.: Stufenverfahren zur Berechnung der Verdunstungskühlung. Allg. Wärmetechnik 6 (1955) 8/9, 169—175.

Jackson, J.: Testing of cooling towers. Engineer 189 (1950) 140—143.

Klenke, W.: Wärme- und Stoffübertragung bei der Verdunstungskühlung und die Beurteilung von Kühltürmen. Diss. TH Braunschweig 1964.

Lang, K.: Abnahme von Rückkühlanlagen. Wärme 55 (1932) 1, 1—4, 2; 22—26.

Mc Kelvey, K. K., Brooks, M.: The industrial cooling tower, Amsterdam: Elsevier 1959.

Merkel, F.: Verdunstungskühlung. VDI-Fh 275 (1925).

Rögener, H.: Zur Kennzeichnung der Wärmetauschleistung von Kühltürmen . . . BWK 6 (1954) 11, 440—442.

Spangemacher, K.: Berechnung von Kühltürmen . . . mit Hilfe einer Verdunstungs-Kennzahl. BWK 10 (1957) 5, 209—215.

Spangemacher, K.: Lösungsmöglichkeiten der Merkel'schen Hauptgleichung zur Berechnung von Kühltürmen. BWK 13 (1961) 6, 273—275.

Spangemacher, K.: Künstlich belüftete und selbstventilierende Kühltürme. Mitt. VGB (1952) 19, 1011—109.

Valentin, F. H. H.: The relationship between duty and size of a cooling tower. Brit. Chem. Eng. 5 (1960) 9, 633—635.

VDI-Fachgruppe Energietechnik (Hrsg.): Leistungsversuche an Kühltürmen, DIN 1947, Berlin: Beuth 1959.

Vladea, I., Oancea, N. D.: Der thermische Gütegrad von Kühltürmen. BWK 22 (1970) 3, 123—127.

Wolff, F.: Wasserrückkühlung, München: Oldenbourg 1928.

6. Optimale Auslegung

6.1 Reduktion auf zwei Optima

Die Leistung eines Kühlturms wird von zahlreichen Konstruktionsmerkmalen und von den jeweiligen Betriebsbedingungen bestimmt. Die Berechnungsmethoden müssen dieser Vielfalt an Faktoren Rechnung tragen und die wichtigsten in Koeffizienten und Potentialgrößen zusammenfassen. Das im Kapitel 5 beschriebene Verfahren ist unter diesem Gesichtspunkt für die tägliche Ingenieurarbeit entwickelt worden.

Bei der Optimierung wird von den gleichen Überlegungen ausgegangen. Die wichtigsten Leistungsgrößen, die optimal bemessen werden sollen, sind

die Verdunstungszahl,
die Austauschfläche,
die Luftleistung und
die Kühlwassermenge.

Vereinigt man die ersten beiden zu der Wertegruppe σA, so verbleiben drei; diese haben — ebenso wie Z — die Dimension eines Stoffstromes, z. B. kg/h.

Der Kühlwasserstrom $\dot{m}_\mathrm{w}$ ist in den meisten Fällen bereits vor der Optimierung des Kühlturms festgelegt. Eine solche Beschränkung beeinträchtigt aber nicht die Gültigkeit des nachstehend beschriebenen

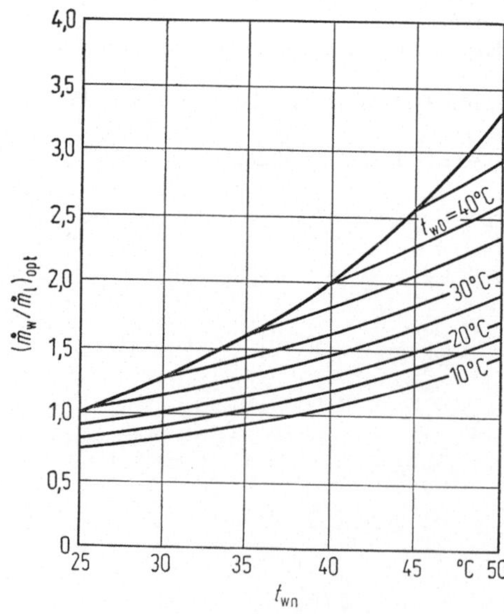

Bild 6.1. Optimum $\left(\dfrac{\dot{m}_\mathrm{w}}{\dot{m}_\mathrm{L}}\right)_\mathrm{opt} = \dfrac{c_\mathrm{ls}}{c_\mathrm{F}}$. Temperaturwerte für einzelne Zustandspunkte auf der Sättigungslinie. Mittelwerte für die Kühlzonenbreiten $t_\mathrm{wn} - t_\mathrm{w0}$.

Verfahrens. Es können, wo dies sinnvoll erscheint, mehrere Varianten für den Kühlwasserstrom durchgerechnet werden.

Man hat für die drei Leistungsgrößen die Funktionen des Optimums mit Rücksicht auf die örtlich und jahreszeitlich wechselnde Witterung und die jeweiligen Kosten zu finden. Ein anschaulicher Weg ist die Aufgliederung der (stetigen) Funktionen, die sich an zwei dimensionslose Relationen

$$(\dot{m}_{\mathrm{w}}/\dot{m}_{\mathrm{L}})_{\mathrm{opt}} \quad \text{und} \quad (\sigma A/\dot{m}_{\mathrm{L}})_{\mathrm{opt}}$$

orientiert.

6.2 Das Optimum $(\dot{m}_{\mathrm{w}}/\dot{m}_{\mathrm{L}})_{\mathrm{opt}}$

Mit der Kühlwasserabkühlung, $t_{\mathrm{wn}} - t_{\mathrm{wo}}$, und der Wertegruppe, σA, ist die Neigung der Bilanzlinie, Bild 5.1, noch nicht festgelegt. Sie kann steiler oder flacher verlaufen. Im ersten Fall ist die Luftleistung geringer; im zweiten Fall ist sie größer.

Bei zunehmend steiler verlaufender Bilanzlinie werden die Enthalpiedifferenzen zum Luftaustritt hin geringer. Würde am Ende die Bilanzlinie die Sättigungslinie berühren, so wäre $h_{\mathrm{sn}} - h_{\mathrm{n}} = 0$ und damit $\dot{Q} = 0$. Selbst eine über alle realen Grenzen gesteigerte Austauschfläche könnte einen solchen Grenzprozeß nicht zustandebringen.

Eine analoge Abgrenzung gilt für den Lufteintritt. Würde die Bilanzlinie die Sättigungslinie berühren, so könnte auch dort eine über alle realen Grenzen wachsende Austauschfläche und Luftleistung den Grenzprozeß nicht verwirklichen.

Zwischen den beiden extrem ungünstigen Verdunstungsprozessen liegt das Optimum. Es repräsentiert eine Strömungsführung, bei der über den ganzen Abkühlungsverlauf hinweg die treibende Kraft $h_{\mathrm{s}} - h$ konstant bleibt. Die Bilanzlinie wäre eine zur Sättigungslinie parallele Kurve. Die Luftleistung könnte mit zunehmender Erwärmung vermindert werden. Dieser Fall, der durch ein seitliches Abströmen der befeuchteten Luft realisiert werden könnte, wurde für die Trocknungstechnik vorgeschlagen. Für die Kühlturmtechnik hat er keine Bedeutung erlangt.

Bei Kraftwerken und Kälteanlagen, den beiden wichtigsten Anwendungsgebieten für Kühltürme, sind die sog. Kühlzonenbreiten so gering, daß man für das Optimum anstelle der gekrümmten eine gerade Bilanzlinie parallel zur Sättigungslinie zugrundelegen kann.

Es gilt dann allgemein

$$h_{\mathrm{n}} - h_0 = h_{\mathrm{sn}} - h_{\mathrm{so}} \ . \tag{6.1}$$

Setzt man die Differenz der Sättigungsenthalpien anstelle der anfänglich unbekannten Enthalpiedifferenz $h_{\mathrm{n}} - h_0$ in Gl. (5.2) ein, so gewinnt man den Ausdruck für die optimale Steigung der Bilanzlinie, der ausschließlich von den — vorgegebenen — Kühlwassertemperaturen abhängig ist.

$$\tan \gamma = \frac{h_{\mathrm{sn}} - h_{\mathrm{so}}}{t_{\mathrm{wn}} - t_{\mathrm{wo}}} = \frac{c_{\mathrm{F}} \dot{m}_{\mathrm{w}}}{\dot{m}_{\mathrm{L}}} \, . \tag{6.2}$$

Die Steigung ist im Grenzfall gleich der spezifischen Wärme der feuchtgesättigten Luft.

$$\left(\frac{c_{\mathrm{F}} \dot{m}_{\mathrm{w}}}{\dot{m}_{\mathrm{L}}} \right)_{\mathrm{opt}} = \frac{\mathrm{d}h_{\mathrm{s}}}{\mathrm{d}t_{\mathrm{w}}} = c_{\mathrm{ls}} \, . \tag{6.3}$$

Da c_{ls} nur von den Wassertemperaturen abhängig ist, kann die optimale Relation der beiden Stoffströme für einen Mittelwert zwischen t_{wn} und t_{wo} sehr einfach in einem Diagramm, Bild 6.1, abgelesen werden.

6.3 Die spezifische Wärme der gesättigten Luft

Während die spezifische Wärmekapazität der ungesättigten feuchten Luft im Bereich der Kühlturmprozesse nahezu konstant bleibt (vgl. Tab. 1), ändert sie sich für die feuchtgesättigte Luft entsprechend der Steigung der Sättigungslinie. Differenziert man die Enthalpie des Sättigungszustandes, Gl. (2.13), so erhält man

$$c_{\mathrm{ls}} = \frac{\mathrm{d}h_{\mathrm{s}}}{\mathrm{d}t} = c_{\mathrm{pL}} + c_{\mathrm{pD}} x_{\mathrm{s}} + (r_0 + c_{\mathrm{pD}} t_{\mathrm{s}}) \frac{\mathrm{d}x_{\mathrm{s}}}{\mathrm{d}t} \, . \tag{6.4}$$

Hierin ist

$$\frac{\mathrm{d}x_{\mathrm{s}}}{\mathrm{d}t} = \frac{R_{\mathrm{l}}}{R_{\mathrm{D}}} \frac{p}{(p - p_{\mathrm{Ds}})^2} \frac{\mathrm{d}p_{\mathrm{Ds}}}{\mathrm{d}t} \, . \tag{6.5}$$

Für $\mathrm{d}p_{\mathrm{Ds}}/\mathrm{d}t$ liefert die Clausius-Clapeyronsche Gleichung

$$\frac{\mathrm{d}p_{\mathrm{Ds}}}{\mathrm{d}t} = \frac{r}{(v_{\mathrm{Ds}} - v_{\mathrm{w}}) \, T_{\mathrm{s}}} = \frac{r p_{\mathrm{Ds}}}{R_{\mathrm{D}} T_{\mathrm{s}}} \, . \tag{6.6}$$

Dieser Gleichung entnimmt man nach der Integration den Wert

$$p_{\mathrm{Ds}} = p_0 \, e^{(r_0/R_{\mathrm{D}}) \left(\frac{1}{T_0} - \frac{1}{T_{\mathrm{s}}} \right)} \, . \tag{6.7}$$

Die Konstanten p_0, T_0, r_0 sind auf 0 °C bezogen.

6.4 Abweichungen vom Optimum

Es ist nicht notwendig, die Abweichungen der Auslegung vom Optimum bei jeder Kühlturmberechnung zahlenmäßig zu ermitteln. Es genügt, daß man sich ein Bild von den Zusammenhängen macht, Sicherheit in der Beurteilung gewinnt und schließlich in der Lage ist, auf besonders ungeeignete Auslegungsdaten sofort aufmerksam zu werden. Die Funktionen, die das Optimum kennzeichnen, gestatten zu erkennen, wo man mit der Verbesserung eines unwirtschaftlichen Kühlturmprozesses anzusetzen hat.

Abweichungen vom Optimum in dem weiten Bereich, den die Diagramme durch den flachen Verlauf der Kurven deutlich erkennen lassen (vgl. Bild 5.5 und 6.2), wirken sich praktisch nicht aus. Nach den Voraussetzungen über die Häufigkeitsverteilung der Luftzustände, über die Kostenwerte u. ä., wäre eine Perfektion in Zahlenwerten unbegründet.

6.5 Abweichungen vom Optimum $(\dot{m}_\mathrm{w}/\dot{m}_\mathrm{L})_\mathrm{opt}$

Im allgemeinen wird man sich mit einem Vergleich des vorgesehenen Wertes mit dem Optimalwert nach Gl. (6.3) zufriedengeben. Bei größeren Abweichungen kann es von Interesse sein, einmal festzustellen, ob es ratsam ist, eine größere oder kleinere Luftleistung vorzusehen.

Wenn die Bilanzlinie parallel zur Sättigungslinie verläuft, so bedeutet dies nach Gl. (6.1):

$$\frac{h_\mathrm{so} - h_0}{h_\mathrm{sn} - h_\mathrm{n}} = 1 = \psi_\mathrm{opt} \; . \tag{6.10}$$

Bei größeren Abweichungen von diesem Optimalwert ist zweierlei zu berücksichtigen:

1. Der Kühlturmprozeß ist unwirtschaftlich.
2. Das Strömungsmodell des reinen Gegenstroms weicht von dem Merkelschen Modell der Mittelwertbildung erheblich ab.

Man kann die Höhe der Abweichungen durch eine Funktion $\omega = f(\psi)$ ausdrücken, die ein Divergieren der Berechnungsmethoden anzeigt und vor der betreffenden Auslegung warnt.

Im Zähler steht die Leistung für den reinen Gegenstrom nach Gl. (5.9), auf die Luftenthalpien bezogen; im Nenner erscheint die Leistung nach Gl. (5.3)

$$\omega = \frac{\left(\dfrac{1}{\displaystyle\int_{h_\mathrm{so}}^{h_\mathrm{sn}} \dfrac{\mathrm{d}h_\mathrm{s}}{h_\mathrm{s} - h}} + \dfrac{1}{2} \right)(h_\mathrm{n} - h_0)}{\dfrac{1}{h_\mathrm{n} - h_0}\displaystyle\int_{h_\mathrm{so}}^{h_\mathrm{sn}} h_\mathrm{s}\,\mathrm{d}h_\mathrm{s} - h_0} \tag{6.11}$$

Die Funktion ω ist für eine größere Zahl verschiedenster Kühlturmprozesse errechnet worden und im Diagramm, Bild 5.4, veranschaulicht. Es zeigt sich ein deutlicher stochastischer Zusammenhang.

Da es zu mühsam wäre, Gl. (6.11) für einzelne Prozesse auszurechnen, kann man sich begnügen, ψ nach Gl. (6.10) für den Luftstrom

$\dot{m}_\mathrm{L}$ zu bestimmen, falls dieser erheblich von dem Optimalwert nach Gl. (6.3) abweicht. Man benutzt folgende Gleichung

$$\psi = \frac{h_\mathrm{so} - h_0}{h_\mathrm{sn} - h_0 - c_\mathrm{F}\dfrac{\dot{m}_\mathrm{w}}{\dot{m}_\mathrm{L}}(t_\mathrm{wn} - t_\mathrm{wo})} \, . \qquad (6.12)$$

Mit ψ gewinnt man aus dem Diagramm, Bild 5.4, ω.

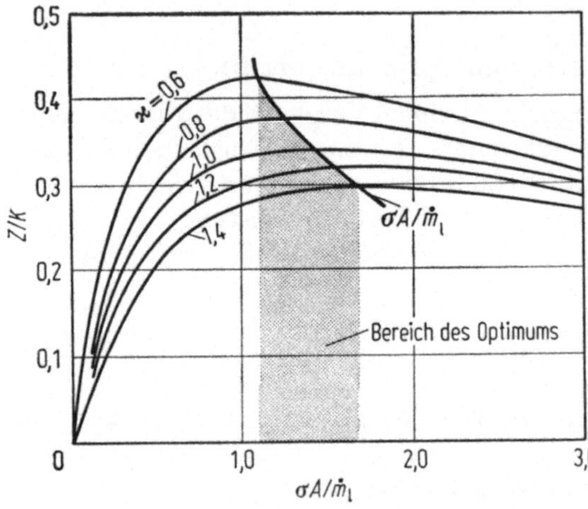

Bild 6.2. Die Kennzahl Z, bezogen auf die Kosten K, in Abhängigkeit von der Relation $(\sigma A/\dot{m}_\mathrm{l})$ nach Gl. (6.13):
$$\frac{Z}{K} = \frac{1}{1 + \dfrac{\sigma A}{2\,\dot{m}_\mathrm{L}}}\;\frac{1}{1 + \dfrac{\dot{m}_\mathrm{L}}{\sigma A}} \, .$$

6.6 Das Optimum $(\sigma A/\dot{m}_\mathrm{L})_\mathrm{opt}$

Die beiden Leistungsgrößen, σA und $\dot{m}_\mathrm{L}$, sind in dem Kennwert Z zusammengefaßt. Der Kühlturm ist daher optimal bemessen, wenn Z — bezogen auf den Kostenaufwand für σA und $\dot{m}_\mathrm{L}$ — sein Maximum erreicht.

Die Investitions- und die Betriebskosten müssen für die Rechnung

- in einen Anteil, der von σA verursacht wird (Austauschfläche, Berieselung, Halterungen hierfür, Umkleidung des Austauschraumes usw.) und
- in einen zweiten Anteil, der von $\dot{m}_\mathrm{L}$ verursacht wird (Ventilator, Getriebe, Diffusor, Motor oder Kamin usw.)

aufgegliedert werden.

Bei einem Angebotsvergleich werden häufig nur die *Investitions*kosten einander gegenübergestellt. Diese allein verbürgen dem Betreiber von Ventilator-Kühltürmen nicht die wirtschaftlichste Lösung. Die Betriebskosten sind meist von größerem Einfluß.

Es genügt, mit den *relativen* Kosten zu rechnen. Zu diesem Zweck wird ein Relationswert

$$\varkappa = \frac{\text{Kosten je Einheit — kg/h — Luftleistung } \dot{m}_\mathrm{L}}{\text{Kosten je Einheit — kg/h — Austauschleistung } \sigma A}$$

gebildet. Die Größe, die ein Maximum werden soll, ist dann

$$\frac{Z}{K} = \frac{\dfrac{1}{\dfrac{1}{\sigma A} + \dfrac{1}{2\dot{m}_{\mathrm{L}}}}}{\sigma A + \varkappa \dot{m}_{\mathrm{L}}} \, . \tag{6.13}$$

Für $\mathrm{d}(Z/K)/\mathrm{d}(\sigma A/\dot{m}_{\mathrm{L}}) = 0$ erhält man

$$(\sigma A/\dot{m}_{\mathrm{L}})_{\mathrm{opt}} = \sqrt{2\varkappa} \, . \tag{6.14}$$

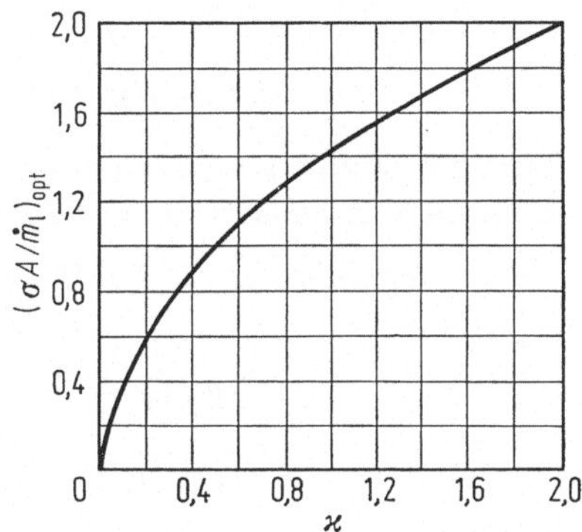

Bild 6.3. Das Optimum. $(\sigma A/\dot{m}_{\mathrm{L}})_{\mathrm{opt}} = \sqrt{2\varkappa}$.

Die zweite Optimalbedingung hängt also lediglich von einer Kostenrelation ab. Der Funktionsverlauf ist in dem Diagramm, Bild 6.3, dargestellt.

6.7 Abweichungen vom Optimum $(\sigma A/\dot{m}_{\mathrm{L}})_{\mathrm{opt}}$

Die Gleichung für den Kennwert Z, (5.4), zeigt schon, rein formal betrachtet, daß jede Vergrößerung von $\dot{m}_{\mathrm{L}}$ gegenüber σA einen sinkenden Zuwachs von Z zur Folge hat. Das Gleiche gilt für σA; beide Terme sind symmetrisch zueinander. Danach kann man vermuten, daß σA und $2\dot{m}_{\mathrm{L}}$ in der gleichen Größenordnung liegen sollten.

Wenn man den Maximalwert $(Z/K)_{\mathrm{max}} = 1/(1 + \varkappa/2)^2$ gleich 1 setzt, so hat man die relative Einbuße, die entsteht, wenn man vom Optimum abweicht. Im Diagramm ist der Optimalwert $(\sigma A/\dot{m}_{\mathrm{L}})_{\mathrm{opt}}$ ebenfalls gleich 1 gesetzt. Dies hat den Vorteil, daß der Kostenvergleichswert $\varkappa$ vernachlässigt werden kann.

6.8 Überprüfung einer Auslegung

Am Beispiel des Rechnungsganges, Abschn. 5.13, sei die Wirtschaftlichkeit einer Auslegung nachgeprüft.

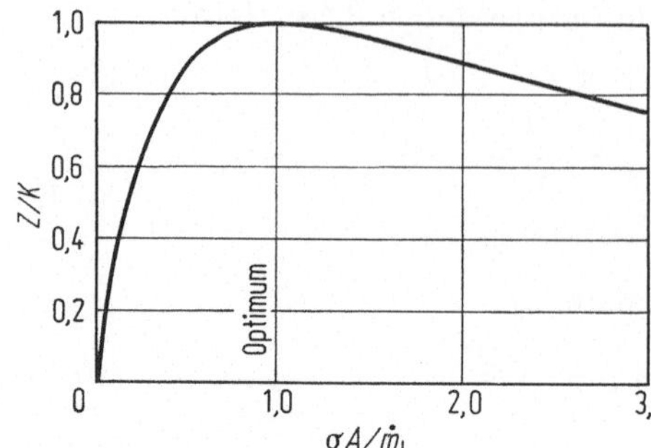

Bild 6.4. Die Funktion $Z/K = f(\sigma A/\dot{m}_\mathrm{L})$ bezogen auf $(\sigma A/\dot{m}_\mathrm{L})_\mathrm{opt} = 1\ (Z/K)_\mathrm{max} = 1$ verdeutlicht die Verminderung der Leistung bei Abweichungen vom Optimum.

6.8.1 Das Optimum $(\dot{m}_\mathrm{w}/\dot{m}_\mathrm{L})_\mathrm{opt}$

Für die Kühlwassertemperaturen, $+32\ °\mathrm{C}\cdots+27\ °\mathrm{C}$ findet man nach Gl. (6.3) oder aus dem Diagramm, Bild 6.1,

$$(c_\mathrm{F}\dot{m}_\mathrm{w}/\dot{m}_\mathrm{L})_\mathrm{opt} = 5{,}0\ [\mathrm{kJ/kgK}] = 1{,}2\ [\mathrm{kcal/kg\ °C}]$$

und damit

$$\dot{m}_\mathrm{L\,opt} = 33{,}3 \cdot 10^6\ [\mathrm{kg/h}]\ .$$

6.8.2 Das Optimum $(\sigma A/\dot{m}_\mathrm{L})_\mathrm{opt}$

Nach der vorläufigen Festlegung von m_L ist auch σA nach Gl. (5.5) vorläufig festgelegt mit

$$\sigma A = 30{,}4 \cdot 10^6\ [\mathrm{kg/h}]\ .$$

Hieraus ergibt sich

$$\sigma A/\dot{m}_\mathrm{L} = 0{,}91\ .$$

Nach Gl. (6.14) oder aus dem Diagramm, Bild 6.2, findet man jedoch für $\varkappa = 0{,}8$ als Beispiel

$$(\sigma A/\dot{m}_\mathrm{L})_\mathrm{opt} = 1{,}3\ .$$

Die beiden unterschiedlichen Relationswerte zeigen, daß die Ventilationsleistung $\dot{m}_\mathrm{L}$, verglichen mit der Austauschleistung σA, bei der ersten Annahme zu groß bemessen ist.

6.8.3 Fazit

Man ist somit veranlaßt, einen mittleren Wert für die Ventilationsleistung anzustreben:

$$\dot{m}_\mathrm{L} = 30{,}0 \cdot 10^6\ \mathrm{kg/h}\ .$$

Nach Gl. (5.5) ist hiermit

$$\sigma A = 30{,}4 \cdot 10^6\ \mathrm{kg/h}\ .$$

Literatur zum Kapitel 6

Kelly, A. G., Lawlus, N. R.: Economic sizing of cooling towers. Engng. Boiler House Rev. 78 (1963) 6, 208—213.

Poppe, M.: Zur Beurteilung von Gegenstrom-Kühlsystemen. BWK 25 (1973) 2, 38—42.

Whitesell, J.: How to evaluate variables in counter-flow cooling towers. Chem. Engng. 62 (1955) 1, 187—191.

7. Anwendung der Analogien zwischen den Ausgleichsprozessen

7.1 Effektivität der Wärmeübertragung

Die Effektivität der Wärmeübertragung eines Kühlturms kann mit einer allgemeingültigen Leistungszahl (energy transfer number), ETN, bewertet werden. Die Zahl gibt das Verhältnis der Impuls- zur Wärmeübertragung an; sie ist dimensionslos, wenn die beiden thermodynamischen Ströme miteinander gekoppelte Energietransporte gleicher Dimension (Watt) ausdrücken.

Unter idealen Austauschbedingungen, wenn keine Strömungsbewegungen ungenutzt (z. B. durch Formwiderstände und Beschleunigungen) verlorengehen, nimmt die Leistungszahl einen Wert an, der mit Hilfe der Chilton-Colburn-Analogie exakt definiert werden kann

$$\mathrm{ETN_{cc}} = \mathrm{Sc}^{2/3}\, w^2 (y_\mathrm{s} - y)^{-1}\,. \tag{7.1}$$

Die auf Messungen an Kühltürmen beruhende Leistungszahl wird niedriger liegen. Das Verhältnis der beiden Zahlen hat den Charakter eines Wirkungsgrades und erleichtert den Gütevergleich von Kühltürmen.

7.2 Transportphänomena

Der Begriff ETN kann für alle Wärme- und Stoffaustauschprozesse angewendet werden. Er macht die Grenzen idealer Modellprozesse und die Verluste der realen Prozesse deutlich, indem er aussagt, wieviel geordnete Energie zur Übertragung ungeordneter Energie aufgewendet wird.

Es ist nicht nötig, von bestimmten Geometrien und Strömungsmodellen auszugehen und von solchen beschränkten Annahmen analytische Folgerungen abzuleiten. Man kann die Vielzahl der Einflußgrößen, die bei den neueren Konfigurationen zum Unterschied zu den klassischen auftreten, in einer input-output-Analyse behandeln, gleichviel ob die Verluste an einem Flächenelement oder entlang einer Austauschfläche auftreten.

Auf diese Weise unterliegen die Strömungsverluste durch Mischungsbewegungen an einem Strömungsquerschnitt der gleichen Bewertung wie die Strömungsverluste durch Abweichungen vom reinen Gegenstrom (die dann eben auch als störende Mischungsbewegungen aufzufassen sind).

Nimmt man die gesamte Energieaufnahme des Kühlturms in den Vergleich hinein (Strömungswiderstände von Ansauggittern, Tropfenabscheidern usw. auf der Luftseite; Düsenversprühungen, geodätische Förderhöhen usw. auf der Kühlwasserseite), so ist eine praxisbezogene Gegenüberstellung verschiedener Bauweisen gewährleistet. Wenn beispielsweise eine Austauschkonfiguration einen geringen Pumpendruck und keine Sprühdüsen, sowie keine Prallblech-Abscheider benötigt, so kommen ihr bei der vergleichenden Bewertung die Einsparungen an Druckenergie zugute.

7.3 Geordnete und ungeordnete Energie

Wenn ein Übertragungsprozeß stationär aufrechterhalten wird, so muß

- eine treibende Kraft vorhanden sein und
- eine Umwandlung geordneter Energie stattfinden.

Bei einem abgeschlossenen System würde der Prozeß bald zum Stillstand kommen, vgl. Abschn. 1.2. Stationäre Prozesse finden mit Notwendigkeit in offenen Systemen statt. In Analogie zum Clausius-Prinzip gilt: ‚Es ist unmöglich, ein System zu entwerfen, in dem ununterbrochen Wärme von einem Reservoir auf ein zweites ohne äußere Zufuhr geordneter Energie übergeht.‘

Von diesem Theorem aus stellt sich die Frage: Wie hoch ist die Mindestenergie, die zur Wärmeübertragung aufgewendet werden muß, die man also mit naturgesetzlicher Notwendigkeit nicht unterschreiten kann?

7.4 Energieumwandlung und Energieübertragung

Beim Energietransport — z. B. in Kühltürmen — kommt es darauf an, möglichst viel ungeordnete Energie (Wärme) übertragen zu können. Die aufgewendete, geordnete Energie ist Verlust.

Bei der Energieumwandlung — z. B. in Strömungsmaschinen — kommt es darauf an, möglichst viel geordnete Energie zu behalten. Ungeordnete Energie ist hier Verlust.

Die Leistungszahl für vollkommene Übertragungsprozesse lautet

$$\mathrm{ETN_{cc}} = (\dot{E}/\dot{Q})_{cc} \, . \tag{7.2}$$

Die effektive — gemessene oder vorausberechnete — Leistungszahl ist demgegenüber

$$\mathrm{ETN} = \dot{E}/\dot{Q} = \mathrm{ETN_{cc}}/\eta \ . \tag{7.3}$$

7.5 Chilton-Colburn-Analogie

Um den Übertragungsprozeß für $\mathrm{ETN_{cc}}$ in dem Bereich — $\mathrm{ETN} > \mathrm{ETN_{cc}} > \mathrm{ETN_{rev}}$ — zu definieren, der als Leitbild für alle Kühlturmkonstruktionen gelten soll, können verschiedene Konzeptionen herangezogen werden,

- die Reynolds-Analogie,
- die Chilton-Colburn-Analogie,
- die Prandtl-Analogie und
- die Kármán-Analogie.

Während die Reynolds-Analogie als die älteste Analyse für die Ähnlichkeit zwischen Wärme- und Impulsübergang die Erscheinungen auf $\mathrm{Pr} = 1$ vereinfacht, sind die Prandtl-Analogie und die Kármán-Analogie für ein Vergleichsmaß unnötig verwickelt. Die Chilton-Colburn-Analogie, die eine mittlere Stellung einnimmt, dürfte am besten geeignet sein.

Die Chilton-Colburn-Analogie wurde analytisch für den Wärmeübergang an ebenen Platten abgeleitet und konnte empirisch für eine Vielzahl von Konfigurationen im Bereich $0{,}5 < \mathrm{Pr} < 50$ verifiziert werden. In den beiden Diagrammen, Bild 7.1, ist ein Zustandsverlauf der Luft bei einem Verdunstungsprozeß

- für $\mathrm{Le} = 1$ (Reynolds-Analogie) und
- für $\mathrm{Le} \neq 1$ (Chilton-Colburn-Analogie)

gezeichnet.

Die Chilton-Colburn-Analogie wird gewöhnlich in folgender Form ausgedrückt

$$j_\alpha = j_\sigma = \zeta/8 \ . \tag{7.4}$$

Hierin bedeutet

$$j_\alpha = \frac{\alpha}{w\varrho c_{\mathrm{pl}}} \left(\frac{\nu}{a}\right)^{2/3} = \mathrm{St}\ \mathrm{Pr}^{2/3} \ , \tag{7.5}$$

$$j_\sigma = \frac{\sigma}{w\varrho} \left(\frac{\nu}{D}\right)^{2/3} = \mathrm{St'}\ \mathrm{Sc}^{2/3} \ , \tag{7.6}$$

$$\zeta/8 = \frac{\Delta p_{\mathrm{stat}}}{w^2\varrho} \frac{D_{\mathrm{hydr}}}{4L} = Eu \frac{\mathrm{d}S}{\mathrm{d}A} \ . \tag{7.7}$$

In Analogie zum Carnot-Prinzip drückt die Chilton-Colburn-Analogie aus: ‚Kein Übergangssystem zwischen Stoffströmen ist günstiger als das $\mathrm{ETN_{cc}}$-System.'

7.6 Anwendung auf den trockenen Wärmeübergang

Zunächst möge ETN_{cc} für den einfachen Fall der Übertragung sensibler Wärme, wie sie bei ‚trocken' betriebenen Kühltürmen stattfindet, abgeleitet werden.

Aus Gl. (7.4), (7.5) und (7.7) folgt

$$\alpha = \text{Pr}^{-2/3}\, \Delta p_{\text{stat}}\, c_{\text{pl}} w^{-1}\, \mathrm{d}S/\mathrm{d}A \tag{7.8}$$

ausgedrückt in dimensionsloser Schreibweise:

$$\text{St} = \text{Pr}^{-2/3}\, Eu\, \mathrm{d}S/\mathrm{d}A\,, \tag{7.9}$$

$$\text{Nu} = \text{Pr}^{1/3}\, Eu\, \text{Re}\, \mathrm{d}S/\mathrm{d}A\,. \tag{7.10}$$

Der Leistungsbedarf ($=$ Energiestrom) $\mathrm{d}\dot{E}$ zur Bewegung eines Stoffstromes und zur Wärmeübertragung ist für einen kleinen Strömungsquerschnitt $\mathrm{d}S$ bei Anwendung der Kontinuitätsgleichung (7.20):

$$\mathrm{d}\dot{E} = \Delta p_{\text{stat}}\, \mathrm{d}\dot{V} = \Delta p_{\text{stat}}\, w\, \mathrm{d}S\,. \tag{7.11}$$

Andererseits ist die Übertragung von sensibler Wärme beim gleichen Querschnitt $\mathrm{d}S$ für die Austauschfläche $\mathrm{d}A$

$$\mathrm{d}\dot{Q}_{\text{sens}} = \alpha(t_{\text{s}} - t)\, \mathrm{d}A\,. \tag{4.4}$$

Aus Gl. (7.8), (7.11) und (4.4) folgt für eine dünne Grenzschicht von $\mathrm{d}S$, $\mathrm{d}A$

$$\text{ETN}_{cc} = \mathrm{d}\dot{E}/\mathrm{d}\dot{Q}_{\text{sens}} = \text{Pr}^{2/3}\, w^2\, c_{\text{pl}}^{-1}(t_{\text{s}} - t)^{-1}\,. \tag{7.12}$$

Wenn man die Reynolds-Analogie anwendet, so vereinfacht sich Gl. (7.11) mit $\text{Pr} = 1$ als Sonderfall auf

$$\text{ETN}_{\text{Re}} = w^2 c_{\text{pl}}^{-1}\, (t_{\text{s}} - t)\,. \tag{7.13}$$

7.7 Anwendung auf den nassen Wärmeübergang

Der allgemeine Fall der gleichzeitigen Übertragung von sensibler und latenter Wärme kann symmetrisch zu Abschn. 7.6 verdeutlicht werden.

Aus Gl. (7.4), (7.6) und (7.7) folgt

$$\sigma = \text{Sc}^{-2/3}\, \Delta p_{\text{stat}}\, w^{-1}\, \mathrm{d}S/\mathrm{d}A \tag{7.14}$$

ausgedrückt in dimensionsloser Schreibweise:

$$\text{St}' = \text{Sc}^{-2/3}\, Eu\, \mathrm{d}S/\mathrm{d}A\,, \tag{7.15}$$

$$\text{Sh} = \text{Sc}^{1/3}\, Eu\, \text{Re}\, \mathrm{d}S/\mathrm{d}A\,. \tag{7.16}$$

Die Übertragung von sensibler und latenter Wärme ist

$$\mathrm{d}\dot{Q} = \sigma(y_{\text{s}} - y)\, \mathrm{d}A\,. \tag{4.12}$$

Aus Gl. (7.14), (7.11) und (4.12) folgt für eine dünne Grenzschicht von $\mathrm{d}S$, $\mathrm{d}A$

$$\mathrm{ETN}_{\mathrm{cc}} = \mathrm{Sc}^{2/3}\, w^2 (y_{\mathrm{s}} - y)^{-1}\,. \tag{7.17}$$

Falls beispielsweise bei der Auswertung von Messungen die Merkelsche Hauptgleichung (4.7) zugrundegelegt worden ist, kann man sie auch hier anwenden:

$$\mathrm{ETN}_{\mathrm{Me}} = \mathrm{Sc}^{2/3}\, w^2 (h_{\mathrm{s}} - h)^{-1}\,. \tag{7.18}$$

Wenn man die Reynolds-Analogie auf den Wärme- *und* Stoffübergang ausdehnt, so vereinfacht sich mit Sc = 1 als Sonderfall Gl. (7.17) und (7.18) auf

$$\mathrm{ETN}_{\mathrm{Re}} = w^2 (y_{\mathrm{s}} - y)^{-1} = w^2 (h_{\mathrm{s}} - h)^{-1}\,. \tag{7.19}$$

Nach der Reynolds-Analogie ist somit bei $r_{\mathrm{s}} = r_0$ $\;y = h$!

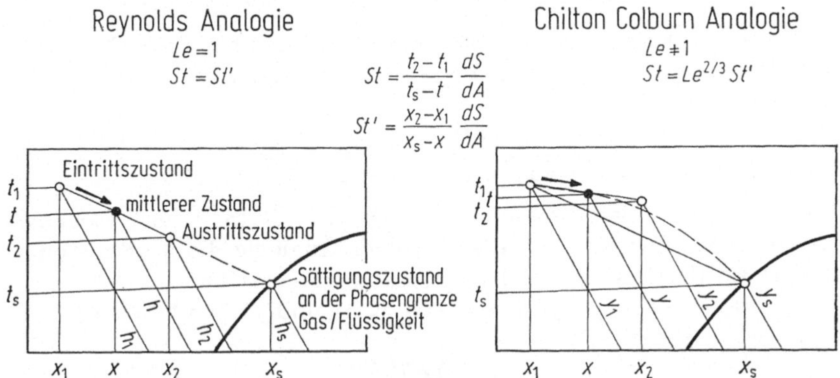

Bild 7.1. Gegenüberstellung des Zustandsverlaufs der Luft bei einem Verdunstungsprozeß im Mollier h, x-Diagramm.
Links: nach der Reynolds-Analogie;
rechts: nach der Chilton-Colburn-Analogie.

7.8 Die Stanton-Zahl

Die Stanton-Zahl kann im h,x-Diagramm als Streckenverhältnis dargestellt werden, Bild 7.1. Dies beruht auf folgenden Zusammenhängen:

Wenn ein kleiner Anteil eines Luftstromes $\dot{m}_{\mathrm{L}}$ unmittelbar an der Grenzfläche an einem Querschnittselement $\mathrm{d}S$ mit einer Geschwindigkeit w das Oberflächenelement $\mathrm{d}A$ passiert, so gilt für den Querschnitt die bereits benutzte Kontinuitätsbeziehung

$$\mathrm{d}\dot{m}_{\mathrm{L}} = w\varrho\, \mathrm{d}S\,. \tag{7.20}$$

Der Luftstrom mag seine Temperatur hierbei um einen endlichen Differenzbetrag, nämlich von t_1 auf t_2, erhöhen

$$\mathrm{d}\dot{Q}_{\mathrm{sens}} = c_{\mathrm{pl}}(t_2 - t_1)\, \mathrm{d}\dot{m}_{\mathrm{L}}\,, \tag{7.21}$$

$$\mathrm{d}\dot{Q}_{\mathrm{sens}} = w\varrho c_{\mathrm{pl}}\, (t_2 - t_1)\, \mathrm{d}S\,. \tag{7.22}$$

Nach Hinzunahme von Gl. (4.4) folgt hieraus

$$\frac{\alpha}{w\varrho c_{\mathrm{pl}}} = \frac{t_2 - t_1}{t_{\mathrm{s}} - t}\frac{\mathrm{d}S}{\mathrm{d}A} = \mathrm{St} = \frac{\mathrm{Nu}}{\mathrm{Re\,Pr}} . \tag{7.23}$$

Analog hierzu kann die Stanton-Zahl St' für die aufgenommene latente Wärme abgeleitet werden. Nach Gl. (3.19) ist

$$\mathrm{d}\dot{m}_{\mathrm{D}} = (x_2 - x_1)\,\mathrm{d}\dot{m}_{\mathrm{L}} \tag{7.24}$$

und nach (3.24)

$$\mathrm{d}\dot{Q}_{\mathrm{lat}} = r_{\mathrm{s}}(x_2 - x_1)\,\mathrm{d}\dot{m}_{\mathrm{L}} . \tag{7.25}$$

Nach Hinzunahme von Gl. (4.5) folgt hieraus wiederum

$$\frac{\sigma}{w\varrho} = \frac{x_2 - x_1}{x_{\mathrm{s}} - x}\frac{\mathrm{d}S}{\mathrm{d}A} = \mathrm{St}' = \frac{Sh}{\mathrm{Re\,Sc}} . \tag{7.26}$$

Bei Le $= 1$ ist nach Gl. (7.23) und (7.26) offenbar St $=$ St'. Dann ist aber auch nach Abschn. 4.7 Pr $=$ Sc. Dies ist der Fall der Reynolds-Analogie:

$$\frac{t_2 - t_1}{x_2 - x_1} = \frac{t_{\mathrm{s}} - t}{x_{\mathrm{s}} - x} . \tag{7.27}$$

Diese Gleichung der Geraden entspricht der Gl. (3.7) für Mischungsprozesse. Sie beweist, daß die Reynolds-Analogie die Verdunstungstheorie auf der Basis der Erhaltungssätze vereinfacht.

Bei Sc/Pr $=$ Le $\neq 1$ ist nach Gl. (7.5) und (7.6) für die Chilton-Colburn-Analogie

$$\mathrm{St} = \mathrm{Le}^{2/3}\,\mathrm{St}' . \tag{7.28}$$

7.9 Minimaler Druckverlust Δp_{cc}

Die günstigen Austauschbedingungen nach der Chilton-Colburn-Analogie, Gl. (7.14), drücken sich in einem minimalen Druckverlust für Verdunstungsprozesse aus, der nicht unterschritten werden kann:

$$\Delta p_{\mathrm{stat}} = \Delta p_{\mathrm{cc}} = \mathrm{Sc}^{2/3}\,w\sigma\,\mathrm{d}A/\mathrm{d}S . \tag{7.29}$$

7.10 Minimaler Leistungsbedarf $\dot{E}_{\mathrm{cc}}$

Bei Anwendung des Hagen-Poiseuilleschen Gesetzes in Gl. (7.11) erhält man für alle Verdunstungsprozesse, bei denen der Druckverlust demjenigen in einem Kreisrohr ähnelt:

$$\dot{E}_{\mathrm{cc}} = \Delta p_{\mathrm{cc}}^2\,\varrho^{-1}\nu^{-1}\,\pi\,128^{-1}\,D_{\mathrm{hydr}}^4/L . \tag{7.30}$$

Für einen Vergleichsprozeß genügt Gl. (7.2) in Verbindung mit Gl. (7.17) und (4.12):

$$\dot{E}_{\mathrm{cc}} = \mathrm{Sc}^{2/3}\,\varrho^{-2}\,\dot{m}_{\mathrm{L}}^2\sigma A S^{-2} . \tag{7.31}$$

7.11 Rechnungsgang

Für die Berechnung, Abschn. 5.13 und 6.8 erhält man folgende Vergleichswerte:

- nach Gl. (7.29) mit Gl. (7.20) den minimalen Druckverlust für einen Vergleichsprozeß, d. h. für $\mathrm{d}A/\mathrm{d}S = (A/S)_{cc}$

$$\Delta p_{cc} = 0{,}616^{2/3}\ 1{,}2^{-1}\ 30{,}0 \cdot 10^6 \cdot 30{,}4 \cdot 10^6 \cdot 3\,600^{-2} \cdot S^{-2}\ ,$$

$$\Delta p_{cc} = 42{,}4 \cdot 10^6\ S^{-2}\ \mathrm{N/m^2}\ .$$

- entsprechend nach Gl. (7.31) den minimalen Leistungsbedarf

$$\dot{E}_{cc} = 0{,}616^{2/3}\ 1{,}2^{-2}\ 30{,}0^2\ {}^{\prime}\ 10^{12} \cdot 30{,}4 \cdot 10^6 \cdot 3\,600^{-3} \cdot S^{-2}\ ,$$

$$\dot{E}_{cc} = 296 \cdot 10^6\ S^{-2}\ \mathrm{kW}\ .$$

In Übereinstimmung mit Gl. (12.2) zeigt die Rechnung, daß der Leistungsbedarf eines Kühlturms bei Zunahme der Grundfläche abnimmt, und zwar mit dem Quadrat seiner Grundfläche — d. h. bei kreisrunden Bauweisen mit der vierten Potenz des Basisdurchmessers.

Literatur zum Kapitel 7

Ackermann, G.: Das Lewissche Gesetz ... Forschg. Ing.-Wes. 5 (1934) 2, 95—100.

Berliner, P.: Heat transfer effectiveness. Int. Congr. Refr. Wash. (1971) 2.64 nicht veröffentlicht.

Brauer, H.: Zusammenhang zwischen Druckverlust und Rektifizierwirkung ... Chem.-Ing.-Techn. 29 (1957) 520—530.

Colburn, A. P., King, W. J.: Relations between heat transfer and pressure drop. Trans. Am. Inst. Chem. Engn. 26 (1931) 196—207.

Ferencz, P.: Simultaneous transfer of heat and material in scrubbers. Can. Chem. Proc. Ind. 8 (1946) 47—49.

Geck, W.: Druckverlust und Wärmeübergang in engen Kanälen. Diss. TH Karlsruhe 1953.

Gogolin, A. A.: The reason for the invalidity of the Lewis ratio in the case of air washers. Proc. Xth Int. Congr. Refr. 1 (1960) 2—19, 346—351.

Gröber/Erk: Die Grundgesetze der Wärmeübertragung, 3. ber. Neudr., von *Grigull, U.,* Berlin, Göttingen, Heidelberg: Springer 1963, 344 ff.

Kirschbaum, E., Lisé, E.: Neue Erkenntnisse über den Verdunstungsvorgang. Chem.-Ing.-Techn. 21 (1949) 89—94.

Lorenz, H.: Beitrag zum Problem des Wärmeüberganges. Z. Techn. Phys. 15 (1934) 155.

Margen, P. H.: The application of friction/heat-transfer correlations to cooling tower design. Proc. Inst. Electrical Engn. A 102 (1955) 3, 290—309.

Mehlig, J. G.: Die Wärme- und Stoffübertragung bei der Verdunstungskühlung. BWK 20 (1968) 2, 49—56.

Pohlhansen, E.: Der Wärmeaustausch zwischen festen Körpern und Flüssigkeiten mit kleiner Reibung ... Z. AMM 1 (1921) 115—121.

Prandtl, L.: Eine Beziehung zwischen Wärmeaustausch und Strömungswiderstand. Phys. Ztschr. 11 (1910) 1072—1078.

Presser, K. H.: Experimentelle Prüfung der Analogie ... Wärme- und Stoffübertr. 1 (1968) 225—236.

Reynolds, O.: On the extent and action of the heating surface of steam boilers. Proc. Lit. Phil. Soc. Manchester 14 (1874/75).

Sherwood, Th. E.: Heat transfer, mass transfer, and fluid friction. Ind. Engng. Chem. 42 (1950) 10, 2077—2084.

Schlünder, E. U.: Einfluß des Stefan-Stromes und der Lewis-Zahl auf das Verhältnis der Wärme- zur Stoffübergangszahl bei der adiabatischen Verdunstung. Chem.-Ing.-Techn. 39 (1967) 1, 39—42.

Schmidt, E.: Stoff-, Wärme- und Impulsaustausch als Analogie. Fortschr. d. Verfahrenstechnik 1952/53, Weinheim (1954) 75—87.

8. Der Mechanismus des Wärme-, Stoff- und Impulsaustausches

8.1 Konfigurationen

Bild 8.1 zeigt, wie sich die Austausch-Konfiguration eines Kühlturms aus verschiedenen Sprüh- und Berieselungszonen zusammensetzt.

Man erkennt die mit Austauschkörpern gefüllte Berieselungszone von der Höhe b. Darüber befindet sich der Sprühraum der Wasserverteilung mit der Höhe c. Dieser ist für die Verdunstungsleistung besonders dann von Bedeutung, wenn das Kühlwasser unter Druck mit Düsen zu kleinen Tropfen zerstäubt wird. Ein ähnlicher Sprühraum wird durch das herabregnende Kühlwasser unter den Austauschkörpern gebildet. Seine Höhe über dem Wasserspiegel, a, wird von der Höhe des Lufteintrittes bestimmt.

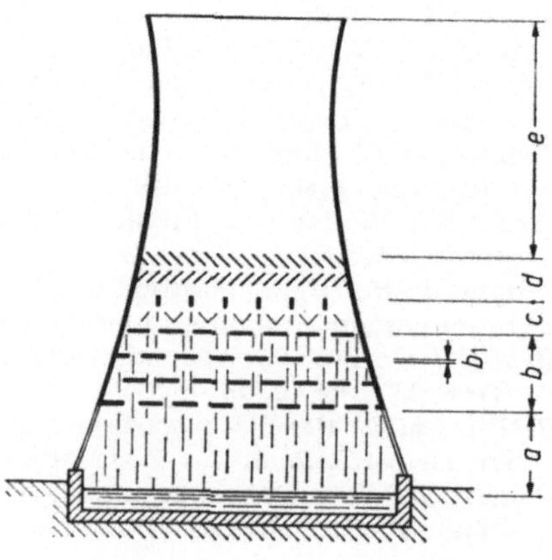

Bild 8.1. Austauschzonen in Kühltürmen.

Die Luft strömt seitlich ein, wird nach oben umgelenkt, um dann an den Austauschkörper und der Wasserverteilung vorbeizustreichen. Mitgerissene Tropfen werden in den Abscheidern zurückgehalten. Die Höhe der Abscheidezone über der Wasserverteilung ist durch d kenntlich gemacht.

Über den Abscheiderblechen erhebt sich in der schematischen Darstellung als Demonstrationsbeispiel ein Kamin von der Höhe e. Die Kaminhöhe übertrifft die Höhenabschnitte $a - d$ um ein Vielfaches.

Die Austauschkörper sind als einfache Holzlatten mit rechteckigem Querschnitt gezeichnet. Das Wasser tropft stufenweise, von einer Lage auf eine der darunterliegenden. Bei jedem Aufprall werden die Tropfen erneut zerteilt. In den Höhenabschnitten b_1 bildet das Wasser auf den Latten einen geschlossenen Film, der an die geometrische Form der Latten gebunden ist.

Zur Verdunstung trägt der gesamte Austauschraum $a - d$ bei. Die unbenetzte Oberfläche der Austauschkörper kann nur als eine fiktive Bezugsgröße zur Definition einer Verdunstungszahl angesehen werden.

Das Ganze ist ein Zusammenwirken von unübersehbar vielen Einzelströmen des Wärme-, Stoff- und Impulsaustausches. An jedem Punkt der Phasengrenzflächen tritt ein ständiger Wechsel in den Geschwindigkeiten und Strömungsrichtungen der Medien, sowie in der Form der Grenzfläche auf. Die klassischen Konzeptionen der Strömungslehre — Anlaufströmung, Turbulenzgrad, ausgebildete Grenzschicht, Ablösung usw. — verlieren die geometrischen Bestimmungen ihrer Definition. Man hat es mit einer unübersehbaren Vielfalt von geometrischen, thermischen und fluiddynamischen Variablen zu tun.

Dies macht zusammenfassende Konzeptionen, wie Z und ETN, erforderlich. Auf der anderen Seite muß angestrebt werden, die Vorgänge zu analysieren, damit systematisch einer Verbesserung der Austauschleistungen der Weg geebnet wird.

8.2 Analyse

Man hat bisher die Aufgabe empirisch zu lösen versucht; eine kaum übersehbare Vielzahl von Austauschkörpern sind heute auf dem Markt. Es sollte nun begonnen werden, die entscheidenden Konstruktionsprinzipien aus einer Analyse der verwickelten Vorgänge zu gewinnen.

Bild 8.2 möge eine systematische Gliederung erleichtern. Die Austauschkörper bestehen aus dünnen, vollbenetzten Platten, die senkrecht, in Strömungsrichtung nebeneinander eingebaut sind. Das Kühlwasser rieselt gleichmäßig, im Gegenstrom zur aufsteigenden Luft, herab. An der Oberfläche der Austauschkörper findet eine Filmverdunstung statt.

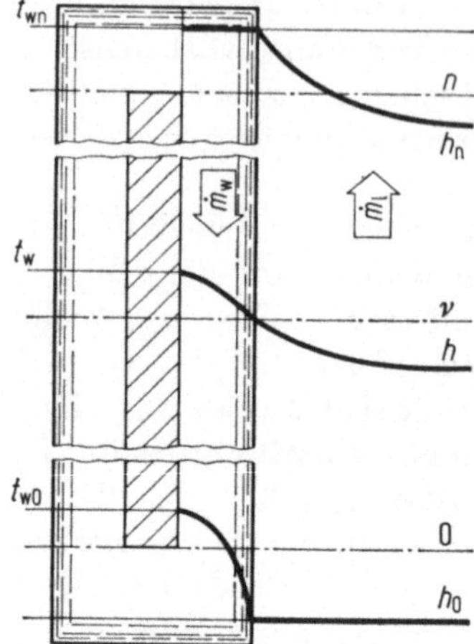

Bild 8.2. Wechselweise Ausbildung von
• Temperaturprofilen, t_w, auf der Seite
des Rieselfilmes m_w, in Beziehung zu den
• Enthalpieprofilen, h, auf der Seite des
Luftstromes $\dot{m}_l$.

Die einzelnen, mit Zwischenräumen übereinander angeordneten Plattenpakete lassen in den Lücken Mischräume frei. Der dünne Wasserfilm bildet an der Unterkante der Platten Tropfen. Liegen die Platten genau übereinander, so ist die Wahrscheinlichkeit groß, daß die Tropfen auf die darunterliegende Lage auftreffen und nicht ungekühlt durch mehrere Lagen hindurchfallen.

Bei diesen Strömungsvorgängen treten nicht nur wechselseitige Temperatur- und Enthalpieänderungen sondern auch periodische Vermischungen auf. Zu unterscheiden ist ein räumlicher und ein zeitlicher Wechsel bei den Transporterscheinungen.

8.3 Räumlicher Wechsel

Die Wärme dringt vom Innern des Wasserfilms zur Phasengrenze. Es bildet sich ein Temperaturprofil; die höchste Temperatur hält sich an der Plattenwandung; die niedrigste ist unmittelbar an der Phasengrenze zu messen.

Auf der Seite des Luftstromes entstehen zwei Profile. Der Wasserdampfanteil bildet das eine; er hat seinen höchsten Wert (Sättigung) an der Phasengrenze und sinkt zum Strömungskern der Luft hin ab. Die Lufttemperatur bildet das zweite Profil, sie kann an der Phasengrenze höher oder niedriger sein als im Innern des Luftstromes.

Es kommt nun darauf an, daß die Wärme vom Kühlwasser möglichst rasch zur Luft gelangen kann. Dies ist gleichbedeutend mit der Forderung nach möglichst niedrigen Temperatur- bzw. Enthalpiegefällen innerhalb beider Medien. Die Forderung kann auf dreierlei Weise erfüllt werden:

- Die Massenteilchen bewegen sich in den Grenzschichten schnell zur Oberfläche und zurück.
- Die Massenströme berühren sich auf einer möglichst großen Oberfläche.
- Die Grenzschichten werden wiederholt aufgerissen, so daß sich im Strömungsverlauf immer von neuem günstigere Temperatur- und Enthalpieprofile einstellen.

Bild 8.2 veranschaulicht den periodischen Wechsel bei den Ausgleichsvorgängen und die Geschichte eines Tropfens anhand von drei kleinen Diagrammen:

- Auftreffpunkt des Kühlwassers an der Plattenoberkante — n Endzustand der Luft.
  Der Tropfen mag sich an der Unterkante der darüberliegenden Platte gebildet haben. Beim Zusammenfließen des Rieselfilms hat sich dabei durch die Vermischung eine einheitliche Temperatur t_{wn} eingestellt. Beim Aufprall entsteht eine erneute Deformation. Ein Teil des Wassers mag von der Plattenoberkante wegspritzen.
  Auf der Luftseite hingegen tritt dem Wasser eine weitgehend *ausgebildete* Strömung gegenüber; die Enthalpie steigt dort vom Mittelwert im Innern, h_n, zum Höchstwert an der Phasengrenze, $h_{n\,max}$, an.
- Strömungsquerschnitt in der Plattenmitte — v
  Hier herrscht die Wassertemperatur t_w und die Luftenthalpie h. Die Strömung kann in beiden Phasen noch nicht ausgebildet sein.
- Abtropfpunkt des Kühlwassers an der Plattenunterkante — o Anfangszustand der Luft
  Die Strömungsverhältnisse an der Abtropfkante sind denen an der Aufprallkante entgegengesetzt. Die im darunter liegenden Mischraum verwirbelte Luft trifft auf das Wasser mit der einheitlichen Enthalpie h_0.
  Auf der Wasserseite hingegen hat sich ein Temperaturprofil ausgebildet, das von t_{w0} bis hinab zu $t_{w0\,min}$ reicht.

Das Ganze stellt mit seinem wechselweisen Ansteigen und Absinken der treibenden Kräfte ein stationäres Feld dar, das dem Strömungsbild des reinen Gegenstroms überlagert ist.

8.4 Zeitlicher Wechsel

Wenn man den Austauschraum eines Kühlturms so weit wie möglich nutzbar machen will, wird man bemüht sein, eine Konstruktion zu finden, bei der sich die Luftströme und die Wasserströme nicht gegenseitig behindern.

Bei stationärer Berieselung bildet der Wasserfilm oder die Tropfenmasse im Querschnitt eine gleichbleibende Schichtstärke. Für die Verdunstung ist nur die Oberfläche wirksam. Die Dicke der Schicht ist nachteilig. Sie versperrt in ihrer Gesamtheit den verfügbaren Querschnitt in erheblichem Maße.   .

Überdies wird, wie im Abschn. 8.3 beschrieben, die Verdunstungsleistung dadurch gemindert, daß das Gefälle der Wassertemperaturen mit wachsender Schichtstärke ansteigt.

Als dritter Punkt sei erwähnt, daß eine stationäre Berieselung die gleichmäßige Benetzung (oder Neu-Benetzung) aller verfügbaren Austauschflächen u. U. nicht sicherstellt.

Um diesen Nachteilen abzuhelfen, hat man Konstruktionen entwickelt, die eine periodische Berieselung ermöglichen. Zu diesen gehört das Segnersche Wasserrad in einer für den Zweck mehr oder weniger verfeinerten Bauweise.

Der Kühlturm arbeitet dann ähnlich einem Regenerator. Der ohnehin verwickelte Strömungsmechanismus wird von einem zeitlichen Wechsel in den Zustandsgrößen, den Geschwindigkeiten, Oberflächenformen usw. überlagert.

Auch in diesem Punkt wird das Strömungsbild des reinen Gegenstroms verändert.

8.5 Folgerungen für die Gestaltung der Austauschkörper

Die ausführliche Analyse der Strömungsvorgänge, die miteinander in Wechselwirkung treten, stellt einen nützlichen Ausgangspunkt für Überlegungen dar, indem sie zeigt, wie man die Austauschkörper der Kühltürme von Zielvorstellungen her, und nicht bloß empirisch, günstig gestalten kann.

Das Ziel einer systematischen Konstruktionsarbeit drückt sich in den folgenden Grundregeln aus:

• Phasengrenzfläche je Volumeinheit

Die Austauschkörper sollen eine große benetzte Oberfläche bilden. Alle Leistungsgleichungen zeigen dies in trivialer Weise. Es kommt auf die Größe der effektiven Phasengrenze an, nicht auf die trockene Außenfläche der Austauschkörper. Die Kapillarität kann sich hier positiv auswirken — wenn beispielsweise Öffnungen in einem Netzwerk durch einen Flüssigkeitsfilm überbrückt werden — aber auch negativ — wenn Kanäle verschlossen werden.
Ein Maximum an Oberfläche bedingt ein Minimum an Wandstärke. Je dünner der Werkstoff ist, um so mehr wird an zusätzlicher Fläche gewonnen.

• Steifigkeit des Verbandes

Dünne Werkstoffbahnen — Textil, Papier, Kunststoffolien — können nicht einzeln aufgehängt oder auf einen Rost gelegt werden. Sie würden reißen oder zusammenfallen. Man muß sie nach bekannten Vorbildern — Wellpappe, Honigwaben u. ä. — zu einem Verband fügen.

- Fallgeschwindigkeit des Kühlwassers

Die mittlere Verweilzeit des Wassers im Austauschraum sollte möglichst groß sein. Das gilt besonders für Austauschkörper mit einer geringen benetzbaren Oberfläche. Die Flächen sollten so angeordnet oder ausgebildet sein, daß das Wasser nicht ungehindert in die Auffangschale tropft.

Eine Verzögerung des Kühlwasserstromes bewirkt auch die Saugfähigkeit, oder zumindest die gute Benetzbarkeit eines Werkstoffes.

- Luftwiderstand

Die Luftmenge, die durch den Kühlturm strömt, bemißt sich nach den Energiekosten. Es ist daher anzustreben, daß die Austauschkonfiguration strömungstechnisch günstig gestaltet ist, d. h. einen geringen statischen und dynamischen Druckverlust aufweist. Der statische Druckverlust steigt unnötig mit Verwirbelungen, die sich nicht wirtschaftlich in eine Steigerung der Austauschleistung umsetzen lassen. Der dynamische Druckverlust wird durch alle Querschnittsverengungen erhöht.

- Wiederholte Anlaufströmungen

Sowohl für den Kühlwasser- als auch für den Luftstrom gilt nach Abschn. 8.3, daß das Temperatur- bzw. Enthalpiegefälle aufgehoben werden kann, wenn die mehr oder weniger ausgebildete Strömung unterbrochen wird. Das kann durch Öffnungen in den Platten, durch Zwischenräume zwischen den einzelnen Lagen u. ä. geschehen. Auch die wiederholte Tropfenbildung gehört hierher.

- Turbulenz im Wasserfilm

Eine verstärkte Verwirbelung im Rieselfilm des Kühlwassers erhöht praktisch nicht den Energiebedarf. Neben der längeren Verweilzeit (Punkt 3) und der größeren effektiven Oberfläche (Punkt 1) hat die verstärkte Verwirbelung den Vorteil, daß das Temperaturgefälle im Wasser abgebaut wird.

- Schichtstärke des Wassers

Eine geringe Filmdicke gewährleistet einen großen Strömungsquerschnitt für die Luft. Analoges gilt für geringe Tropfendurchmesser. Hinzu kommt, daß die Nusselt-Zahl und damit die Verdunstungsleistung mit abnehmendem Durchmesser ansteigt.

- Verteilung des Kühlwassers

Austauschkörper mit einer großen spezifischen Oberfläche, die eine Vielzahl von kleinen Kanälen bilden, sind empfindlich gegen eine ungleichmäßige Verteilung des Kühlwassers. Alle Oberflächen, die nicht ununterbrochen vom Wasser benetzt sind, fallen für die Verdunstung zeitweilig oder ganz aus.

Auch die Bachbildung und Randläufigkeit, wie sie hauptsächlich bei Schüttungen von Ringen und Sattelkörpern auftritt, stellt Flüssigkeitsansammlungen dar, die einem Verteilungsmangel gleichkommen.

Andere Austauschkörper hingegen sind unempfindlicher gegen Verteilungsmängel. Sie tragen sogar vielfach zur Verbesserung der Verteilung bei. Ein Beispiel sind die Lattenroste. Durch die wiederholte Zerteilung und Streuung werden anfängliche Ungleichmäßigkeiten der Beaufschlagung ausgeglichen.

Ein anderes Beispiel sind die durchlässigen Wände, z. B. in gelochten Platten, die einen Wassertransport von einem benetzten Kanal zum angrenzenden, nicht benetzten bewirken.

So besteht ein enger Funktionszusammenhang zwischen Austauschkörpern und Wasserverteilungen. Man kann die Leistung eines Austauschkörpers nur in Bezug auf eine bestimmte Verteilung kennzeichnen. Beide Konstruktionsglieder bilden in der Konfiguration eine technische Einheit.

• Mitreißen von Tropfen

Ähnliches wie für das Inkontaktbringen des erwärmten Wassers mit der Luft gilt für das *Trennen* des abgekühlten Wassers vom Luftstrom.

Es gibt Austauschkörper, die gegenüber dem Mitreißen von Wassertropfen im Luftstrom unempfindlich sind. Hierzu gehören alle Konfigurationen der reinen Filmverdunstung.

Wo indessen das Kühlwasser unter hohem Druck mit Düsen zerstäubt wird und ein hoher Anteil an winzigen Tropfen entsteht, wird verhältnismäßig viel im Luftstrom mitgeführt. Für Prallteller zur Wasserverteilung und Lattenroste gilt das gleiche.

Bei einem hohen Anteil an kleinen Tropfen und bei hoher Luftgeschwindigkeit sind Prallblechabscheider erforderlich, die wenigstens einen Teil des Wassers zurückhalten. Man muß bei einer vergleichenden Bewertung deren Aufwand an Werkstoff für Platten, Halterungen, für das höhere Gehäuse usw., sowie den um 20 bis 30% höheren Leistungsbedarf des Ventilators berücksichtigen (Abschn. 15.7).

Austauschkörper mit Filmverdunstung sind unter diesem Gesichtspunkt vorteilhafter.

• Verschmutzung

Der Schmutz gelangt hauptsächlich mit der angesaugten Luft in den Kühlturm. Staub und kleinere Partikel werden meist mit dem Überlaufwasser wieder abgeschwemmt. Größere Partikel (Sandkörner,

Insekten, Blätter, Flugsamen) setzen sich leicht in Düsen und engen Kanälen fest. Besonders Düsen mit kleiner Austrittsöffnung sind anfällig.

Ähnliches gilt für Austauschkörper mit engen Kanälen, Zacken u. ä., bei denen eine hohe Verdunstungsleistung ebenfalls unter Inkaufnahme einer leichteren Verschmutzung erzielt wird.

Eine Verkrustung durch Härtebildner ist bei Austauschkörpern mit vielen Kanälen tragbar, wenn sich der Belag auf eine große Fläche als dünne Schicht verteilt und dadurch die Austauschfunktion nicht beeinträchtigt. Bei Kunststoffen muß sich sogar erst ein Belag gebildet haben, ehe die Flächen richtig benetzt sind.

8.6 Makroanalyse

Ein Teil der vielfältigen Aufgaben der Austauschkörper erschließt sich in einer Betrachtung der Strömungs- und Austauschvorgänge an einzelnen Oberflächenelementen; weitere Aufgaben werden deutlich, wenn man den Strömungsverlauf der Luft und des Wassers im Kühlturm verfolgt. Ein Beispiel zeigt Bild 8.3. Es sind verschiedene Schichten von Austauschkörpern dargestellt und mit Buchstaben bezeichnet:

a) Die mit hoher Geschwindigkeit vom Ventilator eingeblasene Luft muß — so gut es geht — vom kleinen Austrittsquerschnitt des Spiralgehäuses auf den großen Strömungsquerschnitt der Konfiguration umgelenkt werden. Der schrägliegende Wabenkörper, der dies bewirkt, fördert zudem den Wärme- und Stoffübergang.

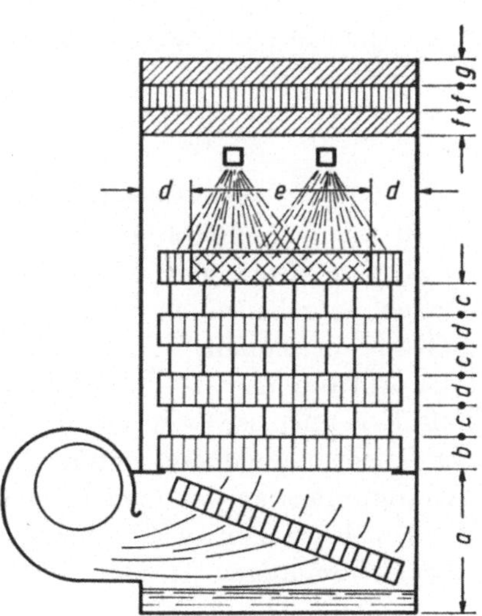

Bild 8.3. Konfiguration eines Kühlturms. Unterschiedliche Aufgaben der Austauschkörper in den einzelnen Schichten.

b) Diese Schicht übernimmt zusätzlich die Aufgabe eines Auflagerostes.

c) Die mehr oder weniger ungleichmäßig anströmende Luft hat in diesen Schichten die Möglichkeit, seitlich auszuweichen.

d) Die eigentlichen Austauschkörper mit senkrechten Kanälen.

e) Diese Austauschkörper, die aus dicht aneinander liegenden und gekreuzten Wellbahnen bestehen, begünstigen eine gleichmäßige Verteilung des Kühlwassers.

Da die Tropfenhäufigkeit bei Düsenversprühungen am Kegelmantel am größten ist, bilden sich im mittleren Bereich Zonen von geringer Beaufschlagung, und folglich, geringer Leistung.

Am Rande sind Austauschkörper der Type d vorgesehen. Sie verhindern, daß eine unerwünschte Randläufigkeit des Wassers auftritt.

f) Auch diese Austauschkörper dienen dem Stoffaustausch. Die Flächen liegen schräg im Luftstrom und wirken als Prallflächen für mitgerissene Tropfen.

g) Hier wird die Luftströmung von der Eintrittsseite hinweg gerichtet. Die Rezirkulation wird somit eingeschränkt.

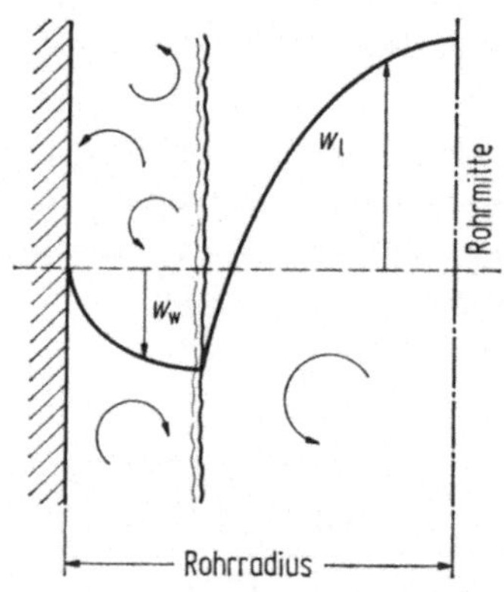

Bild 8.4. Geschwindigkeitsverteilung der Zweiphasenströmung an einer senkrechten Rohrwand (Gegenstrom).

8.7 Klassische Konfigurationen

Wenn auch die Strömungsbedingungen in einem Kühlturm von den isolierten Vorgängen, wie sie ein Versuchsstand bietet, erheblich abweichen, so geben doch die Messungen an den geometrisch elementaren Konfigurationen — Kreisrohr, kugelförmige Tropfen, senkrecht berieselte Wand usw. — wichtige Fingerzeige. Man kann von Fall zu Fall Erkenntnisse von solchen Konfigurationen, die in der klassischen Theorie eingehend untersucht worden sind, auf die verwickelten Konfigurationen der modernen Kühlturmtechnik übertragen.

Bei den Messungen auf ähnlichkeitstheoretischer Basis am Versuchsstand geht man allgemein von wohldefinierten Strömungsbedingungen aus:

- Eindeutige räumliche Begrenzungen, die sich durch eine einzige lineare Größe kennzeichnen lassen, z. B. Kreisrohr, Kugel, ebene Wand von unendlicher Breite, vollkommen ungeordnete Schüttung u. ä.

- Zeitlich und räumlich gleichmäßige Berieselung und Strömungsführung, keine Randeinflüsse.

- Im Querschnitt gleichgerichtete Massenströme, keine unterschiedlichen Geschwindigkeiten.

- Keine äußeren Einwirkungen auf das System.

Im folgenden sind einige wichtige Meßergebnisse kurz wiedergegeben:

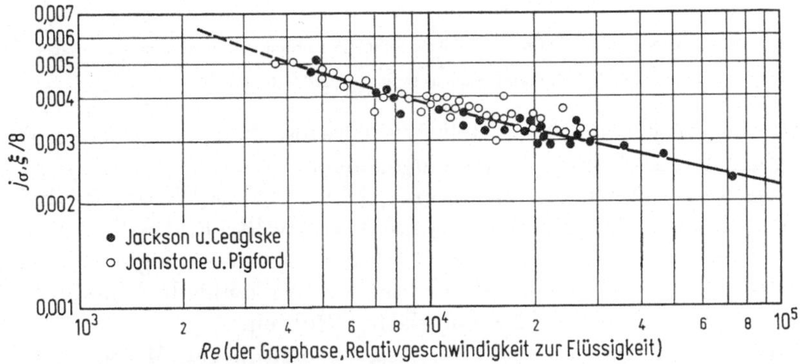

Bild 8.5. Stoffübergang und Reibung an einer senkrecht berieselten Rohrwand nach *Jackson* und *Ceaglske* (aus *Gröber/Erk/Grigull*).
$j\sigma$ einzelne Meßpunkte $\xi/8$ ausgezogene Linie.

8.8 Senkrecht berieselte Rohrwand

Wenn man eine Flüssigkeit an einer senkrechten Fläche herabrieseln läßt, hat man das Modell für einen Strömungsmechanismus, wie ihn Bild 8.4 für den Gegenstrom veranschaulicht. Bild 8.5 zeigt die Meßergebnisse, ausgedrückt durch den Stoffübergangs-Koeffizienten nach der Chilton-Colburn-Analogie, $j\sigma$, Gl. (7.6). Die Werte entstammen den Messungen von *Jackson* und *Ceaglske* sowie *Johnstone* und *Pigford*. Sie wurden bei Rektifikationsversuchen mit vollständigem und mit Teilrücklauf aufgenommen. Die Reynolds-Zahl bezieht sich auf die Summe der mittleren Geschwindigkeiten von Flüssigkeit und Gas. Für die Stoffwerte der Schmidt-Zahl sind die Mittelwerte der Gasphase eingesetzt. Die schwach gekrümmte Linie im Diagramm repräsentiert die Versuchsergebnisse für den Widerstandskoeffizienten $\zeta/8$. Die Messungen bestätigen die Gültigkeit der Chilton-Colburn-Analogie

$$j\sigma = \text{St}' \, \text{Sc}^{2/3} = \zeta/8 \,. \tag{8.1}$$

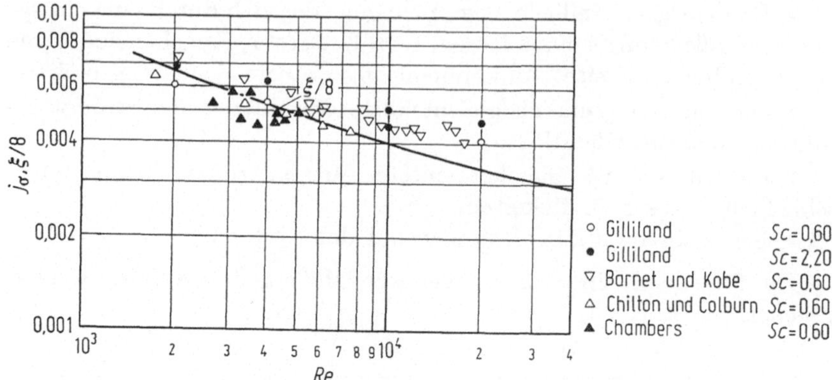

Bild 8.6. Stoffübergang und Reibung für Gasströme in Rohren mit benetzter Wandfläche nach *Sherwood*.
$\zeta/8$ ausgezogene Linie für glatte Rohre.

Auf die Problematik der Relativgeschwindigkeit bei solchen Messungen ist ausführlich *Brauer* eingegangen.

Meßwerte, die mehr den unteren Turbulenzbereich der Reynolds-Zahlen decken, hat *Sherwood* zusammengestellt, Bild 8.6. Auch sie dürfen als eine Bestätigung der Chilton-Colburn-Analogie angesehen werden. Die zwischen den Meßwerten von $j\sigma$ laufende Linie gilt für den Widerstandsbeiwert $\zeta/8$ bei glatten Rohren.

Aus dem Bereich von $800 < \mathrm{Re_{gas}} < 8000$ liegen Messungen von *Lindsey* vor. Bild 8.7 zeigt einen Auszug. Es handelt sich um die Rektifikation des Systems Methanol/Wasser. Als Versuchsmodell wurde eine Säule ähnlich einem Röhrenkessel-Wärmeaustauscher benutzt — Höhe ca. 3,00 m; 7 Rohre, Außendurchmesser 7/8″.

Die Übertragungswerte $j\sigma$ liegen im Durchschnitt 20% über den Werten von *Jackson* und *Ceagliske*. Die Autoren erklären sich die Abweichung aus der hohen Turbulenz der Einlaufströmung in ihrem Gerät.

Für den Druckabfall geben sie die empirische Gleichung

$$\Delta p = 0{,}258 \frac{m_{\mathrm{gas}}^{2,52}}{S} \frac{1}{\varrho} L \,. \tag{8.2}$$

Hierin ist m_{gas}/S der Stoffstrom des Gases   (lb/(sec sqft))

ϱ die Dichte des Gases   (lb/cuft)

L die Säulenhöhe   (ft).

Aus einer großen Zahl russischer Arbeiten gewann *Berman* für den Bereich $5000 < \mathrm{Re} < 13\,000$ und für $\mathrm{Sc} = 0{,}63$ sowie für $L/D_{\mathrm{hydr}} > 50$ die Gleichung

$$\mathrm{Sh} = 0{,}019 \, \mathrm{Re}^{0,8} \tag{8.3}$$

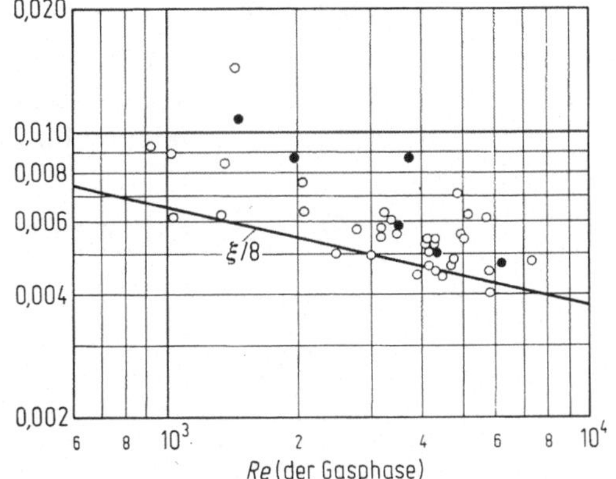

Bild 8.7. Stoffübergang und Reibung an einer senkrecht berieselten Rohrwand nach *Lindsey*, *Kiefer* und *Huffine*.
$\zeta/8$ ausgezogene Linie (errechnete Rektifikation)
○ Methanol—Wasser.
● Toluol—Trichloräthylen.

Hierin wird in der Reynolds-Zahl die Relativgeschwindigkeit w_r eingesetzt.

Wenn der Einfluß der Einlaufströmungen mehr in's Gewicht fällt — $L/D_{hydr} < 50$ — wie es bei Kühltürmen die Regel ist, so muß mit beträchtlich höheren Stoffübergangswerten gerechnet werden. *Berman* unterscheidet eine Übergangszone und eine Zone ausgebildeter Turbulenz. Der Umschlagspunkt liegt bei einer kritischen Reynolds-Zahl Re*.

Die Tabelle 5 gibt hierfür die Mittelwerte wieder.

$$Sh = C\,\mathrm{Re}^m \ . \tag{8.4}$$

Tabelle 5. Verdunstungsversuche einer Gegenstrom-Berieselung senkrechter Kanäle mit rechteckigem Querschnitt. Konstante C und m in Gl. 8.4 (nach *Berman*)

t_w	$t_w - t_1$	$p_{Ds} - p_D$	Re*	Übergangszone		Ausgebildete Turbulenz	
				C	m	C	m
°C	°C	bar					
18	ca. 0	0,014	7 300	0,001	1,18	0,0294	0,8
30	8	0,020	9 400	0,00086	1,18	0,0280	0,8
40	15	0,050	12 500	0,00074	1,18	0,0267	0,8

Es wurden für t_w die mittleren Wassertemperaturen gemessen. Die Unterschiede in den Konstanten C sind nach Auffassung des Autors auf die Abweichungen der Temperatur an der Wasseroberfläche von der mittleren Wassertemperatur zurückzuführen.

8.9 Einzeltropfen

Über den Wärme- und Stoffübergang an Einzeltropfen, die meist als Kugeln behandelt werden, liegen zahlreiche Untersuchungen vor. Es zeigt sich, daß der Mechanismus der Tropfenbildung und -ausbreitung überaus verwickelt ist.

Für den molekularen Übergang bei $Re = 0$ gewinnt man aus rein geometrischen Überlegungen

$$Nu = \frac{\alpha\, d_{\mathrm{Tr}}}{\lambda} = 2\;, \tag{8.5}$$

$$Sh = \frac{\beta\, d_{\mathrm{Tr}}}{D} = 2\;. \tag{8.6}$$

Bei sehr kleinen Tropfendurchmessern, wie man sie z. B. mit feinen Düsen bei hohem Druck erzielen kann, werden demnach die Übertragungswerte sehr hoch.

Bei einer Relativbewegung der Tropfen zum Luftstrom werden die beiden Gleichungen um einen Term erweitert

$$Nu = 2 + C\,Re^m\,Pr^n\;, \tag{8.7}$$

$$Sh = 2 + C\,Re^m\,Sc^n\;. \tag{8.8}$$

Die Chilton-Colburn-Analogie ist erfüllt, wenn $Nu = Sh$. Dies wird durch zahlreiche Messungen an Tropfen bestätigt.

Bild 8.8 zeigt die Korrelation für den Wärme- und Stoffübergang.

Für die Konstanten in den Gl. (8.7) und (8.8) werden folgende Werte genannt:

		C	m	n	Re_D	Term 2
Frössling	(Verd.)	0,552	0,5	0,33	100— 1000*	
Mc Adams	(Wärme)	0,33	0,6	0	20—150 000	ohne 2
Ranz/Marshall	(Verd.)	0,6	0,5	0,33	0— 1000	
Wyrubow	(Wärmeüb.)	0,6	0,5	0,33	200— 2500	ohne 2
Kudrjaschev	(Wärmeüb.)	0,388	0,5	0,5	0— 200	
Cary	(Wärmeüb.)	0,37	0,53	0	44 000—150 000	ohne 2

* Die Geltung ist nach Messungen von *Williams* auf diesen Bereich beschränkt.

Die Übereinstimmung ist gut. Eine Ausdehnung der Analogie auf den Impulsaustausch ist nicht möglich, da der Formwiderstand bei Tropfen — auch im laminaren Bereich — weitaus größer ist als der Reibungswiderstand.

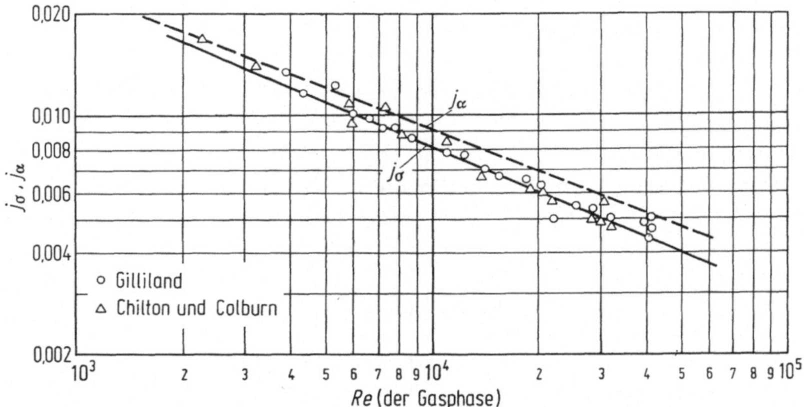

Bild 8.8. Wärme- und Stoffübergang an einzelnen Wassertropfen beim Verdunsten in atmosphärischer Luft nach *Sherwood*.

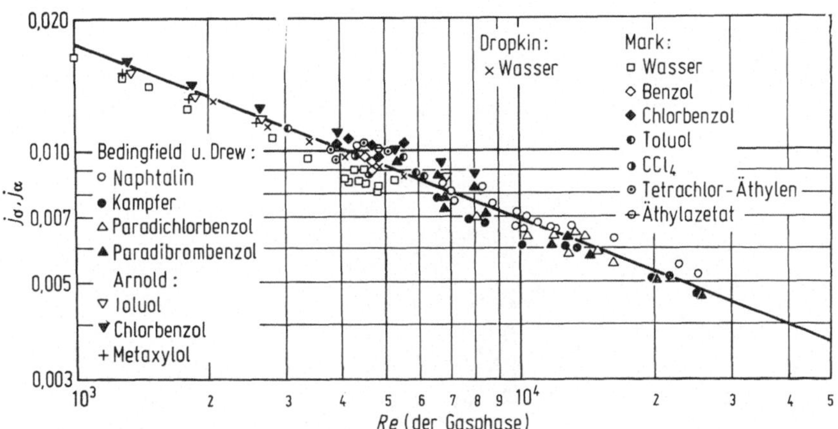

Bild 8.9. Wärme- und Stoffübergang an quer angeströmten Zylindern nach *Bedingfield* und *Drew* (aus *Gröber/Erk/Grigull*).

8.10 Quer angeströmte Zylinder

Auch beim quer angeströmten Zylinder wird der Reibungswiderstand von dem Formwiderstand überlagert. Bild 8.9 zeigt die Meßwerte von *Bedingfield* und *Drew*, *Arnold*, *Dropkin* und *Mark*. Sie wurden für verschiedene verdunstende Medien im Bereich der Reynolds-Zahl $Re_D = wD/\nu$ zwischen 1000 und 30.000 aufgenommen.

Die Gerade ist aus einer von *McAdams* angegebenen Gleichung $Nu = f(R, Pr)$ abgeleitet:

$$j\alpha = \frac{Nu}{Re\ Pr} Pr^{0,56} = St\ Pr^{0,56}\ . \tag{8.9}$$

Die deutliche Übereinstimmung erlaubt, für den Stoffübergang die entsprechende Gleichung

$$j\sigma = \frac{Sh}{Re\,Sc}\,Sc^{0,56} = St'\,Sc^{0,56} \tag{8.10}$$

zu benutzen.

Der quer angeströmte Zylinder bietet Verhältnisse, die mit einigen Gitter-Anordnungen von Austauschkörpern aus Kunststoff vergleichbar sein können.

8.11 Höherer Leistungsaufwand

Die *Chilton-Colburn*-Analogie konnte durch Messungen an weiteren elementaren geometrischen Konfigurationen erhärtet werden.

Abweichungen von der Analogie weisen die Streuungen überwiegend zur Seite höherer Widerstandszahlen auf

$$\zeta/8 > j\alpha\,,\,j\sigma\,. \tag{8.11}$$

Sie deuten auf zwei Ursachen:

a) Der Impulsübergang wird zusätzlich durch Formwiderstände erhöht.

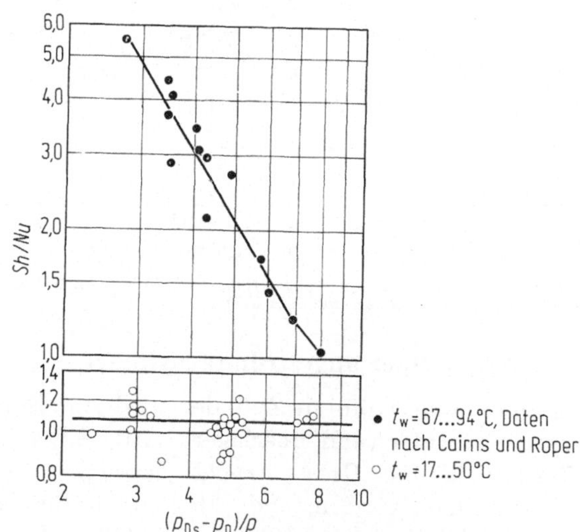

Bild 8.10. Gültigkeit des „Lewisschen Gesetzes".

$\dfrac{Sh}{Nu} = Le\,\dfrac{St'}{St}$ als Funktion des dimensionslosen Partialdruckgefälles.

Die unteren Punkte gelten für den Temperaturbereich der Kühlturmprozesse; sie lassen die Folgerung Le ∼ 1 zu. Die oberen, dagegen, die nach Messungen von *Cairns* und *Roper* für erhöhte Temperaturen aufgetragen sind, widersprechen Le ∼ 1 für diese Bedingungen (nach *Berman*, Evaporative Cooling of Circulating Water).

b) Im Bereich der Turbulenz ist trotz aller Vorkehrungen eine kurze laminare Anlaufstrecke vorhanden. Diese Vermutung erklärt natürlich nur die Abweichungen im Bereich turbulenter Strömung.

Die Länge der Anlaufstrecke x wird von *Boussinesq* in Übereinstimmung mit *Tietjens* mit

$$x = 0{,}065 \, \mathrm{Re}_x \, D \tag{8.12}$$

angegeben. Bei $\mathrm{Re}_x = 1000$, beispielsweise, ist also die parabelförmige Verteilung der Geschwindigkeit, der Temperaturen und der Konzentrationen erst nach dem 65-fachen Durchmesser, D, vorhanden.

Zusammenfassend kann man feststellen, daß die Chilton-Colburn-Analogie in ihrem Geltungsbereich verifiziert ist. Sie beschreibt die ideale Umsetzung von Strömungsenergie in Energie- und Stoffübertragung.

Bei den verwickelten Konfigurationen, wie sie sich in Kühltürmen vorfinden, ist das Verhältnis der übertragenen Energie zur aufgewendeten ungünstiger. Das gleiche gilt für die Stoffübertragung. Man kann daher die Chilton-Colburn-Analogien als die charakteristischen Vergleichsprozesse ansehen, die anzeigen, was im Grenzfall erreicht werden kann und wie weit die einzelnen Konfigurationen von der vollkommenen Übertragung abweichen.

Literatur zum Kapitel 8

Bedingfield, Ch. H. jr., Drew, Th. B.: Analogy between heat transfer and mass transfer. Ind. Engng. Chem. 42 (1950) 1164—1173.

Berliner, P.: Theorie der Austauschkörper. DECHEMA Mon. 73 (1974).

Berman, L. D.: Evaporative cooling of circulating water (Übers.), Oxford: Pergamon 1961.

Brauer, H.: Zweiphasen-Strömung bei der Rektifikation Chem.-Ing.-Techn. 32 (1946) 9, 585—590.

Brauer, H., Mühle, J.: Stoffübergang bei laminarer Grenzschichtströmung an ebenen Platten. Chem.-Ing.-Techn. 39 (1967) 5/6, 326—334.

Dietz, H.: Untersuchungen des Stoff- und Wärmeübergangs an fallenden Tropfen. Chem. Techn. 15 (1963) 8, 463—472.

Gröber/Erk: Die Grundgesetze der Wärmeübertragung, 3. ber. Neudr., von *Grigull, U.,* Berlin, Göttingen, Heidelberg: Springer 1963, 344ff.

Häußler, W.: Untersuchungen über den Verdunstungsvorgang. HLH 11 (1960) 12, 321—326.

Häußler, W.: Zur Wasserverdunstung aus offenen Oberflächen. Wiss. Z. TH Dresden 7 (1957) 5, 957—960.

Hilpert, R.: Verdunstung und Wärmeübergang an senkrechten Platten. VDI-Fh 355, Bln. 1932.

Jackson, M. L., Ceaglske, N. H.: Distillation, vaporization and gasabsorption in a wetted wall column. Ind. Engng. Chem. 42 (1950) 1188—1198.

Krischer, O., Loos, G.: Wärme- und Stoffaustausch bei erzwungener Strömung. Chem.-Ing.-Techn. 30 (1958) 1, 31—39; 2, 69—74.

Kumar, R. N.: Stoffübergang zwischen einem heißen Luftstrahl und einer feuchten Fläche. Chem.-Ing.-Techn. 43 (1971) 23, 1263.

Lindsey, E. E., Kiefer, J. M., Huffine, C. L.: Distillation in a multitube wetted wall column. Ind. Engng. Chem. 44 (1952) 1, 225—231.

Nottage, H. B., Boelter, L. M. K.: Dynamic and thermal behaviour of water droplets in evaporative cooling processes. Trans. ASHVE 46 (1940) 41.

Pasquill, F.: Evaporation from a plane free-liquid surface into a turbulent air stream. Proc. Rov. Soc. A. 182 (1943) 75.

Popovich, A. T., Lenges, J.: Single drop formation. Wärme- u. Stoffübertr. 4 (1971) 87—92.

Reichardt, H.: Impuls- und Wärmeaustausch in freier Turbulenz. Z.AMM 24 (1944) 268; VDI-Fh 414.

Renz, U.: Verdunstung an feuchten Oberflächen. KT-Klim. 24 (1972) 2, 29—44.

Sherwood, Th. E.: Heat transfer, mass transfer, and fluid friction. Ind. Engng. Chem. 42 (1950) 10, 2077—2084.

9. Leistungsmessungen für verschiedene Konfigurationen

9.1 Lattenroste mit Sprühräumen

Kelly und *Swenson* stellten eine vergleichende Untersuchung von verschiedenen Konfigurationen an, wie sie früher allgemein und heute noch häufig in großen Kühltürmen verwendet werden. Es handelt sich um Lattenroste aus Holz, die mit reichlich bemessenen Zwischenräumen übereinander angeordnet sind, Bild 9.1. Das herabrieselnde Kühlwasser trifft zum Teil auf die Flächen und wird dort zerteilt. Die großen Zwischenräume zwischen den einzelnen Lattenrosten erlauben, daß solche Anordnungen (bis auf die Konfigurationen „C", „D" und „I") auch für Kreuzstrom-Kühltürme verwendet werden können.

Die Konfigurationen A bis I haben weiterhin folgende Vorteile

• von Rostlage zu Rostlage zunehmend bessere Verteilung des Kühlwassers,

• Unempfindlichkeit gegen Verschmutzungen und sonstige Belagbildung,

• geringer Druckverlust.

Nachteilig ist hingegen

• die große Bauhöhe,

• durch den Lichteinfall leichtes Algenwachstum,

• bei Anwendung von Holz allmähliches Auswaschen des Lignins, Verwerfen und Schräglage, dadurch Bachbildung und Leistungsabfall, schließlich Zerstörung durch Fäulnis und Eislasten,

• beim Aufschlagen Entstehen von kleinen Tropfen, die leicht im Luftstrom mitgerissen werden,

• geringe mittlere Verweilzeit, weil ein Teil der Tropfen durch die Lücken fällt.

Der Versuchskühlturm hatte eine quadratische beregnete Grundfläche von $S = 3{,}03$ m² und eine Gesamthöhe von etwa 15 m. Die Höhe des mit den Lattenrosten aufgefüllten und wärmeisolierten Austauschraumes betrug $H = 6{,}10$ m. Bei allen Messungen war die Temperatur der eintretenden Luft am trockenen Thermometer $t_{l0} = + 48{,}9$ °C, am feuchten Thermometer $t_{f0} = 23{,}9$ °C. Diese Temperatur wurde mit einer geregelten Heizung auf $\pm 0{,}1$ °C genau eingehalten. Ein Zentrifugalventilator drückte die Luft in zwei einander gegenüberliegende Eintrittsöffnungen von 0,91 m Höhe und 1,72 m Breite. Das Kühlwasser wurde bei niedrigem Druck mit Pralltellern versprüht.

Um die Übertragungsleistung der Sprühräume über und unter den Lattenrosten von derjenigen des eigentlichen Austauschraumes $S \cdot H$ getrennt erkennbar erscheinen zu lassen, gliedern die Autoren die Kühlturm-Charakteristik $\sigma A / \dot{m}_{\mathrm{w}}$ in zwei Summanden auf. Die umgewandelte Gleichung lautet

$$\frac{\sigma A}{S} = \frac{0{,}07\, \dot{m}_{\mathrm{w}} + (\mathrm{const}\ A)\, N \dot{m}_{\mathrm{w}}^{1-\mathrm{n}} \dot{m}_{\mathrm{L}}^{\mathrm{n}}}{S}. \tag{9.1}$$

Hierin ist $(\mathrm{const}\ A)$ eine empirische Konstante und N die Anzahl der eingebauten Roste, Bild 9.1.

Ähnliche Überlegungen gelten für den Druckabfall des Luftstromes. Dieser wurde in den Anteil der Austauschkörper, Halterungen usw. und in den Anteil der herabfallenden Tropfen aufgegliedert.

Die Messungen können mit den Ergebnissen verglichen werden, die *Simpson* und *Sherwood* aus Untersuchungen an sechs Konfigurationen gewannen. Der eine von zwei Versuchskühltürmen hatte eine beregnete Grundfläche von $S = 0{,}64$ m² und eine Gesamthöhe von 2,14 m. Die Höhe des mit Lattenrosten („K") und mit Masonite-Tafeln („L") aufgefüllten Austauschraumes betrug 1,05 m, die Höhe des Düsensprühraumes darüber nur 0,12 m und die Höhe über dem Wasserspiegel etwa 0,23 m. Das Wasser wurde mit 18 Düsen bei einem Druck von 1,1 bis $3{,}5 \cdot 10^4$ N/m² versprüht. Die Austauschkörper hatten unten sägeförmige Ablaufspitzen. Ein Zentrifugalventilator war saugend angeordnet.

Die Messungen, Bild 9.2, zeigen, daß bei einer engeren Anordnung der Austauschkörper, also bei einem Einschluß eines Anteils an Filmverdunstung, erheblich an Bauhöhe eingespart werden kann. Für die Entwicklung von kleineren Kühltürmen gab es zu jener Zeit keine andere Wahl.

Deutlich wird auch aus der Gegenüberstellung der beiden Konfigurationen, daß bei „K", verglichen mit „L", die wiederholten Anlauf-

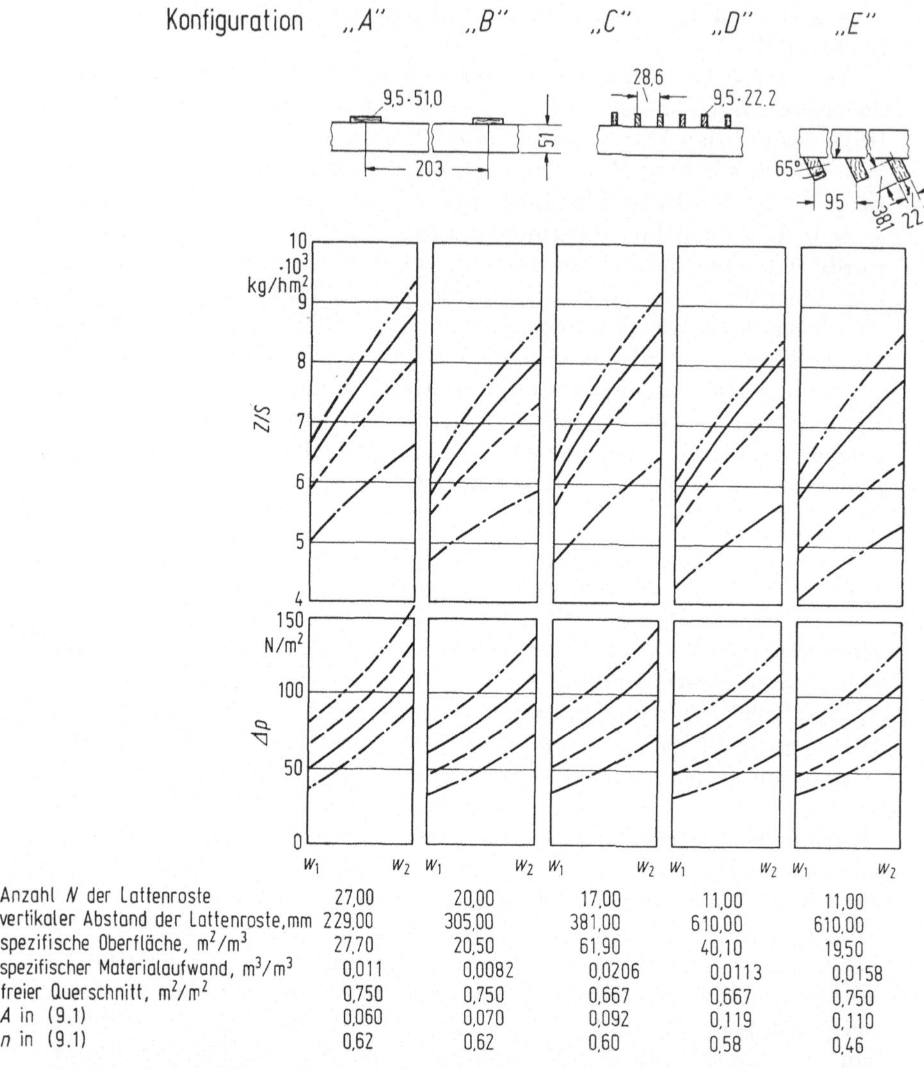

	„A"	„B"	„C"	„D"	„E"
Anzahl N der Lattenroste	27,00	20,00	17,00	11,00	11,00
vertikaler Abstand der Lattenroste, mm	229,00	305,00	381,00	610,00	610,00
spezifische Oberfläche, m²/m³	27,70	20,50	61,90	40,10	19,50
spezifischer Materialaufwand, m³/m³	0,011	0,0082	0,0206	0,0113	0,0158
freier Querschnitt, m²/m²	0,750	0,750	0,667	0,667	0,750
A in (9.1)	0,060	0,070	0,092	0,119	0,110
n in (9.1)	0,62	0,62	0,60	0,58	0,46

Bild 9.1. Charakteristische Daten für Austauschkörper mit Sprühräumen (nach *Kelly* und *Swenson*).

strömungen eine Verbesserung der Leistung je Flächeneinheit A bewirken. Vgl. Abschn. 8.3.

Die Profilform der Holzlatten hat auf die Austauschleistung, bezogen auf den Druckabfall, d. h. auf den Leistungswert ETN, praktisch keinen Einfluß. *Hutchinson* und *Spivey* verwendeten Holzlatten mit dreieckigem Querschnitt und mit vertikal dünnem Querschnitt bei einer Höhe von 130 mm, die vorteilhafter war. Sie beobachten die Lei-

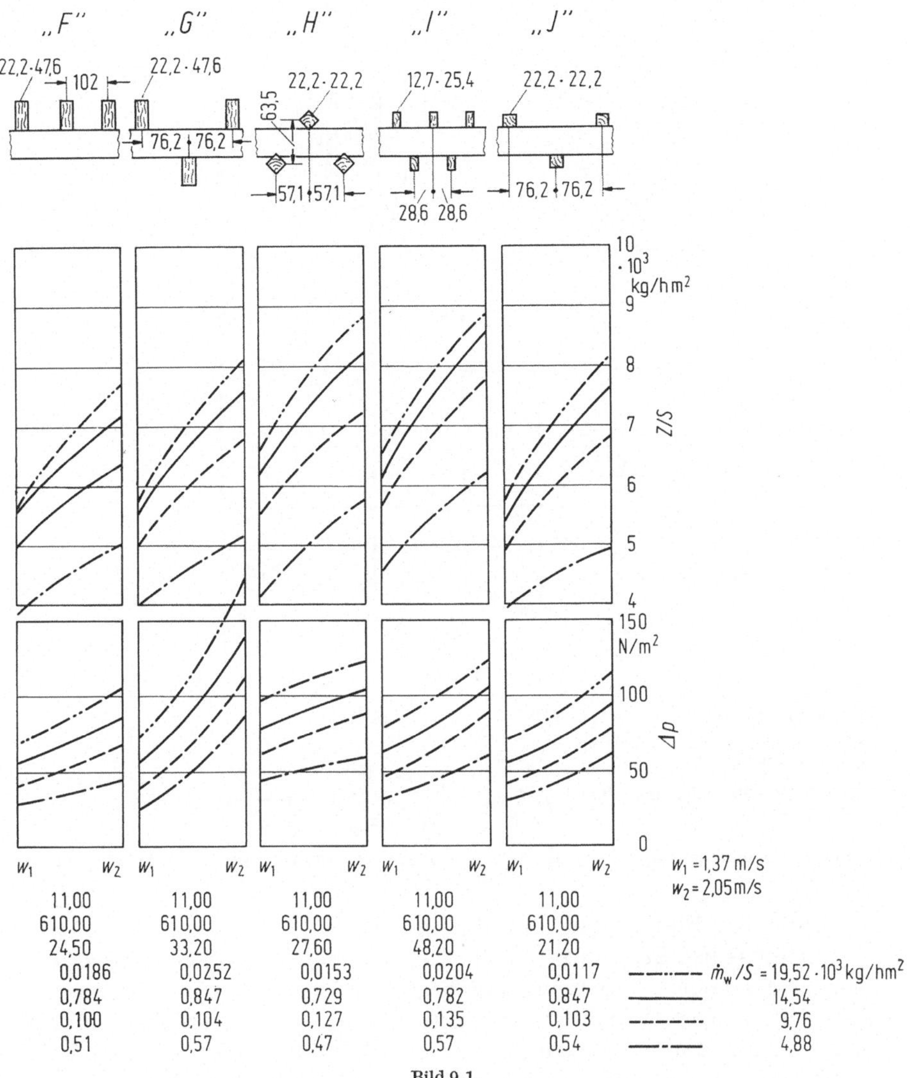

	w_1	w_2	w_1	w_2	w_1	w_2	w_1	w_2	w_1	w_2
	11,00		11,00		11,00		11,00		11,00	
	610,00		610,00		610,00		610,00		610,00	
	24,50	33,20	27,60		48,20		21,20			
	0,0186	0,0252	0,0153		0,0204		0,0117			
	0,784	0,847	0,729		0,782		0,847			
	0,100	0,104	0,127		0,135		0,103			
	0,51	0,57	0,47		0,57		0,54			

Bild 9.1.

stungseinbuße bei zunehmender Höhe der Konfiguration. (Ursache: Anteil der Sprühräume geringer) und finden ihre Messungen durch die Beziehung von *Gilliland* und *Sherwood*

$$Sh = 0{,}08 \, Re^{0{,}75} \, Sc^{0{,}44} \tag{9.2}$$

bestätigt. Es zeigt sich, daß die Leistung von der Anordnung der Latten abhängt. Als günstig erwies sich die kreuzweise Lage, verglichen mit der parallelen Anordnung.

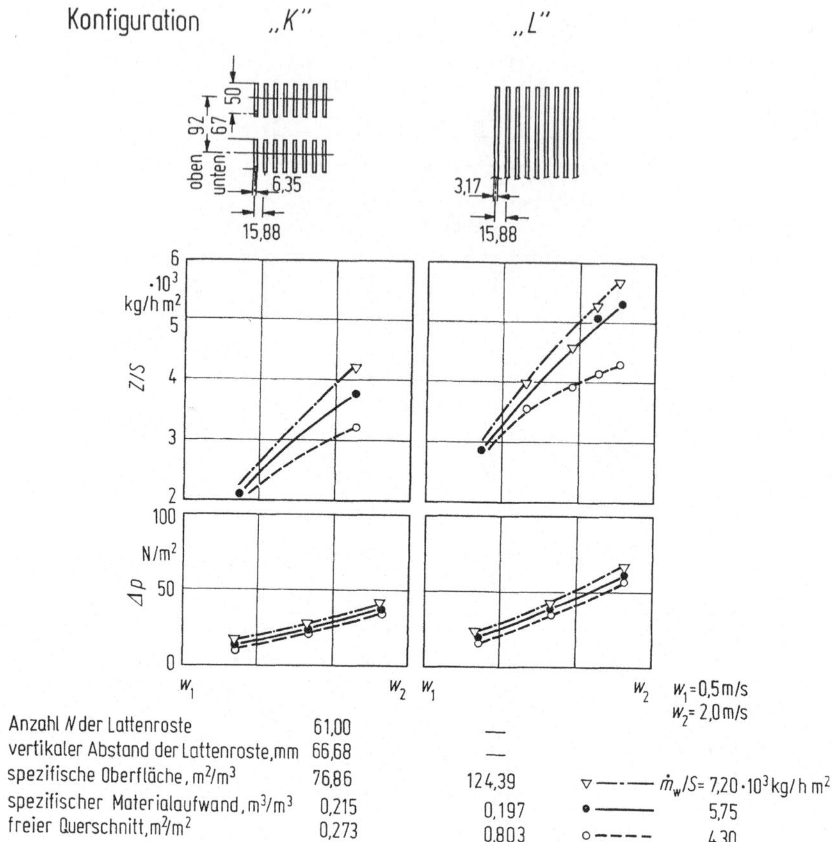

Anzahl N der Lattenroste	61,00	—
vertikaler Abstand der Lattenroste, mm	66,68	—
spezifische Oberfläche, m²/m³	76,86	124,39
spezifischer Materialaufwand, m³/m³	0,215	0,197
freier Querschnitt, m²/m²	0,273	0,803

Bild 9.2. Charakteristische Daten für Austauschkörper mit Sprühräumen (nach *Simpson* und *Sherwood*).

Über den Einfluß der Anordnung von Holzlatten verschiedenen Querschnitts hat *Berman* zahlreiche Untersuchungen ausgewertet, z. T. eigene Messungen. Er fand, daß bei einer Drehung von Holzlatten mit rechteckigem Querschnitt die Leistung auf weniger als 90% sinkt. Bei Holzlatten mit dreieckigem Querschnitt und bei Reynolds-Zahlen >10.000 hingegen tritt eine Verbesserung ein, wenn die Hypotenuse steil im Luftstrom liegt.

Über den Einfluß der vertikalen und horizontalen Abstände und über die Anordnung — versetzt oder parallel, z. B. — lassen die Messungen keine eindeutigen Schlüsse zu. Die Unterschiede zwischen den gefundenen Koeffizienten liegen anscheinend im Streubereich der Meßwerte.

Aus Messungen von *Lichtenstein* an rechteckigen Latten (51 mm ×9,5 mm, vertikaler Abstand 380 mm, horizontaler Abstand 28,5 mm) leitet *Berman* folgende Beziehung ab

$$\frac{\sigma A}{SH} = 43 \left(\frac{\dot{m}_\mathrm{L}}{S}\right)^{0,53} \left(\frac{\dot{m}_\mathrm{w}}{S}\right)^{0,39}. \tag{9.3}$$

Es handelt sich um eine Zahlenwertgleichung, die nur für eine Höhe $H = 1$ m gilt.

Bild 9.3a. *Carl Georg Munters.*

9.2 Filmverdunstung

Einen wesentlichen Fortschritt brachten die Austauschkörper von *Carl Munters*. *Munters* ging von der Überlegung aus, daß der Wärme- und Stoffübergang gesteigert werden kann, wenn durch eine Verminderung der Abmessungen das laminare Strömungsprofil gleichsam angeschnitten wird. Er begann, dünne, ebene Aluminiumbleche mit geringen Abständen nebeneinander anzuordnen. Es stellten sich hierbei Nachteile heraus:

- die Kapillarität des Wassers verstopfte die Zwischenräume,
- die Abstände zwischen den Blechen konnten nur mit beträchtlichem, zusätzlichen Aufwand fixiert werden,
- die Metalle sind ein teurer Werkstoff,
- die Benetzung ist ungenügend.

Munters ging daher auf ein Wabenmaterial aus phenolharzgetränktem und gehärtetem Kraftpapier über, das die Form von Wellpappe hat. Um das Ablaufen des Wassers aus den senkrechten Kanälen zu erleichtern, versah er die Wellpappe unten mit Spitzen. Die Kanäle wurden seitlich angeschnitten, Bild 9.3.

Vom Standpunkt der Forderungen an eine gute Konfiguration, Abschn. 8.5, waren mit der Neuerung die Punkte (1), (2), (3), (7) erfüllt. Die Wellpappenstruktur bietet eine große Austauschfläche und bildet einen steifen Verband. Das Wasser wird vom Papier angesaugt; es fällt nicht durch die Austauschkörper hindurch. Der Druckabfall der Luftströmung, Punkt (4), wird nicht durch Formwiderstände unnötig erhöht.

Die Austauschkörper benötigen eine sehr sorgfältige und gleichmäßige Wasserverteilung, Punkt (8). *Munters* fand durch ausgedehnte Versuche, daß ein Segnersches Wasserrad diese Forderung am besten erfüllt. Der Verfasser konnte diese Verteilung weiter verbessern: s. Abschn. 16.5.

Es konnte auch ein hoher Pumpendruck vermieden werden, wie er bei Sprühdüsen erforderlich ist. Dies hat den Vorteil, daß im Luftstrom nicht die kleinen Tropfen mitgeführt werden, die sich schwer abscheiden lassen, Punkt (9).

Als Nachteil der Wellpappen-Waben fällt sofort die Gefahr der Verschmutzung ins Auge, Punkt (10). Aus der Erfahrung der Betriebspraxis konnte indessen festgestellt werden, daß selten eine Leistungsminderung eintrat. Anstelle einer Filterung oder gar Aufbereitung des umlaufenden Kühlwassers war es meist wirtschaftlicher, die Austauschkörper gegebenenfalls, nach vielen Betriebsjahren zu ersetzen.

Die Kennzahlen Z/S für vier Höhen H der Austauschkörper und für zwei repräsentative Regendichten $\dot{m}_w/S$ sind in den Diagrammen, Bild 9.3, dargestellt. Sie gelten für einen Kanaldurchmesser von 3,7 mm. Später ist man auf größere Durchmesser übergegangen. Man hat damit aus Wettbewerbsgründen die Grundgedanken von *Munters* aufgegeben.

In Ergänzung zu den eingangs erwähnten Überlegungen über das ‚Anschneiden' des Konzentrationsprofiles an der Phasengrenze sei noch folgendes ausgeführt:

Bei kleinen Kanaldurchmesser wird die Stoffübergangsgruppe σA zugleich in beiden Faktoren erhöht.

- Erhöhung von σ

Bei einer konstanten Sherwood-Zahl und bei konstanten Stoffwerten gilt

$$\sigma = Sh \, \varrho \, D \, \frac{1}{D_{\text{hydr}}} \, .$$

- Erhöhung von A

Aus geometrischen Gründen nimmt die Übertragungsfläche im umgekehrten Verhältnis mit der Kanalweite D_{hydr} zu

$$A = \text{const} \, \frac{1}{D_{\text{hydr}}} \, .$$

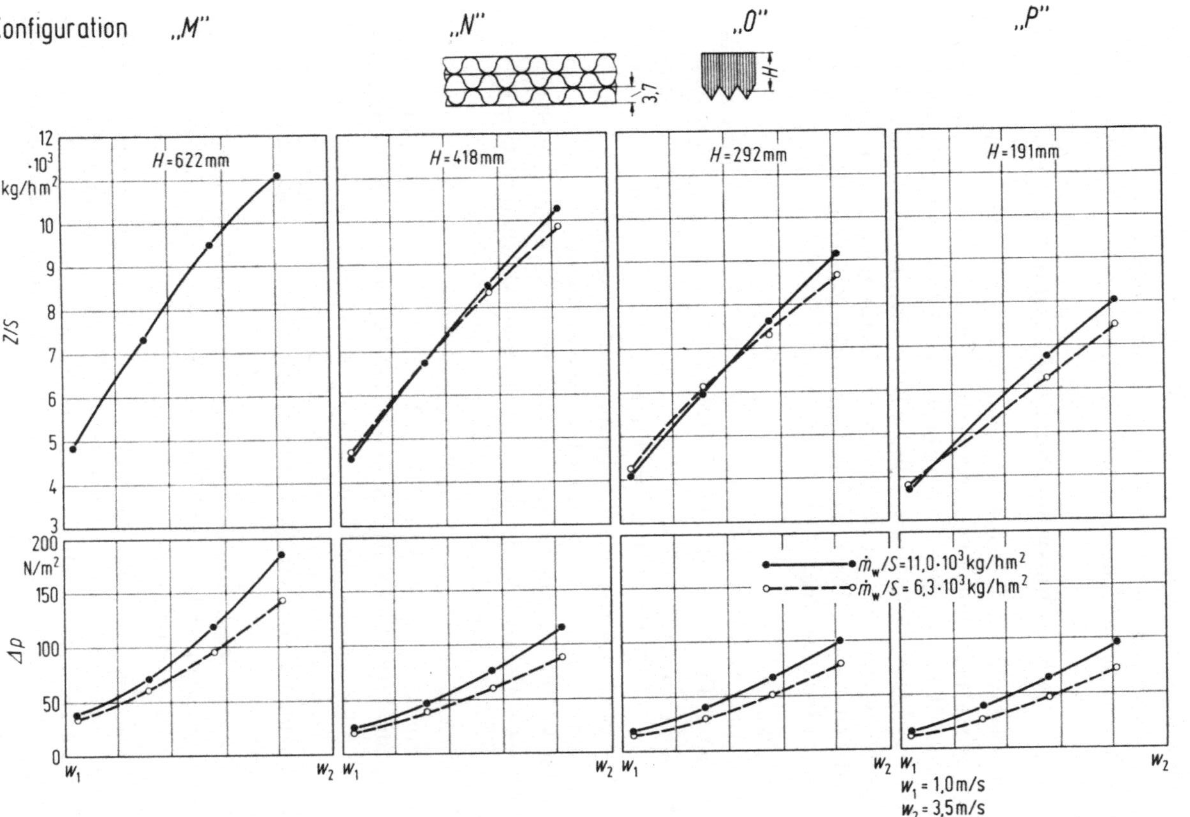

Bild 9.3. Charakteristische Daten für Austauschkörper in Wabenform.

Hieraus folgt, daß die Übertragungsleistung näherungsweise im Quadrat des Kehrwertes der Kanalweite ansteigt. Wegen der gegenseitigen Störungen der Luft- und der Wasserströme liegt der Exponent von D_{hydr} nicht genau bei -2 sondern nach den Nusselt-Kraussoldschen Exponentialgleichungen bei $-1{,}78$.

9.3 Filmverdunstung und Sprühräume

Die Diagramme, Bild 9.4, zeigen die Meßergebnisse von *Munters* Austauschkörpern mit einem Kanaldurchmesser von 7 mm bei einer Höhe von 565 mm. Der Übersicht halber ist für jede Regendichte $\dot{m}_w/S = 6, 10, 14, 18$ und $22 \cdot 10^3$ kg/h m² ein Diagramm gezeichnet.

Die Messungen reichen über den Optimalbereich hinaus. Man erkennt deutlich den Abfall der Leistungsziffer Z/S beim Überschreiten der beiden Grenzen (vgl. Abschn. 6.2):

- $\dot{m}_w/\dot{m}_L$ zu klein

$(\dot{m}_w/\dot{m}_L)_{opt}$ liegt im Diagramm für $\dot{m}_w/S = 6 \cdot 10^3$ kg/h m² links von der gezeichneten Fläche im Bereich von etwa $w = 0{,}7$ bis $1{,}5$ *m/s*.

- $\dot{m}_w/\dot{m}_L$ zu groß

$(\dot{m}_w/\dot{m}_L)_{opt}$ reicht im Diagramm für $\dot{m}_w/S = 22 \cdot 10^3$ kg/h m² rechts von $w =$ etwa $2{,}5$ *m/s* bis zu (dem nicht gezeichneten Wert von) 5 *m/s*. Links von diesem Bereich fällt Z/S stark ab.

Hinzu kommt als eine weitere Grenze für den vernünftigen Betriebsbereich das Abweichen der Funktion ψ vom Optimalwert ≈ 1 (vgl. Abschn. 6.6).

- $\psi \neq 1$

Im Diagramm für $\dot{m}_w/S = 6 \cdot 10^3$ kg/h m² ist deutlich erkennbar, wie Z/S mit zunehmendem Enthalpiepotential Δh_0 sinkt. Je höher nämlich Δh_0 ist, um so größer muß bei $\dot{m}_w =$ const. die Wassererwärmung $t_{wn} - t_{wo}$ sein. Die Folgen sind die erheblichen Abweichungen vom Strömungsmodell des reinen Gegenstroms, wie sie aus den Messungen hervorgehen.

Der Versuchskühlturm entsprach in seinem Aufbau der Skizze 8.3. Bei Leistungsvergleichen muß beachtet werden, daß nicht allein der Wärme- und Stoffübergang in den Austauschkörpern registriert wird sondern daß die ganze Konfiguration, d. h. die Sprühräume oberhalb und unterhalb der Austauschkörper am Prozeß beteiligt sind.

Für die Leistung ist der Sprühraum unmittelbar unter den Düsen wichtig. Mit höherem Pumpendruck, und dementsprechend mit höherer Antriebsleistung, kann man kleinere Tropfen erzeugen und diese mit hoher Geschwindigkeit etwa 0,1 bis 0,3 m gegen den Luftstrom schleudern, ehe sie ihren Anfangsimpuls verloren haben und mit der Luft mitgeführt werden. In den Diagrammen liegen daher die

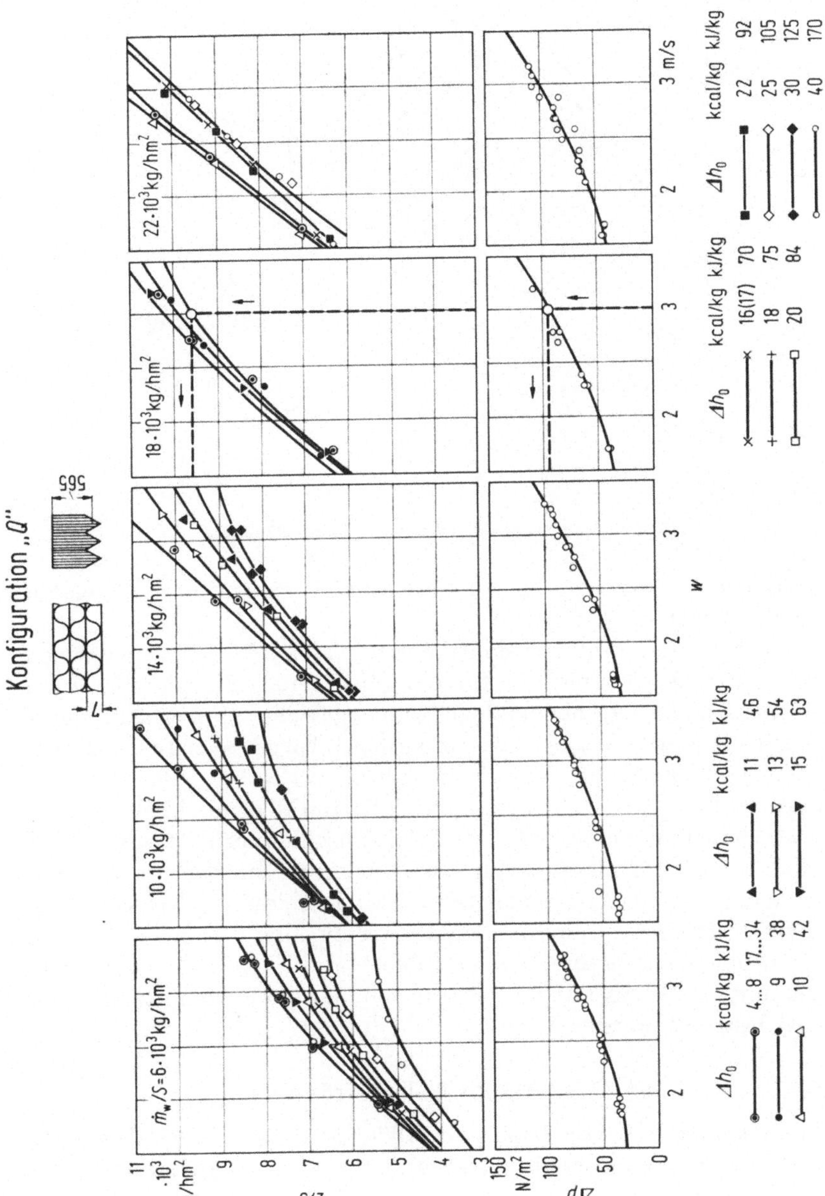

Bild 9.4. Charakteristische Daten für Austauschkörper in Wabenform (nach *Munters*).

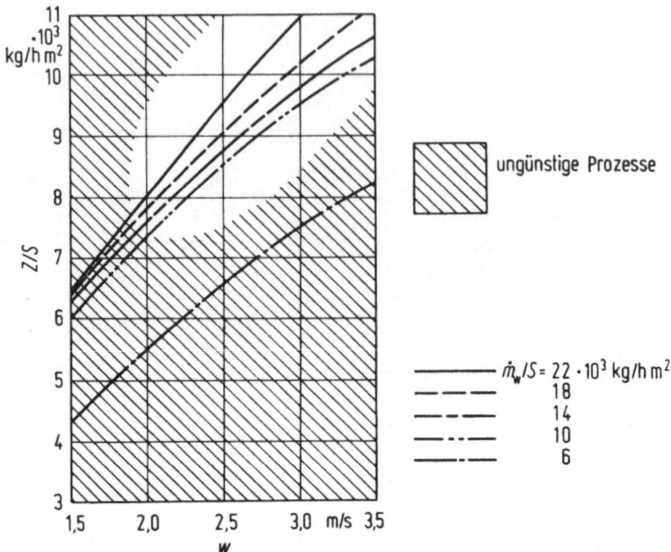

Bild 9.5. Auszug aus Bild 9.4 für $\Delta h_c = 20-60$ kJ/kg.

Kennzahlen Z trotz der gegenüber Bild 9.3 wesentlich geringeren Übertragungsfläche A ziemlich hoch.

Im Diagramm, Bild 9.5, sind die Kennzahlen für alle gemessenen Regendichten $\dot{m}_w/S$, aber nur für die günstigen Enthalpiedifferenzen Δh_0 bis etwa 60 kJ/kg, nochmals zusammengestellt. Man erkennt deutlich, daß die Kurve $\dot{m}_w/S = 22 \cdot 10^3$ kg/h m² bei geringer Luftleistung, d. h. links, stark abfällt. Das gleiche gilt bei $\dot{m}_w/S = 6 \cdot 10^3$ kg/h m² für den ganzen Bereich, verglichen mit den höheren Regendichten.

Die Wirbelkammer a unter den Austauschkörpern ist sowohl für die Kennwerte Z/S als auch für die Druckdifferenz Δp von Einfluß. Bei den üblichen hohen Eintrittsgeschwindigkeiten stellen sich hohe Druckverluste ein. Sie sind in den Meßwerten, Bild 9.4 und 9.6, unten, nicht enthalten. Dies unterstreicht den Hinweis, daß ein Austauschkörper nur in Bezug auf die Gesamtheit der jeweiligen Randbedingungen beurteilt werden kann.

9.4 Wiederholte Anlaufströmungen

Die Wabenkörper von *Munters* erfüllen nahezu alle 10 Forderungen, die nach der Zusammenstellung, Abschn. 8.3, an gute Austauschkörper zu stellen sind. Lediglich der Forderung (5) ist nicht Genüge getan. Um diese Lücke zu schließen, hat der Verfasser vorgeschlagen, anstelle eines Wabenblockes mehrere Schichten von etwa 50 bis 100 mm Höhe übereinander anzuordnen. Es ergeben sich auf diese Weise wiederholte

Anlaufströmungen, sowohl für die Luftströme als auch für die Wasserströme.

Der Verband besteht, wie bei *Munters*, aus einem Kraftpapier, das mit Phenolharz imprägniert ist. Er hat jedoch die Geometrie von Honigwaben. Für die Messungen hat man 6 Lagen zu je 100 mm Höhe (Wabenweite 9 mm) und darunter 2 Lagen zu je 30 mm Höhe (Wabenweite 14 und 19 mm) zum leichteren Wasserablauf übereinander geschichtet.

Man erhält recht hohe Kennzahlen. Bild 9.6.

9.5 Kreuzweise angeordnete Wellbahnen

Auf *Fränkel* geht der Vorschlag zurück, mehrere Wellbahnen eines dünnen plattenförmigen Werkstoffes so aneinander zu reihen, daß die Wölbungen kreuzweise zu liegen kommen. *Fränkel* wendete diese Konfiguration für Regeneratoren der Tieftemperaturtechnik (Luftverflüssigung) an. Er nahm dünne Aluminiumbleche.

Munters und seine Mitarbeiter griffen den Gedanken wieder auf. Es ist einleuchtend, daß man auf diese Weise einen ähnlichen Effekt wie mit wiederholten Anlaufströmungen erzielen kann. Doch bietet die gesteigerte Turbulenz nicht so vorteilhafte Übertragungsbedingungen hinsichtlich des Druckverlustes wie die wiederholte Anlaufkonfiguration.

Die Meßwerte sind in den Diagrammen, Bild 9.7, wiedergegeben.

9.6 Sprühräume

Einen Überblick über die Leistungswerte, die in einem Sprühraum erzielt werden, der ohne jegliche Einbauten betrieben wird, vermitteln die Messungen von *Sorg* und *Hässler*, Bild 9.8.

Es handelte sich um einen Sprühdüsen-Luftkühler mit einem Düsenstock. Das Wasser wurde gegen den Luftstrom versprüht. Der Luftwiderstand des Sprühraumes ist selbst bei hoher Luftgeschwindigkeit von 5,5 m/s gering. Allerdings ist bei allen diesen Sprühdüsen-Apparaten ein wirksamer Prallblechabscheider unumgänglich. Dieser hat ein Vielfaches an Druckverlust, verglichen mit dem Sprühraum. Bei der Konstruktion eines Kühlturms ist daher abzuwägen, ob der Aufwand sowohl an Betriebskosten —

 • Zusätzlicher Leistungsbedarf für die Umwälzpumpen zur Erzielung eines genügend hohen Vordrucks,

 • Zusätzlicher Leistungsbedarf für die Ventilatoren zur Überwindung des Strömungswiderstandes im Tropfenabscheider
als auch an Installationskosten,

 • Einbau eines Prallblechsystems, —
eine Sprühdüsen-Verteilung rechtfertigt.

7 Berliner, Kühltürme

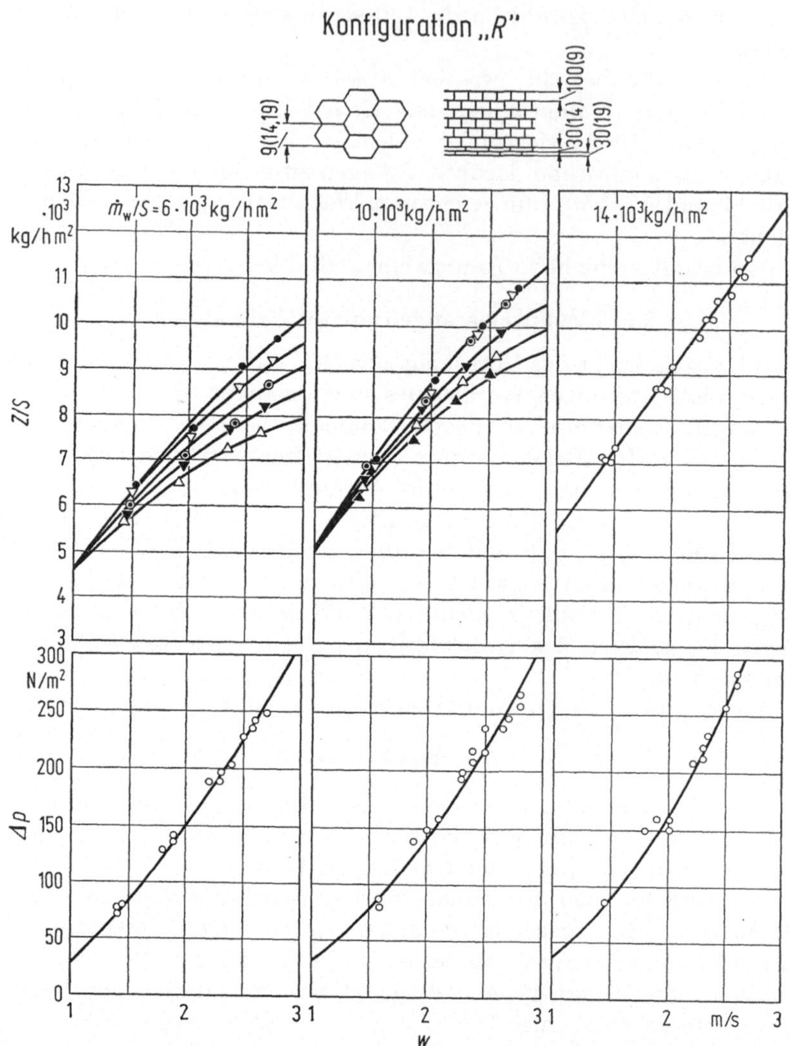

Bild 9.6. Charakteristische Daten für Austauschkörper in einzelnen Wabenlagen (nach *Klenke*).

9.7 Vorbehalt bezüglich der Übertragbarkeit der Meßwerte

Die Koeffizienten, die in diesem Abschnitt in dem Leistungswert Z/S zusammengefaßt sind, beziehen sich auf die Enthalpiedifferenzen des jeweiligen Meßbereiches. Wenn man vom Ursprung dieser Enthalpiedifferenzen in der Rechnung stark abweicht, so muß man bei der Anwendung der Koeffizienten im Auge behalten, daß sich mit steigenden Unterschieden zwischen den Eintritts- und den Austrittsenthalpien die Leistungsminderungen infolge der Vermischungen zunehmend nachteilig auswirken.

Literatur zum Kapitel 9

Baker, D. R., Mart, L. T.: Cooling tower characteristics. Refr. Engn. 60 (1952) 9, 965—971.

Berman, L. D.: Evaporative cooling of circulating water (Übers.), Oxford: Pergamon 1961.

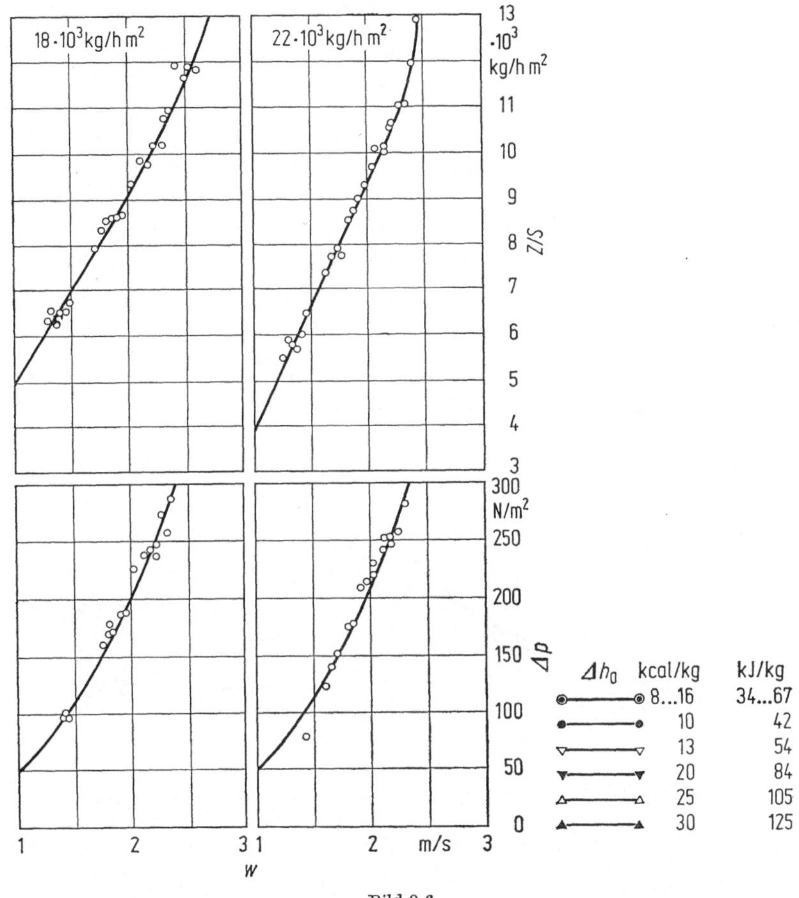

Bild 9.6.

Carey, W. F., Williamson, G. J.: Packed towers from small-scale tests. Inst. Mech. Engn. Proc. 163 (1950) 41—53.

Glaser, St.: Über den Einfluß der hydraulischen Eigenschaften eines Kühlturms auf die Kaltwassertemperatur. KT-Klim. 22 (1970) 11, 378—382.

Heimbach, P.: Vert. Sprühdüsen-Luftkühler, KT 8 (1956) 2, 52—56.

Hutchison, W. K., Spivey, E.: Design and performance of cooling towers. Trans. Inst. Chem. Engn. 20 (1942) 14—29.

Kelly, N. W., Swenson, L. K.: Cooling tower packing arrangements. Chem. Engng. Progr. 52 (1956) 7, 263—269.

Klenke, W.: Beurteilung von Kühltürmen. Diss. TH Braunschweig 1964.

Lichtenstein, J.: Mech. draft cooling towers. Trans. ASME 65 (1943) 10, 779—787.

7*

Konfiguration   „S"

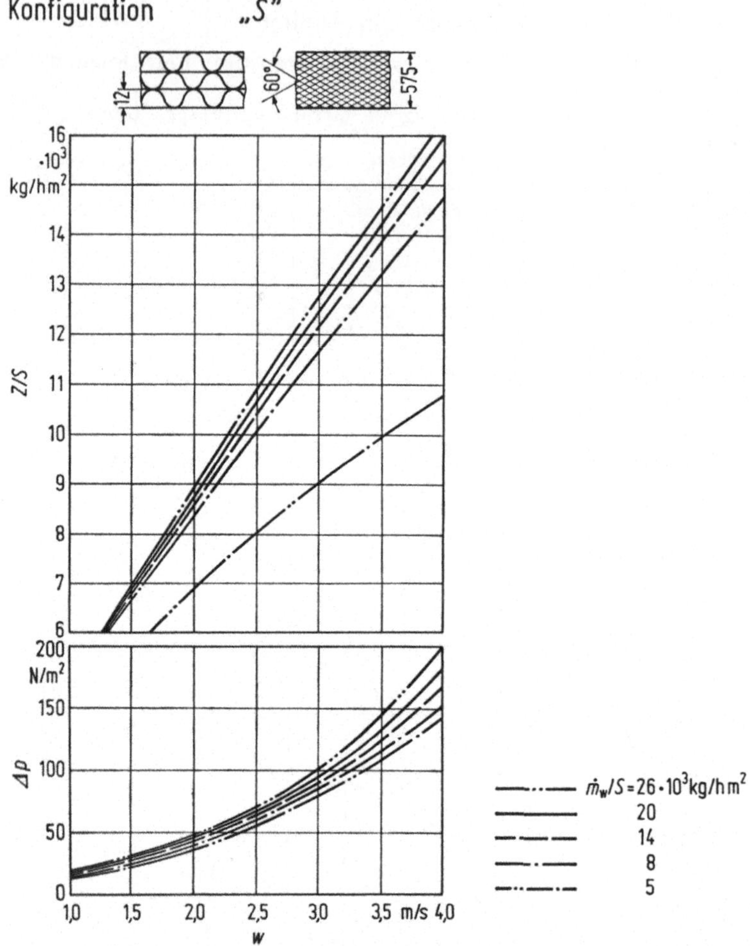

Bild 9.7. Charakteristische Daten für Austauschkörper in kreuzweiser Wellpappenstruktur „X-fill Type 12060" (nach *Munters*).

London, A. L., Mason, W. E., Boelter, L. M. K.: Mech. ind. draft cooling tower. Trans. ASME 62 (1940) 1, 41—50.

Lowe, J. H., Wilkin, F. A.: Mouchel-type packing. CEA Lab. Report, Nr. 591 (Juni 1955).

Munters, C., Lindqvist, L.: A new cooling tower. S. F. Review 5 (1958) 2—15; J. Refr. 4 (1961) 3, 59—63.

Richter, H., Stock, W.: Leistungsmessungen an einem Versuchskühlturm. Chem. Techn. 15 (1963) 8, 456—463.

Rögener, H.: Auswertung von Abnahmeversuchen an Ventilatorkühltürmen. BWK 10 (1958) 7, 336—338.

Simpson, W. M., Sherwood, T. K.: Performance of small mech. draft cooling towers. J. ASRE (1946) 12, 535—575.

Smith, W. W., Hollett, G. F.: Test of 5 cooling tower packings. Heat. Pip. & Air Cond. (1960) 4, 143—145.

Sorg, K. W., Hässler, A.: Horiz. Sprühdüsen-Luftkühler. KT 6 (1954) 2, 41—43.

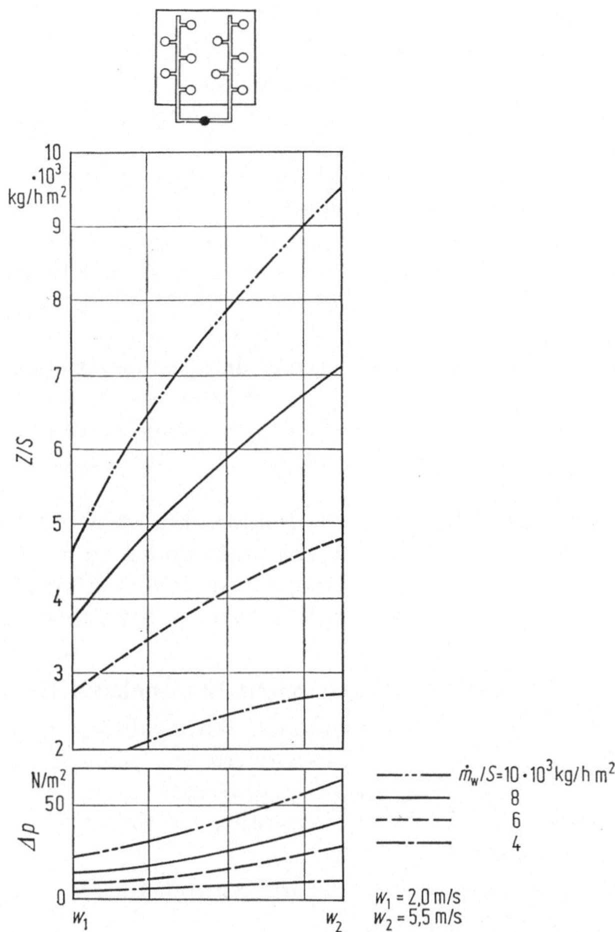

Bild 9.8. Charakteristische Daten für horizontale Sprühdüsenluftkühler (nach *Sorg* und *Haessler*).

Spangemacher, K.: Anwendung neuer Forschungsergebnisse. BWK 10 (1958) 7, 325—330.

Spurlock, B. H.: Forced draft cooling tower. Heat. Pip. & Air Cond. 25 (1953) 6, 115—121.

Thomas, W. J., Houston, P.: Heat and mass transfer. Brit. Chem. Engn. 4 (1959) 3, 160—163; 4, 217—222.

10. Trockene und nasse Wärmeabführung

10.1 Vorteile der trockenen Wärmeabführung

Seit es Kühltürme gibt, ist wiederholt die Frage gestellt worden, ob man nicht auf die Verdunstungswirkung verzichten sollte, indem man die Wärme von einem geschlossenen Kühlwasserkreislauf abführt.

Die Vorteile eines solchen „trockenen" Verfahrens liegen auf der Hand:

- Es treten keine Schwaden von Nebeldunst und feinem Sprühregen auf.
- In der Frostperiode ist nicht mit Eisansätzen am Lufteintritt und auf den Bodenflächen zu rechnen.
- Es wird kein Zusatzwasser benötigt; eine Aufbereitung erübrigt sich.
- Es können keine Verkrustungen durch Schmutz und Härtebildner im Kühlwasser auftreten.
- Vielerlei Korrosionsquellen, wie beispielsweise aggressive Abgase, die erst gefährlich werden, wenn sie als Beimengungen der Luft im Kühlwasser gelöst sind, brauchen u. U. nicht befürchtet zu werden.
- Die Wasserverteilung mit den Sprüheinrichtungen entfällt.
- Wärmeaustauscher (von verfahrenstechnischen Prozessen, Mischkondensatoren, kältetechnische Kondensatoren u. a. m.), die einen geschlossenen Wasserkreislauf voraussetzen, können angewendet werden.
- Mit der Förderhöhe der Pumpen brauchen nur die Strömungswiderstände der Rohrleitungen überwunden zu werden. Die (bei großen Kühltürmen beträchtliche) geodätische Förderhöhe entfällt ebenso wie die (bei kleinen Kühltürmen beträchtlichen) Vordrücke vor Sprühdüsen.

10.2 Anwendungsbereiche für trockene Wärmeabführung

Die Vorteile der trockenen Wärmeabführung haben den Rippenrohr-Kondensatoren und -Kühlern seit vielen Jahren im industriellen und domestikalen Sektor einen festen Platz gesichert. Das gilt besonders für die Anwendungsfälle, bei denen folgende Betriebsbedingungen vorherrschen:

- Das Zusatzwasser für die Verdunstung ist nicht in genügender Menge verfügbar.
- Die Energiekosten sind niedrig.
- Die Wärmeübertragung auf die Luft findet im Innern von Gebäuden statt.
- Die Endtemperatur des abzukühlenden Fluids darf im Sommer verhältnismäßig hoch liegen.
- Die Übertragungsleistung ist gering.
- Das Plätschergeräusch von herabrieselndem Kühlwasser würde stören.
- Nebelschwaden, Sprühregen und Eisbildungen würden stören.

Ein Beispiel für die deutliche Überlegenheit der trockenen Wärmeabführung ist die Kühlung bei Gasturbinenprozessen. Weiterhin erlauben zahlreiche Verfahren der Chemischen Technik, Prozeßwärme bei verhältnismäßig hohen Temperaturen abzuführen. Bei Leistungen bis etwa 40 kW, die besonders im Bereich der Kältetechnik anfallen, dominiert ebenfalls die trockene Wärmeabführung.

Im Regelfall sind indessen die Kosten so hoch, daß aussichtsreiche Anwendungen am Ende doch wieder aufgegeben werden müssen.

10.3 Kraftwerke

Die Entwicklung bei fossil befeuerten Kraftwerken zu stärkeren Blockleistungen hin wird sich voraussichtlich auch in der Zukunft fortsetzen. Damit wird es zunehmend schwieriger, die Abwärme ohne unzumutbare Einwirkungen auf die Umgebung abzuführen. Letzteres gilt vornehmlich für Kernkraftwerke, bei denen die Verlustwärme besonders groß ist.

Alternativen zu Kühltürmen haben in Mitteleuropa keine Bedeutung:

- Eine weitere Aufheizung der Gewässer mit der Durchlaufkühlung erscheint nicht mehr tragbar; es würde bedeuten, Prozesse industrieller Verdunstung künftighin von den Kühltürmen auf die Wasseroberfläche der ohnehin erwärmten Flußläufe zu verlegen.
- Die Stationierung von Kernkraftwerken im offenen Meer scheidet aus.

Die Untersuchungen über die Anwendbarkeit der trockenen Rückkühlung bei Kraftwerken gehen wegen der vielen Einflußgrößen von individuellen Gegebenheiten aus. Die Wirtschaftlichkeit wird anhand von Beispielen für bestimmte Klimadaten ausgewiesen. Die Ergebnisse vermitteln einen Anhalt für Vergleiche. Wenn indessen bei der Beurteilung im Hinblick auf den Standort eines Kraftwerkes die Daten auf die jeweiligen Witterungsbedingungen im Jahresverlauf ausgedehnt werden sollen, muß der entscheidende Einfluß der *Außenluftzustände* auf die Leistungsrelationen in den Vergleich miteinbezogen werden.

10.4 Grundgedanken des Vergleichs

Die folgenden Überlegungen stellen einen Versuch dar, den Vergleich des Energiebedarfs für trockene und nasse Wärmeabführung zu verallgemeinern.

Die beiden Diagramme, Bild 10.1, zeigen das Wesentliche. Man sieht, daß beim trockenen Verfahren der Zustandsverlauf im h,x-Diagramm steil nach oben, beim nassen Verfahren nach rechts, zur Sättigungslinie hin, gerichtet ist. In beiden Fällen hat man den gleichen Anfangszustand der Kühlluft, t_0, x_0, und die gleiche korrespondierende Oberflächentemperatur, t_s. Beim trockenen Verfahren bleibt $x_0 = x$ $=$ const, beim nassen repräsentiert x_s den Sättigungswert der Luftfeuchte.

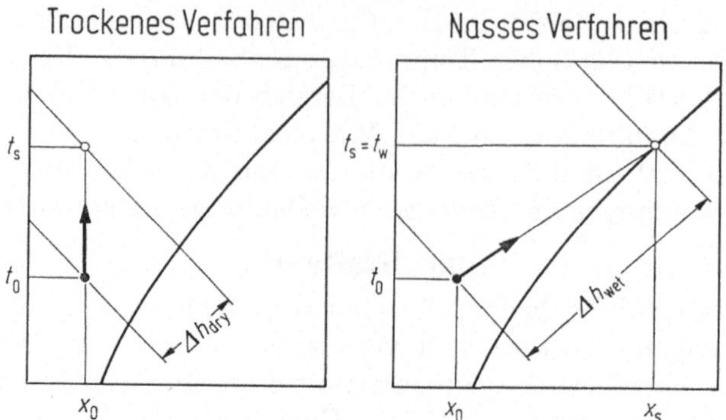

Bild 10.1. Zustandsverlauf der Luft. Links: Trockene Wärmeabführung. Rechts: Nasse Wärme-abführung.

Bei gleichen Randbedingungen ist offenbar stets das Enthalpie-Potential für die trockene Wärmeabführung, Δh_{dry}, *kleiner* als das der nassen, Δh_{wet}! Eine größere Luftleistung — und damit ein größerer Leistungsbedarf der Ventilatoren bzw. größere Abmessungen des Kamins — müssen bei diesen Voraussetzungen eines echten Vergleichs den Mangel ausgleichen.

Zur Kennzeichnung des Mehraufwandes für die trockene Wärmeabführung wird eine Relation der beiden Leistungszahlen nach Gl. (7.3) definiert:

$$U = \mathrm{ETN}_{dry}/\mathrm{ETN}_{wet} \ . \tag{10.1}$$

Der Wärmestrom, $\dot{Q}$, ist im Zähler und Nenner gleich. Die Unterschiede liegen

- in den Zustandswerten,
- in den Koeffizienten,
- im Leistungsbedarf.

Für beide Verfahren kann man weiterhin annehmen, daß die gleichen Strömungsmaschinen — Ventilator oder Kamin — zugrundegelegt werden. D. h., man geht von identischen Wirkungsgraden aus. Man kann dann nach Gl. (7.3) schreiben:

$$U_{cc} = \mathrm{ETN}_{cc\,dry}/\mathrm{ETN}_{cc\,wet} \ . \tag{10.2}$$

10.5 Anwendung der Chilton-Colburn-Analogie

Wenn man für die Leistungszahlen die Chilton-Colburn-Analogie, Gl. (7.4) bis (7.7) und Gl. (4.6), (7.12), (7.19) einsetzt, so erhält man für U_{cc} eine einfache und allgemeingültige Gleichung:

$$U_{cc} = \left(\frac{w_{dry}}{w_{wet}}\right)^2 \mathrm{Le}^{1/3}\left(\frac{t_{s\,wet} - t}{t_{s\,dry} - t} + \frac{r_s}{c_{pL}\,\mathrm{Le}}\frac{x_s - x}{t_{s\,dry} - t}\right) . \tag{10.3}$$

In dieser Gleichung dürfen die Lewissche Kennzahl, die Verdampfungswärme und die spezifische Wärmekapazität als Konstante angesehen

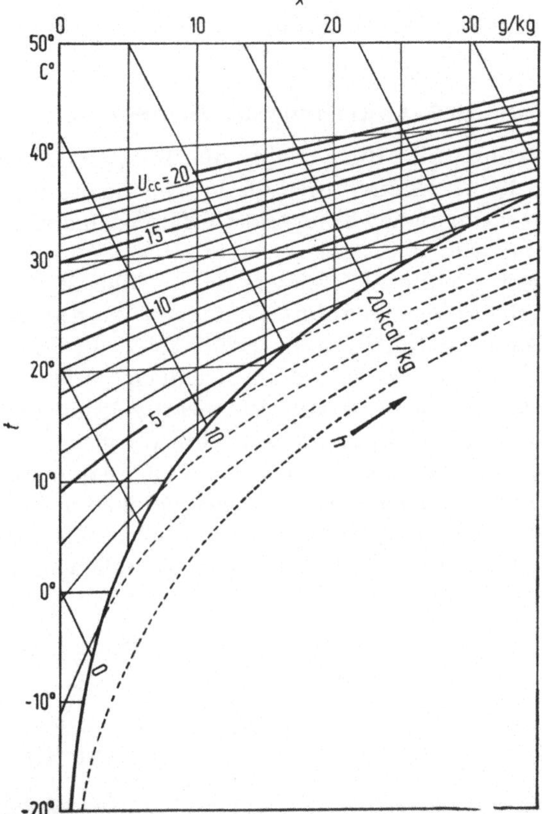

Bild 10.2. Die Kennzahl U_{cc}. Relation des Leistungsbedarfs für die trockene gegenüber der nassen Wärmeabführung, eingezeichnet in einem Mollier h, x-Diagramm für feuchte Luft $w_{dry} = w_{wet}$; $t_s - t = 10\,°C$.

werden[1]. Die übrigen Werte sind die Zustandsgrößen der feuchten Luft, die entscheidend den Mehraufwand an Energie für trockene Wärmeabführung bestimmen. Es ist danach nur sinnvoll, Vergleichszahlen im Hinblick auf bestimmte Luftzustände anzugeben!

10.6 Darstellung im Zustandsdiagramm

Um einen Überblick über U_{cc} in seinem Verlauf bei den verschiedensten Luftzuständen zu vermitteln, wurden die einzelnen Werte

---

[1] Weder bei den Zustandswerten der feuchten Luft noch bei den spezifischen Werten, r_s und c_{pL}, sondern *nur* bei Le könnte U von U_{cc} abweichen. Graphisch drückt sich dies in einer geringen Verschiebung der Zahlenwerte für die U_{cc}-Kurven, Bild 10.2, aus.

Man hat sich früher häufig gefragt, ob allgemein Le = 1 gelte, Man sprach von Abweichungen von dem Lewisschen Gesetz. Deutlicher ausgedrückt, handelt es sich um Abweichungen von dem Sonderfall der Reynolds-Analogie (Abschn. 7.8.). Die Einschränkung Le = 1 wird hier nicht vorgenommen.

errechnet und in dem h,x-Diagramm für feuchte Luft, Bild 10.2, veranschaulicht.

10.7 Anwendung des Diagramms

Das Diagramm, Bild 10.2, ist für die Temperaturdifferenz $t_\mathrm{s} - t$ $= 10\ °\mathrm{C}$ gezeichnet. Es ergab sich die Frage, wie die U_cc-Kurven verlaufen werden, wenn andere Temperaturdifferenzen angenommen sind. Das Diagramm, Bild 10.3, gibt hierüber Aufschluß. Man sieht, daß in dem praktisch wichtigen Bereich von etwa 6 bis 20 °C die Streuung nicht wesentlich von dem gewählten mittleren Wert abweicht.

Erst bei Temperaturdifferenzen $>20\ °\mathrm{C}$ sind die Abweichungen so groß, daß man ein neues Diagramm zeichnen müßte. Solche Temperaturdifferenzen haben indessen gegenwärtig keine Bedeutung.

Das Diagramm, Bild 10.2, gilt weiterhin für gleiche Luftgeschwindigkeiten, $w_\mathrm{dry} = w_\mathrm{wet}$, d. h. für den zweiten Klammerausdruck von Gl. (10.3). Wenn unterschiedliche Geschwindigkeiten vorliegen, wenn man beispielsweise den trockenen Prozeß durch eine geringere Luftgeschwindigkeit günstiger im Leistungsbedarf stellen will, so muß man

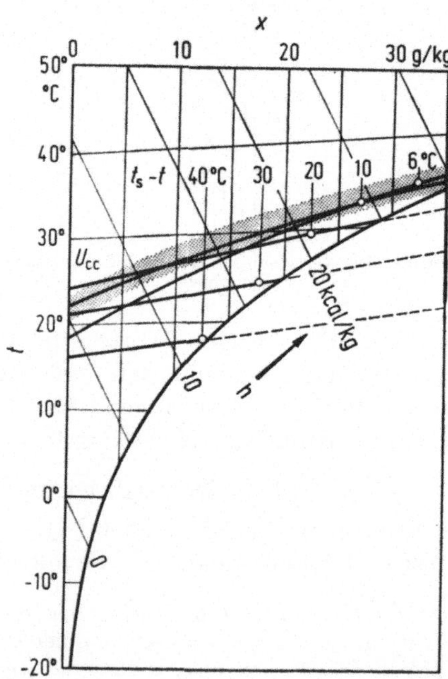

Bild 10.3. $U_\mathrm{cc} = 10$ für $t_\mathrm{s} - t = 6$, 10, 20, 30, 40 °C. Der schraffierte Bereich wird mit genügender Genauigkeit durch den Wert $t_\mathrm{s} - t = 10\ °\mathrm{C}$ wiedergegeben.

nach Gl. (10.3) den Diagrammwert mit dem Quadrat der Geschwindigkeitsrelation $w_\mathrm{dry}/w_\mathrm{wet}$ multiplizieren.

Das Diagramm, Bild 10.2, gilt schließlich für den Fall gleicher Oberflächentemperaturen, Bild 10.4, linkes Diagramm.

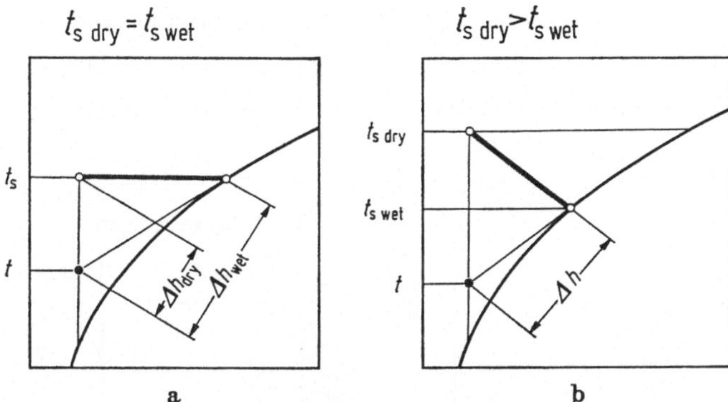

Bild 10.4. Verschiedene Betriebsbedingungen. Links: $t_{s\,dry} = t_{s\,wet}$. Rechts: $t_{s\,dry} \neq t_{s\,wet}$.

Im anderen Falle — rechtes Diagramm — bei gleichen treibenden Kräften, $\Delta h = $ const, muß die trockene Oberflächentemperatur höher als die nasse liegen. Dies bedeutet, daß die Belastung durch die trockene Wärmeabführung dem Kraftwerksprozeß z. B. aufgebürdet wird.

Das Diagramm, Bild 10.2, kann auch für solche Fälle benutzt werden. Die betreffenden U_{cc}-Werte lassen sich aus den Diagrammwerten $U_{cc\,dia}$ nach folgendem Rechenschema bestimmen:

$$U_{cc} = \frac{t_{s\,wet} - t}{t_{s\,dry} - t}\,U_{cc\,dia}\,.\tag{10.4}$$

10.8 Abschätzung für die gesamte Austauschfläche

Die Ausgangsgleichung (10.3) ist auf ein Oberflächenelement beschränkt. Eine graphische Integration nach Bild 10.5 erleichtert die Ermittlung eines überschlägigen U_{cc}-Wertes für den Prozeßvergleich, bezogen auf die gesamte Austauschfläche.

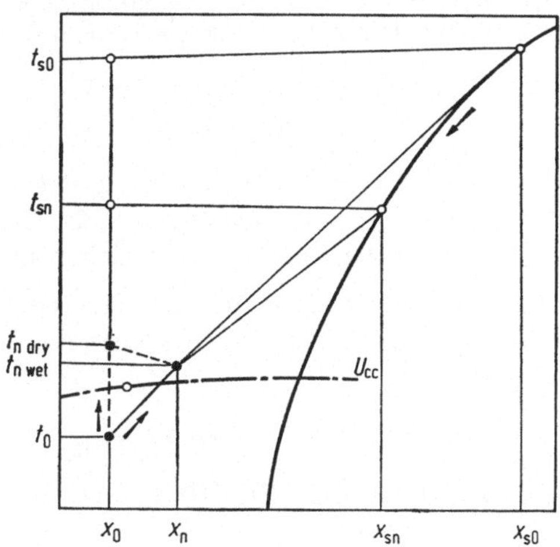

Bild 10.5. Graphische Integration zur Ermittlung von U_{cc} für A durch Mittelwertbildung zwischen o und n.

10.9 Misch- oder Oberflächenkondensator

Für die trockene Wärmeabführung kann sowohl ein Misch- als auch
ein Oberflächenkondensator verwendet werden. Beide Konstruktions-

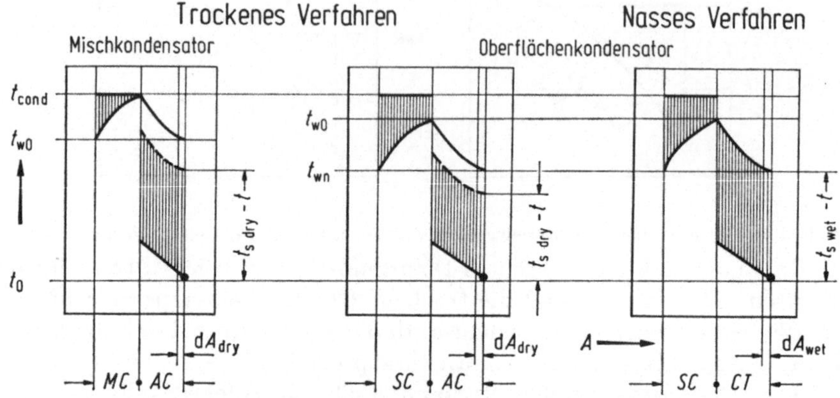

Bild 10.6. Gegenüberstellung der Temperaturdifferenzen bei verschiedenen Kombinationen von
Wärmeaustauschern.
Links: Mischkondensator MC und Trockenluftkühler AC.
Mitte: Oberflächenkondensator SC und Trockenluftkühler AC.
Rechts: Oberflächenkondensator SC und Naßkühlturm CT.

weisen haben Vor- und Nachteile. Für die nasse Wärmeabführung
kommt nur ein Oberflächenkondensator in Betracht, Bild 10.6.

10.10 Relation der Austauschflächen

In Analogie zur Relation der Leistungszahlen, U_{cc}, kann man eine
Relation der Austauschflächen $F = \mathrm{d}A_{\mathrm{dry}}/\mathrm{d}A_{\mathrm{wet}}$ bilden. Aus den
Definitionsgleichungen für die Wärmeströme folgt

$$F = \frac{\mathrm{d}H_{\mathrm{dry}}}{\mathrm{d}H_{\mathrm{wet}}} \left(\frac{t_{\mathrm{s\,wet}} - t}{t_{\mathrm{s\,dry}} - t} + \frac{r_{\mathrm{s}}}{c_{\mathrm{pL}}\,\mathrm{Le}} \frac{x_{\mathrm{s}} - x}{t_{\mathrm{s\,dry}} - t} \right). \tag{10.5}$$

Die Klammerausdrücke von U_{cc} und F sind identisch. Daher kann F,
ebenso wie U_{cc}, dem Diagramm, Bild 10.2, entnommen werden.

Bei Wirtschaftlichkeitsvergleichen kann man davon ausgehen, daß

- U_{cc} die *variablen* (Betriebs-) Kosten,
- F die *fixen* (Investitions-) Kosten
repräsentiert.

10.11 Folgerungen

Das Diagramm, Bild 10.2, läßt deutlich werden, daß die Übertragungsleistung

- des nassen Verfahrens im Jahres- und Tagesverlauf periodischen Schwankungen unterliegt,
- die Schwankungen für das trockene Verfahren aber wesentlich stärker sind.

Im Bild 10.7 ist dieser Sachverhalt vereinfacht dargestellt.

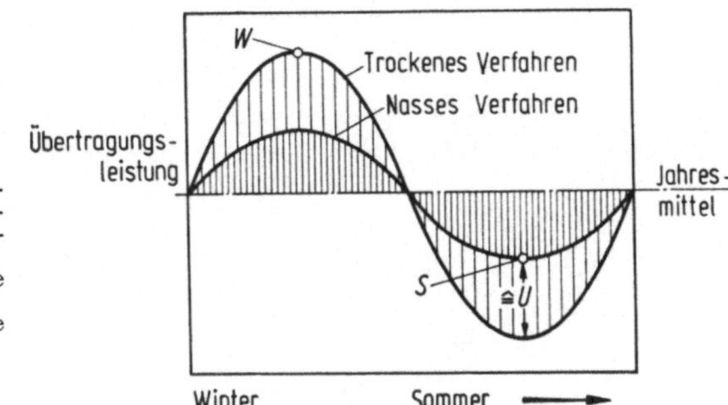

Bild 10.7. Leistungsschwankungen im Jahresverlauf bei trockener und bei nasser Wärmeabführung.
Punkt *W*: Optimale Betriebsweise (trocken) im Winter.
Punkt *S*: Optimale Betriebsweise (naß) im Sommer.

Thermodynamisch relativ günstig ist daher,

- im Winter trocken (Punkt W)
- im Sommer naß (Punkt S)

zu arbeiten. Hinzu kommt:

- in der kalten Jahreszeit wirken sich Nebel, Bodennässe und, gegebenenfalls, Eisensätze besonders nachteilig aus;
- während der heißen Jahreszeit sind die Ursachen und die Auswirkungen dieser Erscheinungen nicht im gleichen Maße gegeben.

Es muß daher angestrebt werden, einen Kühlturm zu schaffen, der im Sommer mit der größtmöglichen Effektivität, im Winter aber mit genügend herabgesetzter Nebelbildung und ohne Tropfenauswurf arbeitet.

10.12 Ausführungsprinzip

Bild 10.8 zeigt in schematischer Darstellung einen Kühlturm, der trocken und naß betrieben werden kann. Es genügt, wenn ein Teil der Kühlluft trocken erwärmt wird. Der Nebel wird dann bei der Vermischung mit dem zweiten, parallel geführten, Luftstrom aufgelöst (vgl. Bild 3.2).

Da bei trockenem Betrieb ein größtmöglicher Luftstrom notwendig ist und jeder unnötige Druckabfall vermieden werden sollte, können die Austauschkörper bei der winterlichen Betriebsperiode entfernt werden.

Im Sommer unterstützt das herabrieselnde Kühlwasser die Wärme-
leitfunktion der Rohrrippen, indem es die Wärme konvektiv von der
warmen Glattrohroberfläche weg transportiert.

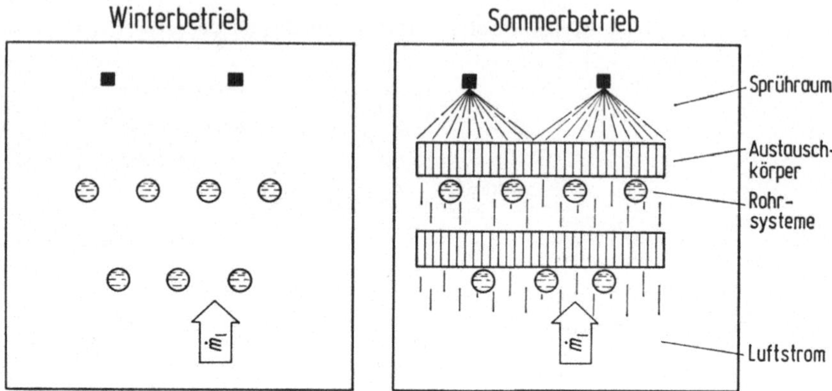

Bild 10.8. Schema eines Kühlturms für kombinierten, trockenen und nassen Betrieb bei Erhöhung
der Luftleistung während des trockenen Betriebes (links) durch Ausschwenken der Austauschkörper.

10.13 Automatische Anpassung an die günstigste Betriebsweise

In dem Schema, Bild 10.9, ist gezeigt, wie der Wechsel zwischen
trockener und nasser Betriebsweise den Erfordernissen optimal angepaßt werden kann. Der Impuls mag von einem Nebel-Visiometer oder
vom Kondensatordruck ausgehen. Wenn beispielsweise bei trockenem
Betrieb ein kritischer Grenzwert für die optimale Anpassung überschritten wird, so bewirkt der Impuls, daß Umwälzpumpen in Betrieb
gehen. Das Kühlwasser verteilt sich über die Austauschkörper. Sein
Gewicht und seine Bewegungsenergie drücken die drehbar gelagerten
Austauschkörper aus einer wagerechten in eine steilere Lage. Die offenen Zwischenräume werden geschlossen. Die Luft kann nicht mehr
seitlich, vorbei an den Austauschkörpern passieren. Sie muß erst
durch die Rohrsysteme und dann durch die nassen Kanäle strömen.
Auf den zusätzlichen Austauschflächen wird bei Sommerbetrieb eine
genügend hohe Verdunstungswirkung erzielt.

Wenn bei winterlichem Wetter der Kondensationsdruck absinkt
und sich Nebelschwaden einstellen, so kann mit dem Abschalten der
Pumpen die Berieselung und damit die Verdunstung ganz oder teilweise
eingestellt werden. Die Austauschkörper trocknen im Luftstrom. Ihr
Gewicht vermindert sich, bis sie sich schließlich von der Auflage ab-
heben und den Luftstrom frei passieren lassen.

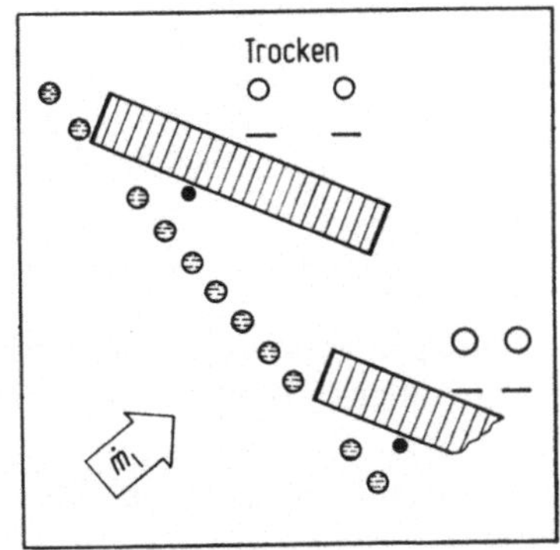

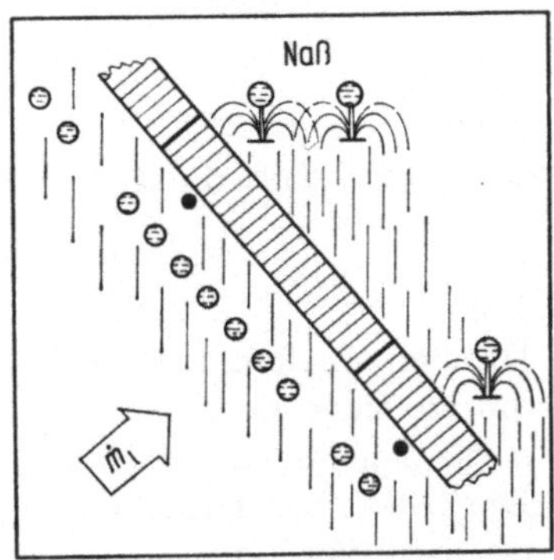

Bild 10.9. Schema eines kombinierten und in der Betriebsweise geregelten Kühlturms.
Links: Die Luft braucht nicht den Widerstand der Austauschkörper überwinden, sie strömt seitlich vorbei.
Rechts: Die Luft durchströmt hintereinander die Rohrsysteme und die berieselten Austauschkörper, letztere werden durch den Wasserdruck bewegt.

10.14 Beispiele für Anwendungsfälle

Bei der Planung eines Kraftwerkes oder einer Kälteanlage mögen folgende Fragen auftauchen:

10.14.1 Auslegung

Um wieviel höher ist der Leistungsbedarf für den Antrieb der Ventilatoren bei trockenem verglichen mit nassem Betrieb?

Aufstellungsort: Chicago, Ill.
Auslegungsbasis: $t_0 = +35\ °\mathrm{C}$
$t_{\mathrm{so}} = +24\ °\mathrm{C}$

- Fall 1
Nur die Wärmeaustauschprozesse werden verglichen. Luftgeschwindigkeiten und Temperaturen des Turbinen-Kreislaufes (bzw. des Kältemittelkreislaufes) bleiben für beide Betriebsweisen gleich.

$$w_{\mathrm{dry}} = w_{\mathrm{wet}},$$

$$t_{\mathrm{s\,dry}} = t_{\mathrm{s\,wet}},$$

Aus dem Zustandsdiagramm 10.2 liest man den Vergleichswert ab:

$$U_{\mathrm{cc(1)}} = 15,5\ .$$

- Fall 2
Da bei gleichen Bedingungen der trockene Prozeß einen mehr als 15-fachen Leistungsaufwand erforderlich macht, soll die Durchtrittsgeschwindigkeit durch die Lamellensysteme herabgesetzt wer-

den

$$w_{\text{dry}} = 0{,}8\, w_{\text{wet}}\,,$$

$$t_{\text{s dry}} = t_{\text{s wet}}\,.$$

Gl. (10.2) liefert dann

$$U_{\text{cc(2)}} = 0{,}8^2\, U_{\text{cc(1)}} = 10{,}0\,.$$

- **Fall 3**

Um den trockenen Prozeß weiterhin günstiger zu stellen, möge für die trockene Oberflächentemperatur ein höherer Wert als für die nasse zugelassen werden.

Die trockenen Lamellensysteme arbeiten dann mit größerer Temperaturdifferenz

$$w_{\text{dry}} = 0{,}8\, w_{\text{wet}}\,,$$

$$t_{\text{s dry}} - t = 2\,(t_{\text{s wet}} - t)\,.$$

Gl. (10.4) zeigt die Entlastung des trockenen Prozesses

$$U_{\text{cc(3)}} = U_{\text{cc(2)}}/2 = 5\,.$$

10.14.2 Einsparungen beim Winterbetrieb

Welcher Überschuß an Austauschleistung wird im Winterbetrieb verfügbar, wenn die Anlage für eine Spitzenlast im Hochsommer ausgelegt ist?

Mittelwerte für den Winter:

$$t_0 = +10\ ^\circ\text{C}\,,$$

$$t_{\text{so}} = +10\ ^\circ\text{C}\,.$$

- **Fall 1.2**

Aus dem Zustandsdiagramm 10.2 entnimmt man den Vergleichswert für den Winter

$$U_{\text{cc(1)}} = 3.1\,.$$

Der relative Überschuß für diese Betriebsperiode ist

$$15{,}5\!:\!3{,}1 = 5{,}0\,.$$

- **Fall 2.2 und 3.2**

Hier gilt Entsprechendes.

Der Überschuß kann auf dreierlei Weise nutzbar gemacht werden:

- durch ein kombiniertes Austauschsystem nach Abschn. 10.13.

Während des Sommers, bei hoher Luftwärme, wird mit Verdunstung gearbeitet.

Während des Winters, bei Gefahr von Nebelbildung, Bodennässe und Glatteis wird trocken gearbeitet.

- durch einen (teilweisen) Stillstand der Ventilatoren. Wenn die Ventilatoren so groß bemessen sind, daß sie dem Luftstrom bei Stillstand keinen nennenswerten Widerstand bieten, kann man im Winter die Antriebsleistung einsparen.
- durch eine Verbesserung des Kreisprozesses — niedrigerer Kondensationsdruck im Winter.

Bei Turbinen ist die Grenze mit den bei zunehmendem Vacuum ansteigenden Strömungsverlusten und mit der Gefahr von Kavitation durch Nässe gesetzt. Bei Kältemaschinen ist die Grenze der Einsparungen erreicht, wenn der Kondensationsdruck im Hinblick auf die Funktion der Einspritzventile nicht mehr unterschritten werden darf.

Literatur zum Kapitel 10

Bakay, A.: Der Kühlturm ohne Dampfschwaden. BWK 25 (1973) 2, 52—54.

Berliner, P.: Dry Versus Wet Heat Transfer Processes. Proc. Int. Conf. Nuclear Solutions to World Energy Problems (ANS Winter Meeting), Washington 1972.

Blanck, D.: Wirtschaftlichkeitsfragen verschiedener Rückkühlverfahren. Techn. Mitt. 65 (1972) 5.

Colburn, A. P.: King, W. J.: Relations between heat transfer and pressure drop. Trans. Am. Inst. Chem. Engn. 26 (1931) 196—207.

Dehne, M. F.: Economical design air-cooled heat exchangers. Chem. Engng. Prog., Cooling Towers (Mon.) 1972, 13—21.

Diehl, H.: Einsatz von Luftkondensatoren im Industriekraftwerk. Energie 15 (1963) 11, 463.

Förster, S., Schröder, B.: Vergleich verschiedener Kühlsysteme für ein 600 MWe-Kernkraftwerk mit Hochtemperaturreaktor und Heliumturbine. BWK 22 (1970) 5, 232—238.

Heller, L., Forgò, L.: Das Luftkondensationsverfahren „System Heller" bei Atomkraftwerken. Allg. Wärmet. 9 (1959) 139—141.

Kelp, F.: Besonderheiten luftgekühlter Kraftwerke. Elektr. Wirtsch. 63 (1964) 23, 824—831.

Krieb, K. H., Zimmermann, F.: Optimierung des kalten Endes. BWK 21 (1969) 3, 120—125.

Raesfeld, A., Schulenberg, F.: Luftkühlung bei Kondensation in Dampfkraftwerken und in der Verfahrenstechnik. Siemens-Z. 33 (1959) 126—137.

Richings, F. A., Lotz, A. W.: Economics of closed vs. open Cooling Water Cycles. Power Engng. (1963) 39—42, 64—67.

Roma, F.: La Centrale termoelettrica „Città di Roma", alimentata a Lignite, della Società Mineraria del Trasimeno, Il Calore 3 (1958) 99—131.

Rossie, J. P.: Dry-type cooling systems. Chem. Engng. Prog., Cooling Towers (Mon.) 1972, 7—12.

Rossie, J. P., Cecil, E. A.: Research on Dry-Type Cooling Towers for Thermal Elektric Generation. Part I, Washington 1970.

Spangenmacher, K.: Direkte und indirekte Dampfkondensation durch Luft und ihre Kombination mit Naßkühltürmen. BWK 21 (1969) 5, 251—255.

Schüller, K.-H.: Das optimale „kalte Ende" von Kondensations-Blockeinheiten. El'wirtsch. 70 (1971) 53—60.

Trenkler, H.: Bedeutung des kalten Endes beim Wasserdampfprozeß für Kernkraftwerke. BWK 19 (1967) 5, 266—269.

Wartenberg, K.: Luftgekühlte Kondensatoren im Dampfkraftwerk. BWK 20 (1968) 2, 65—68.

Wolf, H.: Stand und Technik der Verfahren zur „Trockenen Rückkühlung" sowie deren wirtschaftliche Aussichten, Düsseldorf 1971.

11. Strömungsführung der Luft im Kühlturm

11.1 Aerodynamische Merkmale der Kühltürme

Da die atmosphärische Luft als Kühlmedium für die Wärmeabführung unbeschränkt verfügbar ist, wird man immer bestrebt sein, einen großen Volumstrom auszunutzen.

Kosten entstehen allein durch die Widerstände, die der Luftstrom überwinden muß. Die Widerstände sind zum Teil unabänderlich durch den Mechanismus des Energie- und Stoffaustausches in den Austauschkörpern, Sprühräumen, Prallblechabscheidern usw. bedingt; zum Teil können sie vermindert werden. Es stellen sich zwei Aufgaben:

- Sorgfältige Strömungsführung bei geringstmöglichem statischen und dynamischen Druckverlust.
- Sorgfältige Ausbildung der Strömungsmaschinen für die spezielle Anwendung.

11.2 Strömungsführung und Ventilator-Konstruktion

Die Konstruktion eines Kühlturms läßt sich vom aerodynamischen Standpunkt aus in zwei Kategorien aufgliedern

- in die Strömungsenergie verbrauchenden und
- in die Strömungsenergie zuführenden Bauelemente.

Die ersten kann man unter dem Begriff der Austauschkonfiguration zusammenfassen. Für sie ist die Theorie des Energie- und Stofftransportes zuständig. Die Literatur spiegelt eine kaum übersehbare Zahl von Untersuchungen. Während sich die Laboratoriumswerte gut in die theoretischen Konzeptionen einordnen lassen (vgl. Abschn. 7), liegen die von Messungen an größeren Kühltürmen gewonnenen Übertragungsleistungen niedriger, der Leistungsbedarf ist wesentlich höher. Man drückt sich ungenau aus, wenn man von einem Auseinandergehen von Theorie und Praxis spricht.

Über die Strömungstechnik der Kühltürme liegen wenige Untersuchungen vor.

Zudem wird bei den Bauweisen, die gegenwärtig auf dem Markt sind, den strömungstechnischen Prinzipien weniger Beachtung geschenkt als den thermodynamischen. Oft wird ein handelsüblicher Ventilator einfach am Gehäuse befestigt. Es besteht keine Abstimmung zwischen Strömungsführung und Strömungsmaschine. Die Strömungsmaschine sollte eigens für die spezielle Anwendung gestaltet sein.

11.3 Aerodynamische Mängel

11.3.1 Zu enger Querschnitt am Lufteintritt

Die Luft wird infolge hoher Geschwindigkeit am Eintritt vorwiegend zur gegenüberliegenden Seite strömen, um dort nach oben umgelenkt zu werden. Während also auf dieser Seite zu viel Luft die Austauschkörper passiert, stellt sich am Lufteintritt ein Mangel ein. Es kann sogar eine Rückströmung auftreten.

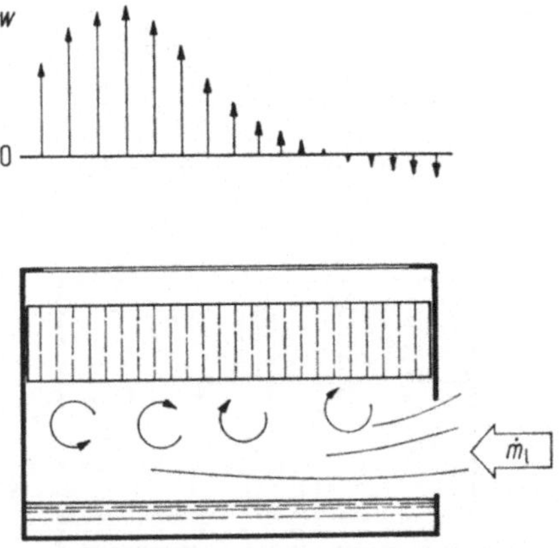

Bild 11.1. Zu enger Querschnitt am Lufteintritt. Rückströmung rechts.

Die ungleichmäßige Luftgeschwindigkeit vermindert die Kühlleistung. An vielen Stellen weicht die Relation zwischen der Luft- und der Wassermenge von der mittleren ab, die die optimale sein sollte.

An der Querschnittsverengung wird überdies infolge der Drosselung der Druckverlust unnötig erhöht.

Wo zudem das Kühlwasser durch den Düsendruck oder durch eine Aufprallwirkung zu einem hohen Anteil in kleine Tropfen zersprüht, werden diese Tropfen im Querschnittsbereich der hohen Luftgeschwindigkeiten leicht mitgerissen.

Bei Kühltürmen mit natürlichem Zug begrenzt man aus bautechnischen Gründen die Eintrittshöhe. Bei einer im ganzen Strömungsverlauf konstanten Luftgeschwindigkeit wäre andernfalls für 100 m Durchmesser die Höhe der Säulen 25 m!

8*

Hinzu kommt, daß das umgewälzte Kühlwasser um eine geodätische Förderhöhe gehoben werden muß, die von der Eintrittshöhe der Luft bestimmt wird.

Aus diesen Gründen werden bei den Kühltürmen mit natürlichem Zug aerodynamische Erfordernisse hintenangestellt.

Bei Ventilatorkühltürmen in Zellenbauweise umgeht man die Schwierigkeit. Man ordnet die einzelnen Zellen zu Paaren in der Hauptwindrichtung an. Die Eintrittshöhe kann dann genügend groß bemessen werden, aber man hat bei großen Leistungen eine lange Kühlturmkette.

11.3.2 Auflagen bilden Windschatten

Die Luftströmung wird durch alle Einbauten behindert, die quer zur Strömungsrichtung liegen. Es entsteht ein zusätzlicher Druckverlust, der sich besonders bei hohen Geschwindigkeiten merklich auswirkt.

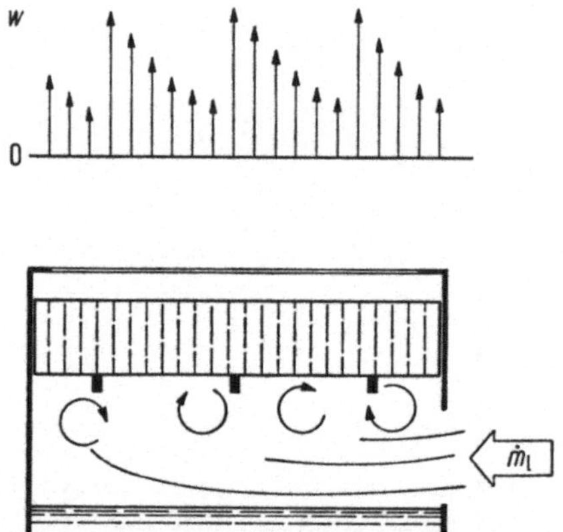

Bild 11.2. Auflagebalken bilden Windschatten.

Wenn zudem die Auflageroste und Tragprofile Austauschkörper unterstützen, die senkrecht durchlaufende Kanäle aufweisen, so kann sich der Luftstrom hinter solchen Barrieren nicht allmählich ausgleichen. Es treten unmittelbar hinter den Auflagen Windschatten auf. Die Übertragungsleistung der Austauschkörper ist an diesen Querschnitten verminderter Luftgeschwindigkeit herabgesetzt.

11.3.3 Trichterförmige Einschnürungen vor Ventilatoren

Wenn der beregnete Querschnitt eines Kühlturms wesentlich größer ist als der Ansaugquerschnitt des Ventilators, so wird der Unterschied durch eine trichterförmige Einschnürung des Gehäuses überbrückt. Für die Strömungsführung im Gehäuse bringt dies keinen Nachteil mit sich. Jedoch die Leistung handelsüblicher Ventilatoren wird durch

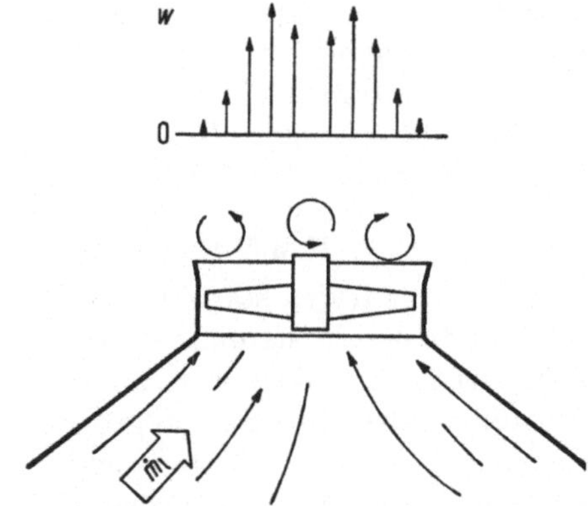

Bild 11.3. Trichterförmige Einschnürung vor dem Ventilator.

die trichterförmige Anströmung vermindert. Die nach innen gerichtete Strömung setzt sich im Schaufelrad fort; denn bei den relativ niedrigen Drücken wird die Strömung kaum umgelenkt. Der Ventilator hat nicht die koaxiale Anströmung, für die er berechnet ist. Die Strömung löst sich von der Wandung. Ein Absinken des Wirkungsgrades ist die Folge. Die Meßwerte, die gewöhnlich an einer langen, zylindrischen Versuchsstrecke aufgenommen sind, können nicht auf den Einbaufall übertragen werden.

11.3.4 Zu kleiner Ventilator

Wenn ein Ventilator zu klein bemessen ist, d. h., wenn aus Gründen falscher Sparsamkeit der Ansaugquerschnitt zu gering ist, so wird die Luft in den Engpässen — bei Zentrifugalventilatoren auch im Spiralgehäuse — auf eine hohe Geschwindigkeit gebracht. Der dynamische Druck steigt mit dem Quadrat der Geschwindigkeit. Das mag bei

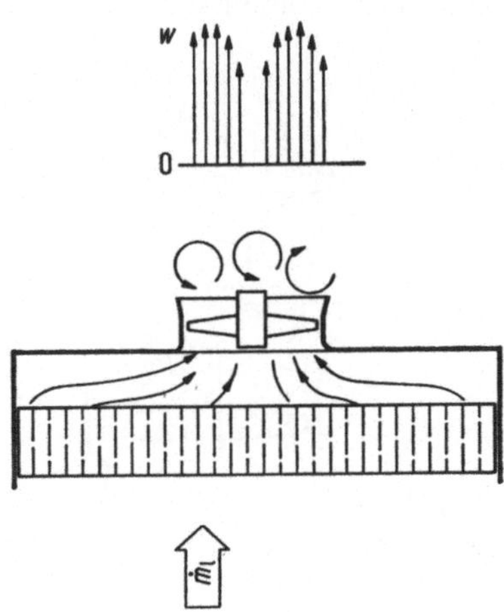

Bild 11.4. Zu kleiner Durchmesser des Ventilators.

den vielen Anwendungen von Ventilatoren mit hohem statischen
Druckanteil unbeachtlich sein. Bei Kühltürmen hingegen ist der statische Druckanteil gering. Hier kann ein hoher dynamischer Anteil
zu merklichen Steigerungen des Leistungsbedarfs führen. Kühltürme
erfordern daher große Ventilatoren.

11.3.5 Ungeeignete Diffusoren

Gerade bei niedrigen statischen Drücken ist die Strömungsenergie
der Luft hinter dem Schaufelrad anteilig groß. Sie geht mit der Verwirbelung der Luft praktisch verloren.

Man sollte daher durch einen großen Durchmesser am Luftaustritt
für niedrige Geschwindigkeiten und damit für möglichst geringe
Energieverluste durch Turbulenz sorgen.

Soweit ein trichterförmiger Kanal hinter dem Schaufelrad die Rezirkulation der erwärmten Luft und die Belästigung der Nachbarschaft
durch Nebelschwaden eindämmen soll, kann man dagegen wenig ein-
wenden. Eine zusätzliche Leistung wird man indessen gewinnen, wenn
man nicht die Düse hinter dem Schaufelrad verlängert, sondern mit
dem gleichen Effekt den Bauaufwand zur Erhöhung des Austauschraumes nutzbar macht.

Wenn ein von der Ventilatorturbulenz verbleibender Rest an Strömungsenergie zurückgewonnen werden soll, so muß der Diffusor richtig
bemessen und glatt ausgekleidet sein. Ist der Öffnungswinkel zu groß,
so löst sich die Strömung von der Wandung (Bild 11.5a).

Bei Zentrifugalventilatoren, die meist drückend angeordnet sind,
wird die Luft mit einer Geschwindigkeit von mehr als 30 m/s in einen
kleinen Sprühraum unter die Austauschkörper geblasen. Die Strömungsenergie geht in einer heftigen Verwirbelung verloren. Diese
Kühltürme haben einen um das Dreifache erhöhten Leistungsbedarf.

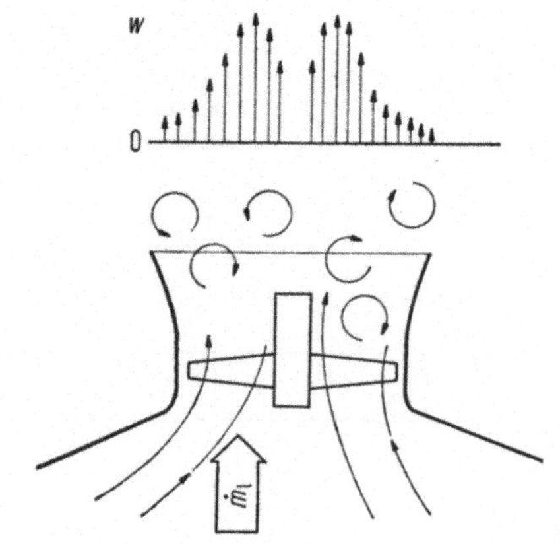

Bild 11.5a. Ungeeignete Diffusoren — Axialventilator.

Die Kosten für den Antrieb übersteigen gewöhnlich schon nach zwei Betriebsjahren die Anschaffungskosten.

Mit einer prismatischen Strömungsführung zwischen Ventilator und Austauschraum, Bild 11.5b, kann man Strömungsenergie nicht zurückgewinnen.

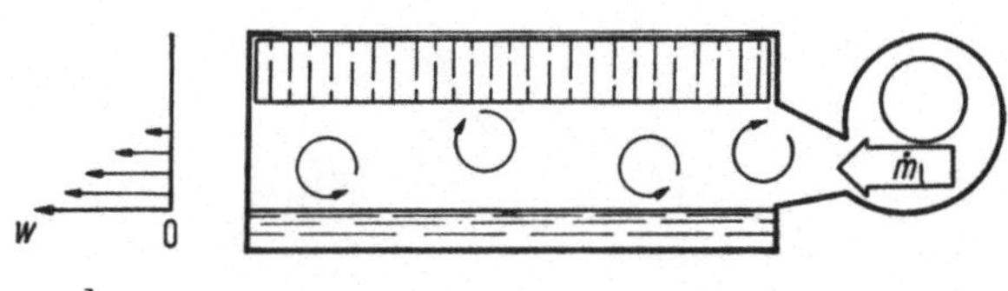

Bild 11.5b. Ungeeignete Diffusoren — Zentrifugalventilator.

11.3.6 Zu dichte Aufstellung

Wenn zwei Kühltürme (oder zwei Kühlturmzellen) zu dicht nebeneinander aufgestellt sind, so kann der eine die Luftansaugung des anderen beeinträchtigen. Bei Wind wird das Übel verstärkt. Um den Windeinfluß zu mildern, ordnet man die Kühlturmzellen in der Windrichtung an, die während der sommerlichen Spitze am häufigsten auftritt.

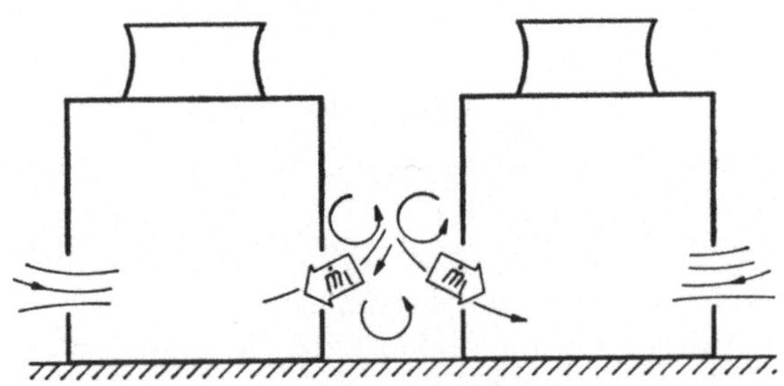

Bild 11.6. Zu dichte Aufstellung von Kühlturmzellen.

11.3.7 Rezirkulation

Bei Windstille und Aufstellung im Freien wird die im Kühlturm erwärmte Luft zum Teil von neuem angesaugt. Meist bewegt sich dieser Anteil in der Größenordnung von 5% bis 10%, so daß er vernachlässigt werden kann.

Bei Kühltürmen mit natürlichem Zug ist die Rezirkulation verschwindend gering. Sie kann nur auftreten, wenn sich die Windstille mit einer inversen Temperaturschichtung in der unteren Atmosphäre verbindet.

Bei Kühltürmen mit Ventilator kann man die Rezirkulation praktisch beseitigen, wenn man die Kühltürme auf freien Dachflächen aufstellt. Natürlich ist auch zu vermeiden, daß ungünstig angeordnete

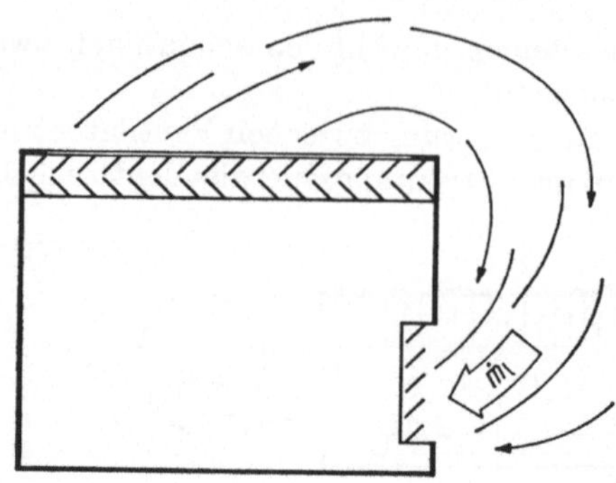

Bild 11.7. Unnötige Steigerung der Rezirkulation durch unzweck-mäßige Anordnung der Tropfen-abscheider.

Leitbleche der Prallblechabscheider und der Jalousien am Lufteintritt die Rezirkulation geradezu fördern (Bild 11.7).

11.3.8 Fazit

Am Beispiel der geschilderten Mängel wird deutlich, daß die Grundkonzeption eines modernen Kühlturms in gleicher Weise thermo- wie aerodynamisch entwickelt werden muß. Die vielfältigen Variablen der Konstruktion müssen sich nach einer Bewertung und nach einer Prioritätsentscheidung zu einem geschlossenen Ganzen zusammenfügen lassen.

11.4 Aufstellungsbedingungen

Bei der Gestaltung eines Kühlturms muß man von der Berandung der Luftströmung ausgehen, die von der Umgebung her diktiert ist. Bild 11.8 zeigt das Schema. Die Luft wird gewöhnlich waagerecht, entlang der Aufstellungsebene zuströmen.

Bei einer Aufstellung im Freien wird sie senkrecht nach oben abströmen. Dabei ist gleichgültig, ob der Luftstrom durch den Auftrieb eines Kamins oder durch die mechanische Energie eines Ventilators gefördert wird.

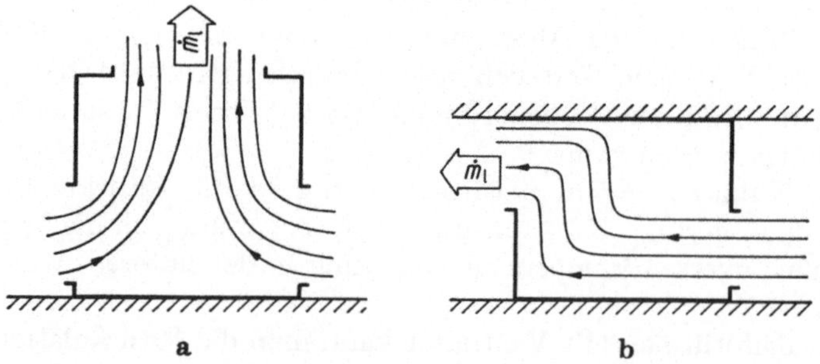

a   b

Bild 11.8. Aufstellungsbedingungen eines Kühlturms als Voraussetzung für seine aerodynamische Gestaltung.
a) Aufstellung im Freien, b) Aufstellung in Räumen.

Bei einer Aufstellung in Gebäuden ist die Bauhöhe des Kühlturms durch die Raumhöhen begrenzt. Die Luft muß waagerecht abströmen.

11.5 Strömungsführungen

Fassen wir den ersten Fall — waagerechte Zuströmung, senkrechte Abströmung — ins Auge, so ergeben sich drei Anordnungsmöglichkeiten für die Austauschkonfiguration (Bild 11.9):

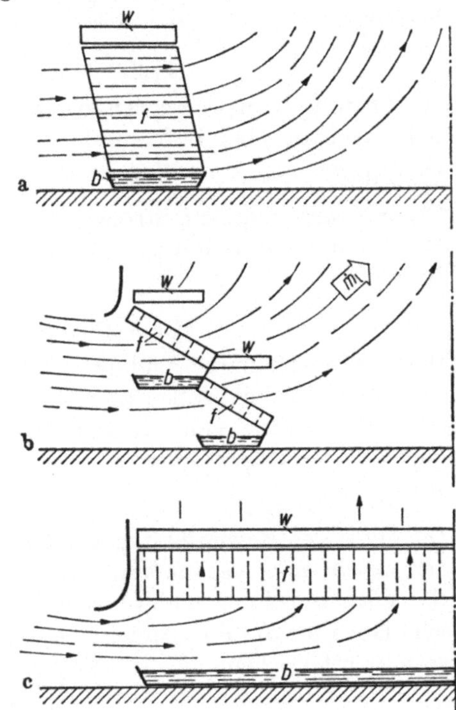

Bild 11.9. Prinzipielle Anordnung der Austauschkörper.
a) Kreuzstrom; b) Diagonalstrom;
c) Gegenstrom.
w Berieselung
f Austauschkörper
b Auffangbecken

11.5.1 Kreuzstrom

Zum Unterschied zum Gegenstrom trifft die Luft sofort am Eintritt auf die Austauschkörper. Sie durchströmt diese in waagerechter Richtung.

Vorteile:

Die Austauschkörper können den ganzen Raum der verfügbaren Konstruktionshöhe, vom Wasserspiegel der Auffangwanne bis hinauf zur Wasserverteilung, füllen.

Als waagerechte Lattenroste bieten sie einen geringen Luftwiderstand.

Der Luftstrom wird nicht durch die Wasserverteilung behindert; diese liegt außerhalb des Luftstromes. Da die waagerechte Erstreckung der berieselten Fläche gering ist, kann die Wasserverteilung schmal sein. Meist genügt eine Lochwanne, die leicht zugänglich ist.

Aus dem gleichen Grunde kann das Auffangbecken klein sein.

Eine Abweichung der Luftleistung von der optimalen wirkt sich nicht so nachteilig wie beim Gegenstrom aus. Auch die sonstigen realen Abweichungen vom Modell der Berechnung bringen nicht eine so starke Leistungseinbuße mit sich. Bei vielen Konstruktionen und Betriebsbedingungen kommt der Kreuzstrom dem realen Gegenstrom nahe.

11.5.2 Gegenstrom

Die Austauschkörper werden in genügender Höhe über dem Wasserspiegel eingebaut. Die Luft durchströmt sie in senkrechter Richtung.

Vorteile:

- Theoretisch günstigste Strömungsführung.
- Der Raum unter den Austauschkörpern wird als Sprühraum ausgenutzt.

11.5.3 Diagonalstrom

Die Austauschkörper sind in Kaskaden angeordnet. Das Kühlwasser fällt selbst bei großen Kühltürmen nicht mehr als um die optimale Austauschhöhe von ca. 2 m. Die Luft durchströmt die Austauschkörper im Gegenstrom.

Vorteile:

- Die günstigen Eigenschaften von Kreuzstrom und Gegenstrom werden miteinander verbunden.
- Namentlich, bei den Kühltürmen für Kraftwerke kann die geodätische Höhe für die Pumpenleistung durch eine Kaskadenanordnung vermindert werden.

11.6 Saugende und drückende Anordnung der Ventilatoren

Eine saugende Anordnung der Ventilatoren gewährleistet eine gleichmäßige Verteilung der Luft im Austauschraum ohne zusätzliche Leitvorrichtungen.

Wenn die Luft nicht frei nach oben ausgeblasen werden kann, müssen Luftkanäle angeschlossen werden. Man nimmt meist Zentrifugalventilatoren in drückender Anordnung, weil sie bei höheren Drükken, hinsichtlich Geräuschhöhe und Frequenzspektrum günstiger sind.

Der Luftaustritt aus dem Spiralgehäuse wird möglichst tief angeordnet. Der Antriebsmotor kann auf dem Boden aufgestellt werden; das Gehäuse braucht nicht für das hohe Motorgewicht ausgelegt zu werden. Der Antrieb — meist über Keilriemen — ist für die Wartung bequem zugänglich.

Die Turbulenz im Luftstrom, die bei saugender Anordnung verlorengeht, kann — allerdings in engen Grenzen — zur Steigerung der Verdunstungsleistung nutzbar gemacht werden.

Das Gehäuse ist unten nahezu geschlossen; es können nicht aus dem Austauschraum Tropfen herausgeschleudert werden.

Bei einer älteren amerikanischen Bauweise, die für eine Aufstellung in Räumen geeignet ist, arbeitet ein Axialventilator in saugender Anordnung. Das Schaufelrad wird von einem Motor angetrieben, der auf dem rechteckigen Blechgehäuse befestigt ist. Die Luft durchströmt das Blechgehäuse waagerecht im Kreuzstrom. Das Kühlwasser rieselt von einer einfachen Lochwanne aus, die zugleich als Abdeckung dient, auf die Lattenroste. Die Bauart zeigt, wie sich Thermo-, Aero- und Hydrodynamik in einer geschickten Konstruktion vorteilhaft ergänzen.

Literatur zum Kapitel 11

Hilgeroth, E.: Einfluß der Strömungsverhältnisse vor und hinter Axialventilatoren auf den Kennlinienverlauf. HLH 23 (1972) 2, 40—43.

Hirsch, G., Lürenbaum, K.: Schwingungen von Ventilatorkühltürmen. VDI-Ber. 69 (1963) 41—47.

Zembaty, W., Konikowski, T.: Aerodynamischer Widerstand von Kühltürmen. BWK 23 (1971) 10, 441—445.

12. Ventilatoren für Kühltürme

12.1 Die drei Bewertungsmaßstäbe

Die Güte eines Ventilators ist nach aerodynamischen, akustischen und produktionstechnischen Gesichtspunkten zu beurteilen. Es ist anzustreben, daß

- Leistungsbedarf   (Abschn. 12.2)
- Geräuschentwicklung (Abschn. 12.5)
- Herstellungsaufwand (Abschn. 12.6)

zu einem Minimum werden.

Da diese Größen in verschiedenen Einheiten gemessen werden, kann man sie nicht zahlenmäßig vergleichen und ein gemeinsames Minimum definieren. Man kann den Leistungsbedarf, den Geräuschpegel und die Herstellkosten für verschiedene Bauweisen in Abhängigkeit vom Schaufelraddurchmesser auftragen — Bild 12.2; 12.3; 12.9; 12.11 — und danach getrennte Bewertungsmaßstäbe anlegen. Da die Herstellkosten von den jeweiligen betrieblichen Gegebenheiten und von sonstigen nichttechnischen Größen abhängig sind, kann man an ihrer Stelle das Gewicht als Bewertungsmaßstab anwenden. Ein niedriges Gewicht des Schaufelrades ist für Kühltürme, wie noch näher auszuführen sein wird, von besonderer Bedeutung.

12.2 Leistungsbedarf

Beschränkt man sich auf die für die Kühlturmtechnik entscheidenden Gesichtspunkte, so ist es nicht angebracht, eine Verbesserung der aerodynamischen Formgebung von Schaufelgittern anzustreben. Ein solches Bemühen wäre auch nicht aussichtsreich. Die Entwicklung hat — wie die Cordier-Kurve zeigt — einen Stand erreicht, der eine weitere Verbesserung der Schaufelgitter nicht mehr erwarten läßt. Das Bestreben, den Leistungsbedarf der Ventilatoren für Kühltürme zu verringern, muß an einem anderen Punkt ansetzen.

12.3 Statischer und dynamischer Druckanteil

Das Fördermedium der Kühlturmventilatoren, die atmosphärische Luft, steht unbeschränkt und ohne Kosten zur Verfügung (Abschn. 11.1); man muß einen großen Volumenstrom bei einem möglichst geringen Druckabfall fördern, Bild 12.1.

Der statische Druckanteil kann durch eine sorgfältige Durchbildung der Strömungswege gesenkt werden.

Der dynamische Druckanteil gewinnt mit sinkendem statischen Anteil an Bedeutung. Der Zusammenhang erklärt sich aus der Defi-

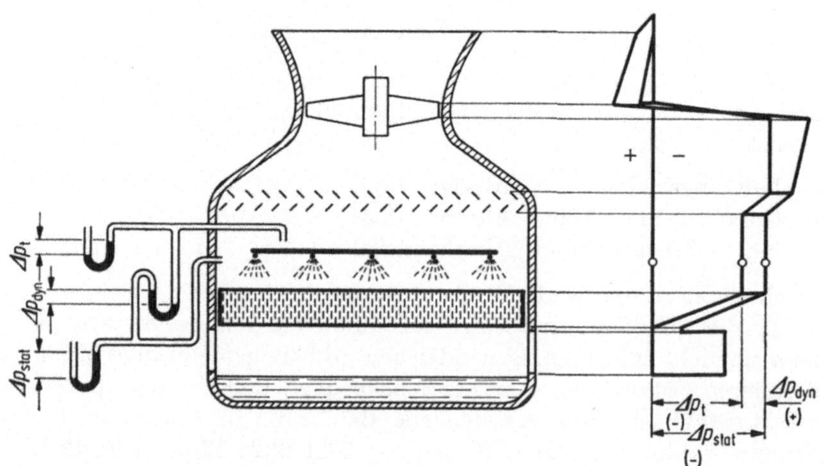

Bild 12.1. Schema des Verlaufes des statischen und des dynamischen Druckes in einem Kühlturm.

nition der beiden Anteile als Summanden des Gesamtdruckes. Er drückt sich in der Gleichung für den Leistungsbedarf aus:

$$\dot{E} = (\Delta p_{\text{stat}} + \Delta p_{\text{dyn}})\,\frac{\dot{V}}{\eta}\,[\text{W}]\,. \tag{12.1}$$

Die einzige Chance, den Leistungsbedarf eines Kühlturmventilators bei gegebener Schaufelform und unveränderlichen Widerständen zu senken, liegt in der Verminderung des dynamischen Druckanteils; der Schaufelraddurchmesser muß vergrößert werden.

Das ist eine alte Einsicht. Man kann für einen Anwendungsfall entweder einen großen, entsprechend schweren und teuren, Ventilator mit niedrigem Leistungsbedarf oder eine kleine Baugröße auswählen, bei der das Gegenteilige zutrifft.

Das Diagramm, Bild 12.2, zeigt die Bedeutung eines großen Schaufelraddurchmessers; der sogenannte Reaktionsgrad $\Delta p_{\text{stat}}/\Delta p_{\text{ges}} = \mathfrak{r}$ (static efficiency) sollte bei Kühlturmventilatoren möglichst über 0,9, keinesfalls aber unter 0,6 liegen.

Das eingezeichnete Beispiel veranschaulicht den Zusammenhang. Wenn bei einem Luftdurchsatz von 20 m³/s der Schaufelraddurchmesser von 2300 mm bei unveränderter aerodynamischer Form auf 1800 mm verringert wird, so steigt bei einem statischen Druck von $\Delta p_{\text{stat}} = 100$ N/m² der Leistungsbedarf von 3,2 kW auf 4,1 kW, d. h. um 28%!

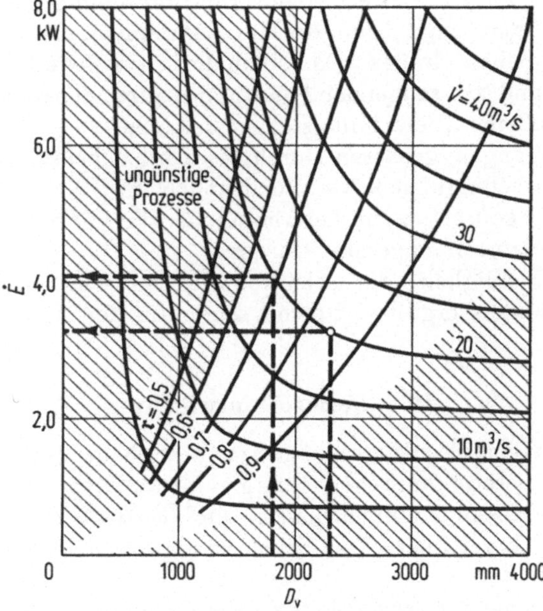

Bild 12.2. Leistungsbedarf eines Axialventilators E (kW) in Abhängigkeit vom Schaufelraddurchmesser D_V (mm), von der Förderleistung $\dot{V}$ (m³/s) und dem Reaktionsgrad $\mathfrak{r}$ (—).

Das Diagramm beruht auf der Definitionsgleichung

$$\dot{E} = \left[\frac{\zeta}{8} \frac{4L}{D_{\mathrm{hydr}}} \varrho \left(\frac{\dot{V}}{(\pi/4)\, D_{\mathrm{T}}^2} \right)^2 + \frac{\varrho}{2} \left(\frac{\dot{V}}{(\pi/4)\, D_{\mathrm{V}}^2 (l - v^2)} \right)^2 \right] \frac{\dot{V}}{\eta}\ [\mathrm{W}]\,.$$

(12.2)

Man erkennt sofort den entscheidenden Einfluß des Schaufelrad-durchmessers D_{V}. Der dynamische Druckanteil sinkt in der *vierten* Potenz des Kehrwertes von D_{V} (Affinitätsgesetz)!

Das Entsprechende gilt für den Durchmesser des Kühlturms im Querschnitt der Austauschkörper, D_{T}. Der statische Druckanteil sinkt in der *vierten* Potenz des Kehrwertes von D_{T}!

Ein Aufwertungsfaktor, der die Überlegenheit der großen Flügel-durchmesser noch erhöhen würde, ist in der Gleichung und im Diagramm nicht berücksichtigt.

12.4 Belastung des Antriebs

Wenn der Leistungsbedarf eines Ventilators durch eine Vergröße-rung des Schaufelraddurchmessers gesenkt wird, so ist zu bedenken, daß damit zugleich Moment und Gewicht des Schaufelrades ansteigen.

Das Antriebsaggregat — Motor und Getriebe — ist bei verminder-tem Leistungsbedarf kleiner. Es hat eine dünnere Welle und schwä-chere Lager. Die schwächere Ausführung muß ein größeres Drehmo-ment beim Anlauf und beim Auslauf aufnehmen. Der Achsialdruck des größeren Schaufelrades wird zudem die schwächere Lagerung durch das Gewicht und (bei saugender Anordnung) durch den statischen Druck auf einen größeren Querschnitt stärker belasten.

Der Übergang zu größeren Durchmessern hat bei solchen ungünsti-gen Antriebsbedingungen verschiedentlich zu Wellenbrüchen und Lagerschäden geführt, wenn herkömmliche, für stärkere Antriebe aus-gelegte Ventilatoren eingesetzt wurden.

Die Notwendigkeit, die Schaufelräder für den Kühlturmbetrieb leicht auszubilden, ergibt sich somit schon aus den Antriebsbedingun-gen.

12.5 Geräuschentwicklung

Die von einem Ventilator abgestrahlte Schalleistung steht in Be-ziehung zur aerodynamischen Energieumwandlung. Das Verhältnis der beiden Größen ist dimensionslos und wird als ‚akustischer Um-setzungsgrad‘ bezeichnet. Der Zahlenwert ist sehr klein. Er liegt bei $3\, \Delta p_{\mathrm{stat}} \cdot 10^{-8}$.

Man kann danach erwarten, daß die Geräusche von einem Axial-ventilator mit dem Leistungsbedarf sinken. Die empirischen Gebrauchsformeln tragen diesem Zusammenhang Rechnung. So kann mit einer Bezugsleistung $\dot{E}_0$ allgemein folgender Zusammenhang formuliert werden:

$$L_p = \mathrm{const} + 10 \log (\dot{E}/\dot{E}_0)\ [\mathrm{d}B]\ .$$

Ein Axialventilator mit vergrößertem Schaufelraddurchmesser und somit geringerem dynamischen Druck, der einen verminderten Leistungsbedarf hat, wird folglich weniger Geräusche abstrahlen.

Das Diagramm, Bild 12.3, veranschaulicht die Abhängigkeit des Geräuschpegels vom Schaufelraddurchmesser für verschiedene Luftmengen.

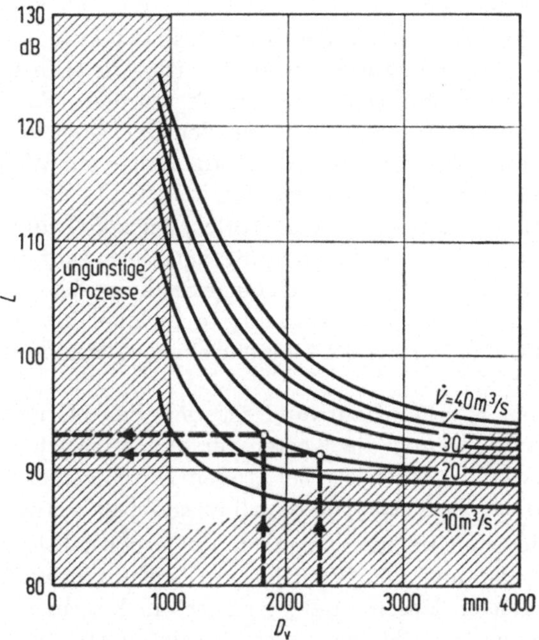

Bild 12.3. Geräuschpegel eines Axialventilators L (dB) in Abhängigkeit vom Schaufelraddurchmesser D_V (mm) und von der Förderleistung $\dot{V}$ (m³/s).

Für die Beurteilung der Geräusche hinsichtlich ihrer Lästigkeit ist neben dem Geräuschpegel das Frequenzspektrum von Bedeutung. Auch in dieser Beziehung sind Schaufelräder mit vergrößertem Durchmesser überlegen. Bei gleicher Umfangsgeschwindigkeit haben sie eine niedrigere Drehzahl und damit eine niedrigere Grundfrequenz. Niedrigere Frequenzen, also tiefe Töne, werden vom menschlichen Ohr als nicht so störend empfunden wie hohe.

Die Grundfrequenz ist weiterhin von der Flügelzahl abhängig. Wenn es sich als vorteilhaft erweist, ein Schaufelrad mit nur zwei

Schaufelprofilen auszulegen, so wirkt sich diese, aus Festigkeitsgründen getroffene Maßnahme auch hinsichtlich der Geräuschentwicklung günstig aus.

12.6 Herstellungsaufwand

Wenn die Herstellkosten eines großen Ventilators so weit gesenkt werden sollen, daß er den marktgängigen Bauarten überlegen ist, so müssen in der Konstruktion die Erfordernisse der Strömungstechnik mit denen der Festigkeit und der Fertigungstechnik vereint sein.

Der Herstellungsaufwand gliedert sich in den Aufwand für Werkstoff und Bearbeitung.

Was den Werkstoffaufwand anbetrifft, so läßt sich dieser verringern, wenn ein sehr dünnes Material anwendbar ist. Die erforderliche Steifigkeit muß durch Wölbungen u. ä. erzielt werden. Schwache Stellen in der Konstruktion wie beispielsweise der Übergang vom Schaufelfuß zur Nabe oder der Übergang von der Nabenmitte zur Welle müssen mit besonderer Sorgfalt ausgebildet werden.

Mit der Anwendung eines Werkstoffes, der auf Grund seiner Festigkeit und der vorgesehenen Bearbeitungsverfahren sehr dünn sein kann, wird nicht nur der Forderung nach einer Senkung des Herstellungsaufwandes Genüge getan. Das verminderte Gewicht gibt zudem die Gewähr, daß die im Abschn. 12.4 beschriebenen, erhöhten Belastungen nicht auftreten.

Neben dem Werkstoffaufwand ist der Bearbeitungsaufwand zu senken. Hierzu gehören die Kosten für das Auswuchten. Ein dynamisches Auswuchten erfordert bei großen Durchmessern entsprechend große Maschinen, die meist nicht voll ausgenutzt werden.

Ergänzend sind die Einsparungen zu berücksichtigen, die sich sekundär, bei den mit den Ventilatoren verbundenen Bauteilen des Kühlturms erzielen lassen. Bei verringertem Leistungsbedarf werden die Beschaffungs- und Betriebskosten für den (Getriebe-) Motor herabgesetzt. Weiterhin lassen sich Einsparungen an der Gehäusekonstruktion erzielen. So kann die nachteilige trichterförmige Einschnürung des Gehäuses — Abschn. 11.3.3 — bei großen Schaufelraddurchmessern entfallen. Die Gewichtsbelastung des Gehäuses ist bei kleineren Motoren geringer.

12.7 Fazit

Hiermit sind die Möglichkeiten skizziert, die der Konstruktion offenstehen. Es ergab sich nun die Aufgabe, diese Gedanken zu verwirklichen. Am Beispiel von drei unterschiedlichen Konstruktionen soll dies im folgenden veranschaulicht werden.

12.8 Axialventilator aus glasfaserverstärktem Polyester mit getrennten Schaufeln

Glasfaserverstärktes Polyesterharz oder Epoxydharz bietet als Werkstoff für Kühlturmventilatoren zahlreiche Vorteile:

- Hohe Zugfestigkeit
- Gute Witterungsbeständigkeit
- Glatte Oberflächen
- Leichte Verformung im zähflüssigen Zustand zu gewölbten Körpern
- Geringe Modell- und Arbeitsform-Kosten

Zunächst übernahm man für den neuen Werkstoff die gleichen Konstruktionen, die sich aus der Metallfertigung ergeben hatten. Dort werden die Schaufeln gewöhnlich auf einer Helling mit Spanten im Innern aufgebaut. Später hat man den Hohlraum der Schaufeln zur besseren Versteifung ausgeschäumt.

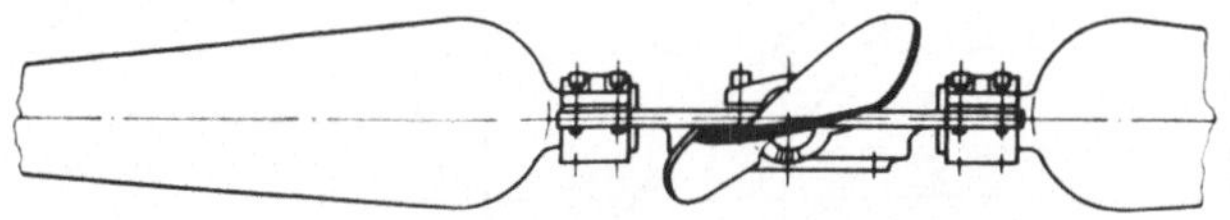

Bild 12.4. Axialventilator für Kühltürme mit Schaufeln aus glasfaserverstärktem Polyester. Jede der vier Schaufeln ist getrennt an der Nabe befestigt (Bauart Stork, Hengelo, Niederlande).

Die schwache Stelle bei Schaufeln aus einem glasfaserverstärktem Duroplast ist der Übergang der Polyesterschale auf den Dorn aus Metall — Bild 12.4.

Der Anstellwinkel ist bei Stillstand, und, bei höherem Aufwand, (hydraulisch, elektrisch oder mechanisch) im Betrieb verstellbar.

12.9 Axialventilator aus glasfaserverstärktem Polyester als ungeteilter Formkörper

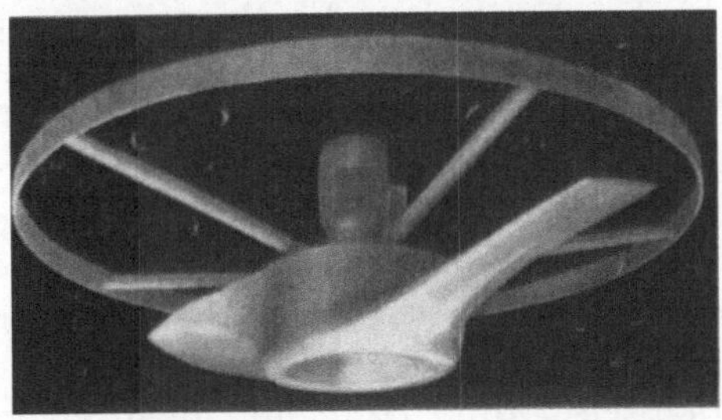

Bild 12.5. Axialventilator für Kühltürme. Schaufeln und Nabe bilden einen ungetrennten Formkörper aus sehr dünnem, glasfaserverstärktem Polyester (US-Patent 3133596).

Bild 12.5 zeigt eine Konstruktion, die ausschließlich für den Kühlturmbetrieb entwickelt wurde. Der verhältnismäßig kleine Getriebe-

motor wird sofort auffallen. Es gelang mit dieser Konstruktion, den
Leistungsbedarf gegenüber herkömmlichen Zentrifugalventilatoren auf
rund ein Drittel zu senken!

Das ungewöhnlich niedrige Gewicht — bei 2,00 m Durchmesser
nur 7 kg — erklärt sich aus der Bauweise. Flügel und Nabe bestehen
aus einer dünnen Haut ohne jegliche innere Einbauten zur Versteifung.
Charakteristisch ist der ununterbrochene Übergang dieser Haut vom
Schaufelfuß zum Nabenkörper.

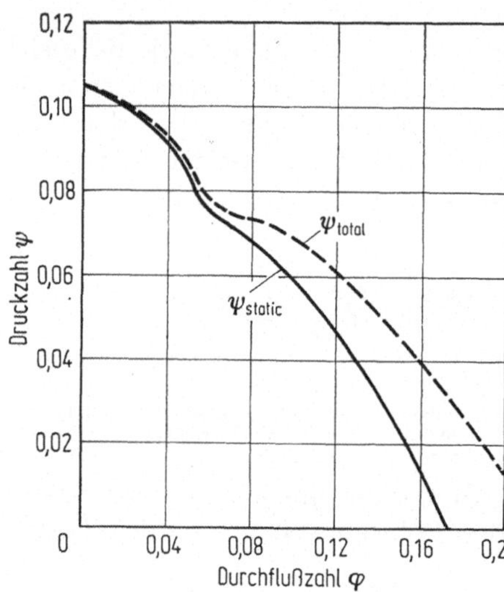

Bild 12.6. Auf den Gesamtdruck und auf den statischen Anteil bezogene Druckzahl ψ des zweiflügeligen Axialventilators nach Bild 12.5 in Abhängigkeit von der Durchflußzahl (nach *Berliner/Rákóczy*).

Nachteilig ist, daß der Anstellwinkel nicht verändert werden kann.
Bei serienmäßig produzierten Kühltürmen, die mit unveränderlichem
aerodynamischen Betriebspunkt arbeiten, ist indessen eine Änderung
des Anstellwinkels und damit eine Trennung von Flügel und Nabe
nicht erforderlich. Die Festlegung der Bauweise auf einen engen Betriebsbereich wird durch einen entscheidenden Vorteil mehr als aufge-
wogen: gerade an der kritischen Belastung am Schaufelfuß behält die
dünne Haut aus glasfaserverstärktem Polyester ihre volle Festigkeit.
Allein der ununterbrochene Übergang vom Schaufelfuß zur Nabe
ermöglicht die extreme Senkung des Gewichts.

Das Diagramm, Bild 12.6, zeigt die Kennlinie des Ventilators in
dimensionsloser Darstellung. Vergleicht man den Wirkungsgrad dieser
zweiflügeligen Bauweise, Bild 12.7, mit dem einer vierflügeligen,
Bild 12.8, die nach den gleichen aerodynamischen Prinzipien gestaltet
ist, so erkennt man, daß keine der anderen nachsteht.

Bei der Formgebung wurden verschiedene Tragflügelprofile angewendet. Außen ist ein Profil mit hoher Gleitzahl vorgesehen; innen,

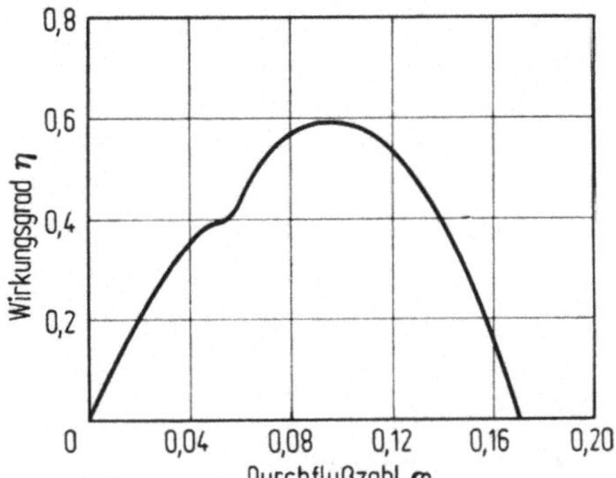

Bild 12.7. Wirkungsgrad, auf den statischen Druckanteil bezogen, eines herkömmlichen Axialventilators für niedrige Drücke in Abhängigkeit von der Durchflußzahl (Durchmesser des Versuchsrades 450 mm)(nach *Berliner/Rákóczy*).

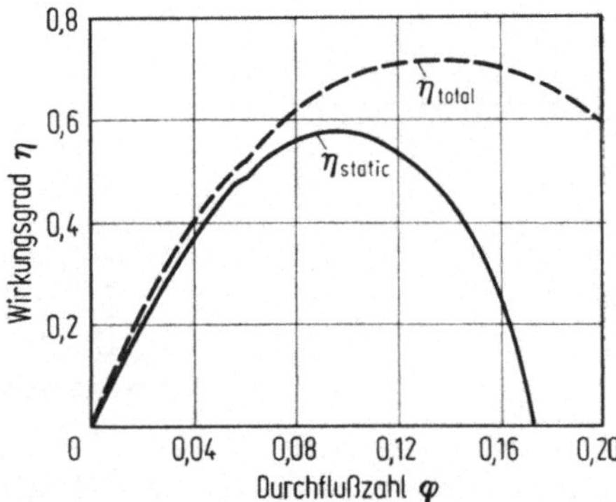

Bild 12.8. Wirkungsgrad, auf den Gesamtdruck und den statischen Anteil bezogen, des zweiflügeligen Axialventilators nach Bild 12.5 in Abhängigkeit von der Durchflußzahl (nach *Berliner/Rákóczy*).

an der Nabe erwies sich ein stark gewölbtes Profil mit hohem Auftriebswert als vorteilhafter. Die starke Krümmung ist aus aerodynamischen Gründen zweckmäßig; zugleich erhöht sie die Steifigkeit und erleichtert zudem den harmonischen Übergang zur Nabe.

Der Ventilator wurde auf der Industriemesse Hannover als „gute Industrieform" ausgezeichnet.

Das Diagramm, Bild 12.9, zeigt das Gewicht dieses Schaufelrades c im Vergleich zu einer herkömmlichen Bauweise a. Man hat ein Verhältnis von etwa 1:10!

12.10 Axialventilator als Schalenkonstruktion aus Metall

Der Ventilator besteht aus einer gewölbten Tafel aus einem harten, beständigen und extrem dünnen Metall, vorzugsweise legiertem Stahl. Die Tafel ist so geschnitten, daß sich der Anstellwinkel von Profilschnitt zu Profilschnitt nach innen vergrößert; mit der Verwindung nimmt die Profillänge zur Nabe hin kontinuierlich zu.

Das Schaufelpaar erlangt miteinander eine Formbeständigkeit als biegungssteife Schale. Ein Nabenteil läßt sich nicht abgrenzen.

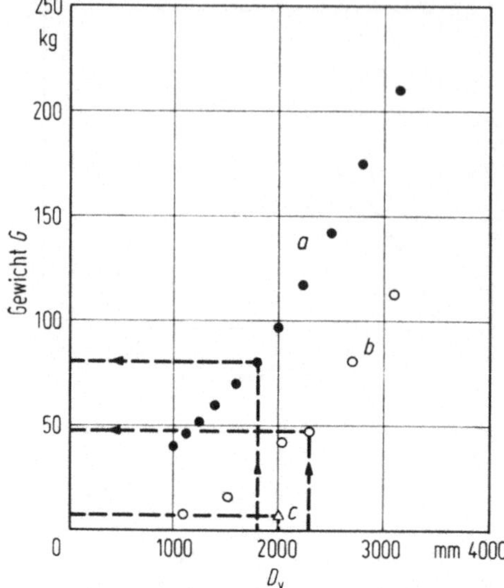

Bild 12.9. Gewicht der Schaufelräder von Axialventilatoren in Abhängigkeit vom Schaufelraddurchmesser.
a) Bauweise für allgemeine Anwendung.
b) Kühlturmventilator nach Bild 12.10.
c) Kühlturmventilator nach Bild 12.5.

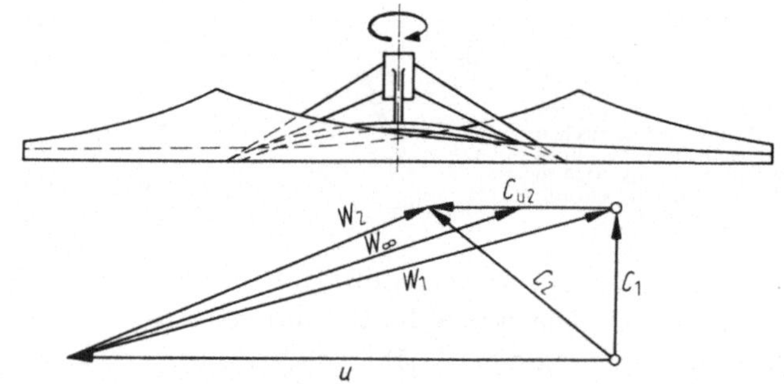

Bild 12.10. Axialventilator als Schalenkonstruktion aus dünnem Metallblech, das über einen gewölbten Nabenkörper gespannt ist.
Darunter: Geschwindigkeitsdreiecke für den Lufteintritt sind langgestreckt, da $\psi \sim 0{,}1$ (nach *Berliner/Rákóczy*).

Bild 12.10 ist eine zeichnerische Darstellung, die unten, in den Geschwindigkeitsdreiecken die relativ geringe Durchtrittsgeschwindigkeit c_1 erkennen läßt.

Der Anstellwinkel ist verstellbar.

Das Diagramm, Bild 12.9, gibt das Gewicht (b) in Abhängigkeit vom Durchmesser D_V wieder. Das Gewicht bemißt sich nach der Exponentialgleichung

$$G = 6{,}0\, D_V^{2,66} \ (\text{kg}) \,.$$

Der Exponent liegt etwas unter dem ähnlichkeitstheoretischen, 3, weil bei zunehmendem Durchmesser an Werkstoff eingespart werden kann.

Eine Gegenüberstellung der Herstellkosten im Vergleich zu der herkömmlichen Bauweise (*a*) veranschaulicht das Diagramm, Bild 12.11. Analog zum Gewicht kann man die Abhängigkeit der Kosten vom Durchmesser D_V ausdrücken

$$K = 90\,D_\mathrm{V}^{1,94} \quad (\text{DM von 1969})\,.$$

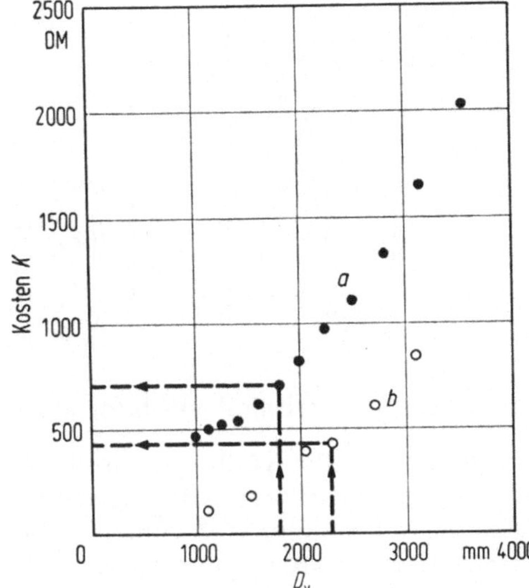

Bild 12.11. Herstellkosten von Axialventilatoren in Abhängigkeit vom Schaufelraddurchmesser.
a Bauweise für allgemeine Anwendungen;
b Kühlturmventilator nach Bild 12.10.

Das Diagramm, Bild 12.12, zeigt die Druckzahl in Abhängigkeit von der Durchflußzahl, aufgetragen für verschiedene Anstellwinkel. Die Wirkungsgradlinien, Bild 12.13, lassen sich durch eine Hüllkurve miteinander verbinden. Die Hüllkurve verdeutlich, daß ein Nachteil der dünnen aerodynamischen Profile, das Abreißen der Strömung unweit der minimalen Gleitzahl, durch eine Änderung des Anstellwinkels ausgeglichen werden kann; der Arbeitsbereich wird auf diese Weise vergrößert.

Vom fertigungstechnischen Standpunkt ist an der ungewöhnlichen Bauweise bemerkenswert, daß die Schaufelräder relativ schnell hergestellt werden können. Die Tafeln sind leicht zuzuschneiden. Bei geringer Lagerhaltung kann eine kurze Lieferzeit erzielt werden. Man verwendet durchweg legierten Stahl. Da jegliche Warmbehandlung der extrem dünnen Tafeln — Schweißen und Feuerverzinken — entfällt, ist kein Verziehen zu befürchten. Bei großen Durchmessern und niedrigen Drehzahlen genügt ein statisches Auswuchten.

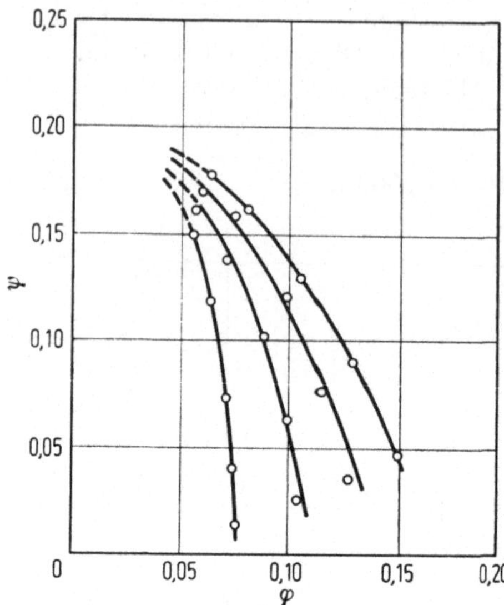

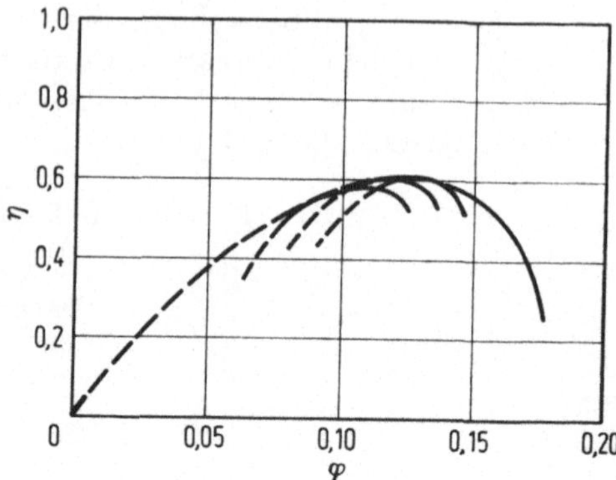

Bild 12.13. Wirkungsgrad, auf den statischen Druckanteil bezogen, für den zweiflügeligen Axialventilator nach Bild 12.10 in Abhängigkeit von der Durchflußzahl (nach *Berliner/Rákóczy*).

Bild 12.12. Druckzahl des Axialventilators nach Bild 12.10 in Abhängigkeit von der Durchflußzahl für verschiedene Anstellwinkel (Durchmesser des Versuchsrades 630 mm, Drehzahl 1440 U/min) (nach *Berliner/Rákóczy*)

12.11 Zentrifugalventilator als Schalenkonstruktion

Während sich für Kühltürme großer Leistung die saugende Anordnung mit Axialventilatoren durchgesetzt hat, behaupten bei den Bauweisen, die sich für eine Aufstellung in Gebäuden eignen, die Zentrifugalventilatoren in drückender Anordnung ihren Platz.

In solchen Kühltürmen werden meist kleine Ventilatoren angeflauscht, Bild 8.3. Die Folge sind hohe Geschwindigkeiten und hohe Verluste. Bisher hat man sich mit den ungünstigen Konstruktionen zufrieden gegeben. Folgende Gründe stehen hierfür im Vordergrund:

- Der Leistungsbedarf ist in seiner absoluten Höhe bei den geringen Austauschleistungen nicht entscheidend.
- Die Kühltürme werden für Klimaanlagen u. ä. von Zwischenhändlern gekauft, die die Stromkosten nicht zu tragen haben.
- Der Betreiber kann sich von der Übertragungsleistung und dem Energiebedarf kein Bild machen. Er erkennt nicht, daß die Stromkosten vielfach schon nach ein oder zwei Jahren den Anschaffungspreis übersteigen.

Die Kenntnisse über die Kühlturmtechnik werden künftighin bei allen Betreibern zunehmen. Es wird dann deutlich werden, daß gerade bei Zentrifugalventilatoren Luftgeschwindigkeiten und Strömungsverluste durch die Wahl zu kleiner Baugrößen unwirtschaftlich hoch sind. Die Prinzipien nach Abschn. 12.1 bis 12.6 stehen den krassen Mängeln entgegen.

Die bisherigen Bauweisen, bei denen Gehäuse und Ventilator nebeneinander angeordnet sind, wirken unbefriedigend. Die Luft wird im Spiralgehäuse zunächst in eine rotierende Bewegung gebracht, um dann mit hoher Geschwindigkeit durch einen engen Spalt in das Kühlturmgehäuse gepreßt zu werden.

Bei der Gestaltung nach Bild 12.14 ist diese unnötige und verlustreiche Beschleunigung der Luft vermieden. Die Luft verläßt das Schaufelrad über einen genügend großen Querschnitt, der etwa der Hälfte der Mantelfläche des Rades entspricht. Ein Spiralgehäuse erübrigt sich. Die im Gegenstrom durch die Austauschkörper herabfallenden Tropfen treffen auf die einströmende Luft. Sie werden in diesem Sprühraum unter den Austauschkörpern herumgewirbelt und dabei nochmals gekühlt.

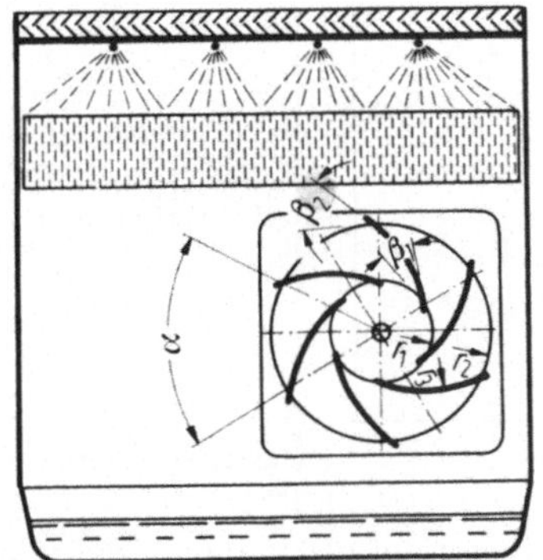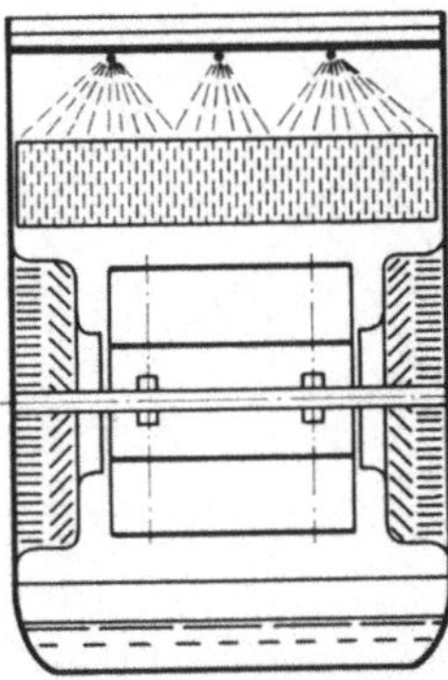

Bild 12.14. Anordnung eines extrem leichten Zentrifugalventilators ohne Spiralgehäuse in einem Kühlturm. Zweiseitig ansaugende Bauweise; ohne Schweißarbeiten am Schaufelrad (DBP angem.).

Der Verzicht auf ein Spiralgehäuse ermöglicht gerade bei großen Ventilatoren eine erhebliche Kosteneinsparung. Er setzt die Anwendung von rückwärts gekrümmten Schaufeln voraus.

Der zweite Grundgedanke — harter und dünner Werkstoff — schließt an die Konstruktion des Axialventilators nach Abschn. 12.10 an.

Zusammenfassend sei nachstehend unter Hinweis auf die schematische Darstellung, Bild 12.14, aufgezählt, welche Ziele im einzelnen angestrebt wurden und wie man sie verwirklichen konnte:

- Niedriger Leistungsbedarf
  Die große Einströmdüse, die nach den Ausführungen, Abschnitt 12.3, für einen geringen Leistungsbedarf erforderlich ist, benötigt bei Kühltürmen — zum Unterschied zu Einzelkonstruktionen von Zentrifugalventilatoren — keinen zusätzlichen Aufwand. Die Öffnung vermindert den Werkstoffaufwand für das Gehäuse. Das Schaufelrad ist groß bemessen. Die einzelnen, rückwärts gekrümmten, Schaufeln erlangen ihre Steifigkeit als Schalen. Die Halte-

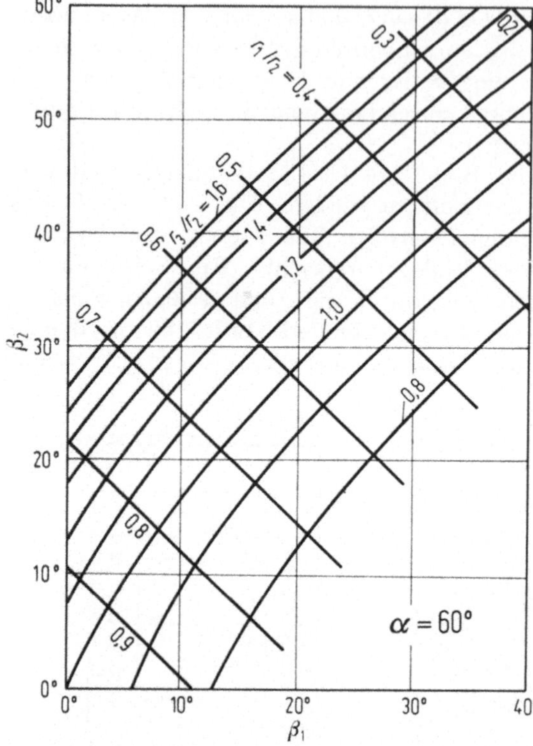

Bild 12.15. Zusammenhänge zwischen den Schaufelradien und den Anstellwinkeln bei einem Zentrifugalventilator nach Bild 12.14 für 6 Schaufeln, d. h. für einen Teilungswinkel von = 60° vgl. Gln. (12.6 und 12.7). r_1 Innenradius des Schaufelrades; r_2 Außenradius des Schaufelrades; r_3 Krümmungsradius der Schaufeln; β_1 Anstellwinkel der Schaufeln am Lufteintritt; β_2 Anstellwinkel der Schaufeln am Luftaustritt.

konstruktion stellt ein räumliches Fachwerk dar. Das Ganze ist extrem leicht.

- Geringes Moment
  Dieses beruht auf dem geringen Gewicht
- Geringer Werkstoffbedarf
- Einfacher und schneller Zusammenbau
  Schraubkonstruktion
- Leichtes Auswuchten, keine Wärmeeinwirkung
  Die dünnen Bleche können sich nicht verziehen.
- Einfache Leistungsregelung
  Sowohl die Winkel als auch die Durchmesser werden durch eine einfache Gewindeverstellung angepaßt.
- Geringe Zahl von Baugrößen
  Die Gewindeverstellung erlaubt, daß mit einer Baugröße ein relativ großer Leistungsbereich überdeckt wird.
- Einfache Lagerhaltung und einfache Transporte
  Die Schaufeln können, als leichte und ebene dünne Bleche, fertiggebohrt auf Lager gehalten und dann ohne Schwierigkeit transportiert werden.

- Wegfall eines Spiralgehäuses

Die Geschwindigkeitsdreiecke am Austritt erlauben bei Geräteeinbau, auf das kostspielige Spiralgehäuse zu verzichten. Bei den relativ geringen Geschwindigkeiten ist ein Diffusoreffekt entbehrlich.

Zwischen den Schaufelwinkeln und den Radien bestehen folgende Beziehungen (vgl. Bild 12.15)

$$\cos \beta_2 = \frac{1}{2}\frac{1}{r_3}\left(r_2 - \frac{r_1^2}{r_2}\right) + \frac{r_1}{r_2}\cos \beta_1 , \qquad (12.6)$$

$$\cos (\alpha + \beta_1 - \beta_2) = 1 - \frac{r_1^2 - 2r_1 r_2 \cos \alpha + r_2^2}{2r_3^2} . \qquad (12.7)$$

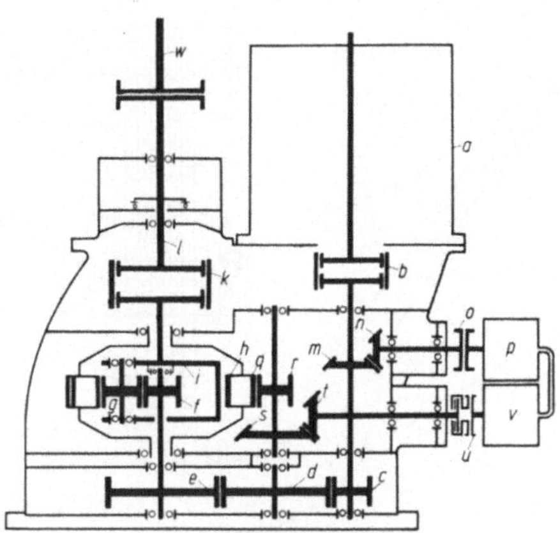

Bild 12.16. Überlagerungsgetriebe (Stirnräder-Planetengetriebe) für einen Kühlturmventilator.

Übertragbare Leistung	500 kW
davon für das hydrostatische Getriebe	100 kW
Drehzahl, stufenlos	31—65 U/min
Schaufelraddurchmesser	18 m

(Bauart Rheinstahl, Mühlheim/Ruhr).

a Drehstrommotor:
b Kronenzahnkupplung:
c d e Stirnräder:
f inneres Zentralrad ⎱
g Planetenräder ⎰ Stirnräder-Planetengetriebe
h äußeres Zentralrad
i Planetenradträger

k Kronenzahnkupplung
l Abtriebswelle
m n Spiralkegelräder
o Ausgleichskupplung
p Primärteil eines hydrostatischen Getriebes
q r Stirnräder

s t Spiralkegelräder
u schaltbare Reibungskupplung mit kombinierter Ausgleichskupplung
v Sekundärteil eines hydrostatischen Getriebes
w Ventilatorwelle

12.12 Linearventilator

Bei keiner Anwendung von Ventilatoren werden so große Luftmengen gefördert wie bei Kühltürmen und Luftkühlern mit geschlossenem Wasserkreislauf. Künftighin werden für Kraftwerke u. ä. Axialventilatoren mit sehr großen Schaufelrädern benötigt. Entsprechend große Getriebe mit niedrigen Abtriebsdrehzahlen sind erforderlich. Bild 12.16 zeigt ein Beispiel.

Die hohen Herstellungs- und Betriebskosten solcher Getriebe waren ein Grund, eine neue Konzeption zu entwickeln. Bild 12.17 veranschaulicht das Prinzip. Die Schaufeln werden nicht mehr um eine rotierende Achse bewegt; sie laufen linear. Dies hat verschiedene Vorteile:

Die aerodynamischen Profile haben in allen Querschnitten die gleichen Geschwindigkeiten zum Luftstrom. Diese Geschwindigkeiten können in jedem Querschnitt optimal sein. Bei der rotierenden Schaufel eines Axialventilators hingegen ist die Geschwindigkeit an den Schaufelspitzen so hoch, daß hier die stärksten Geräusche entstehen. In Nabennähe ist sie so gering, daß sehr lange Schaufelprofile vorgesehen werden müssen, damit nicht eine Ablösung oder Verlangsamung der Strömung („Totwasserzone") auftritt. Betrachtet man beispielsweise den

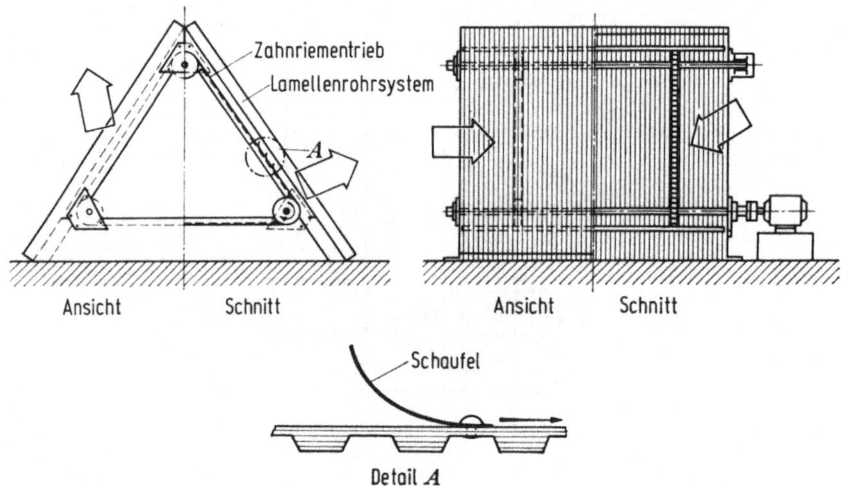

Bild 12.17. ‚Linearventilator‘ für hohe Luftleistungen.
a Schaufeln und Zahnriemen; b Zahnriemenrad; angetrieben wird eines der drei Zahnräder; c Austauschelement (DBP angem.).

rechteckigen, freien Querschnitt eines Austauschkörper- oder Rippensystems, so kann man insgesamt fünf Zonen unterscheiden.

Von außen nach innen fortschreitend:

1. Die Differenz der Querschnitte zwischen dem nutzbaren Rechteck und dem Düsenringquerschnitt. Sie enthält die vier Eckquerschnitte und oft die Einschnürung nach Bild 11.3.

2. Der Ring, den die Schaufelspitzen überstreichen.

3. Der Ring der günstigen Umfangsgeschwindigkeiten im Bereich der Schaufelmitten.

4. Der Ring verminderter Umfangsgeschwindigkeiten am Schaufelfuß.

5. Der Nabenquerschnitt.

Nur der Ringquerschnitt 3 kann optimale Strömungsverhältnisse aufweisen.

Beim Linearventilator hingegen wird der ganze Rechteckquerschnitt gleichmäßig bestrichen. Man hat demgemäß eine vollkommen gleichmäßige Durchtrittsgeschwindigkeit der Luft. Ein Diffusor erübrigt sich.

Auf Grund seiner Vorzüge — dem Wegfall eines Getriebes und eines Diffusors, sowie der gleichmäßigen Anströmung — schließt der Linearventilator eine Bedarfslücke. Er eignet sich besonders für große Luftströme, namentlich wenn jahreszeitlich wechselnder Ventilatorbetrieb z. B. für Kombinationen von trockener und nasser Rückkühlung (Kapitel 10) gefordert wird.

Literatur zum Kapitel 12

Berliner, P.: Aerodynamik der Kühltürme. klima-kälte-technik 1 (1973) 10; 11, 226—230.

Berliner, P., Rákóczy, T.: Bewertung eines neuen Axialventilators. HLH 20 (1969) 12, 431—435.

Maveinowski, H.: Optimalprobleme bei Axialventilatoren. Diss. Karlsruhe 1956.

13. Natürlicher Zug

13.1 Überblick

Die für die Leistung eines Kühlturms mit natürlichem Zug entscheidenden Faktoren sind

- der Archimedische Auftrieb,
- die Schichtung der Umgebungsluft,
- die Ausbreitung der erwärmten Luft,
- die Sogwirkung des Windes,
- der Coanda-Effekt.

Daher ist für die Auftriebsleistung nicht allein die Bauhöhe maßgeblich. Die verwickelten Vorgänge im Luftraum über der Kaminkrone müssen in die Theorie miteinbezogen werden. Es zeigt sich, daß die Auftriebsleistung

- zumindest mit dem Quadrat des Basisdurchmessers und
- nur mit der Quadratwurzel der wirksamen Höhe

zunimmt.

Die Analyse führt zu Leitregeln für die Konstruktion:

- die Bauhöhe des Kamins verringern,

- den Basisquerschnitt ohne Bindung an die Steifigkeitserfordernisse von Betonschalen bemessen,
- die Lufteintrittshöhe vergrößern und die überhöhten Pfeiler am Lufteintritt entbehrlich machen.
- die Förderhöhe der Umwälzpumpen durch eine Kaskaden-Anordnung herabsetzen,
- den Coanda-Effekt durch eine ringsherum geschlossene Wand nutzbar machen,
- den hyperbolischen Kamin aus Stahlbeton durch eine Seilnetz-Konstruktion ersetzen.

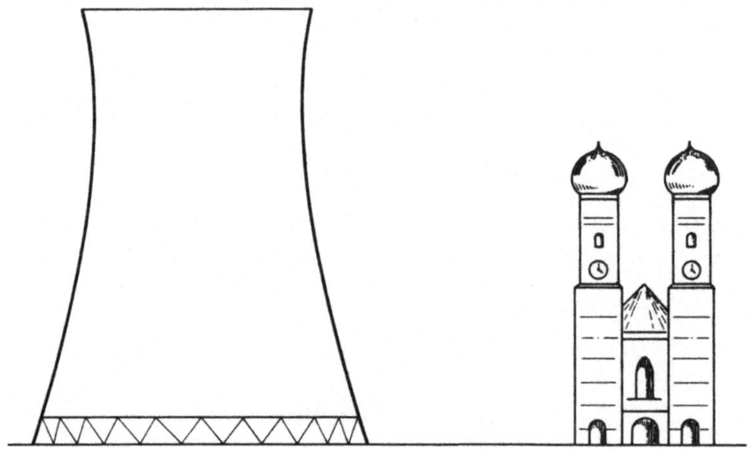

Bild 13.1. Vergleich der Umrisse eines modernen hyperbolischen Kühlturms mit den Abmessungen der Münchner Frauenkirche.

13.2 Hyperbolische Kühltürme

Als eine Folge der steigenden Kraftwerksleistungen werden die großen Kühltürme mit natürlichem Zug auch künftighin an Bedeutung gewinnen. Man ist bemüht, ihre Leistung zu steigern, und denkt daran, in enger Anlehnung an die bisher gültigen Regeln immer höhere Bauwerke zu errichten. Die Abmessungen müßten danach linear, nach dem Storchschnabel-Prinzip vergrößert werden.

Kühltürme von derart gewaltigen Ausmaßen würden noch stärker als heute das Landschaftsbild in den Ballungsgebieten der Energieerzeugung bestimmen und vereinzelt sogar in einem Stadtbild hervortreten wie in früheren Jahrhunderten die Kathedralen.

Gegenwärtig hat man bei den realisierten Projekten bereits eine Bauhöhe von 150 m bei einem Basisdurchmesser von 120 m erreicht. Allein die Bewehrung eines solchen Bauwerkes aus Beton erfordert 5600 t Stahl.

Bild 13.1 vermittelt eine anschauliche Vorstellung von den Ausmaßen; die Darstellung zeigt einen Größenvergleich mit der Münchner Frauenkirche.

Die hyperbolischen Kühltürme wurden erstmalig 1916 von *Van Iterson* für die Zeche Emma der Niederländischen Staatsminen gebaut. Ihre Form hat sich über Jahrzehnte hinweg nicht wesentlich verändert. Sie wirkt in ihrer Schlichtheit und Funktionstreue ansprechend. Es wird der Eindruck einer endgültigen Vollkommenheit vermittelt.

Mit den perimetrischen Kühlwänden wird den hyperbolischen Kühltürmen eine neue Konzeption gegenübergestellt. Zur Diskussion dieser Lösung werden nicht ästhetische sondern Gesichtspunkte der Wirtschaftlichkeit herangezogen, die sich auf eindeutig determinierte und meßbare Größen stützen.

13.3 Probleme der Größe

Allgemein sinkt der spezifische Herstellungsaufwand mit zunehmender Größe, bei wenigen Produkten wird dann ein Optimum überschritten, so daß der Aufwand danach wieder zu steigen beginnt.

Bei den hyperbolischen Kühltürmen aus Stahlbeton ist dies offenbar der Fall. Mit wachsender Baugröße wirken sich die folgenden Faktoren nachteilig aus:

- Die Windkräfte steigen in großen Höhen stark an.
- Die Krümmung der Betonschale sinkt mit zunehmenden Abmessungen. Die Schalenkrümmung ist indessen nach der Membrantheorie für die Steifigkeit ausschlaggebend.
- Die Pfeiler am Lufteintritt unterliegen einer mit der Höhe wachsenden Knickbeanspruchung.
- Das zirkulierende Kühlwasser muß auf die Höhe des Lufteintritts, und somit auf ein Niveau über dem Wasserspiegel im Auffangbecken gehoben werden, das als Fallhöhe der Tropfen für die Verdunstung nicht mehr hinreichend ausgenutzt werden kann. Der überhöhte Leistungsaufwand für die Pumpen ist unwirtschaftlich.
- Die Fundamentierung der überaus schweren Betonschale ist aufwendig.
- Bodensetzungen bei extrem hohen Baukörpern werfen ernste Probleme auf.

Diese nachteiligen Folgen, die die zukünftigen Leistungsanforderungen mit sich bringen werden, gaben Anlaß, die konventionellen Kühltürme von Grund auf umzugestalten.

13.4 Seilnetz-Konstruktionen

Der erste Schritt, die Nachteile der hyperbolischen Kühltürme aus Stahlbeton abzubauen, war die Schaffung einer Seilnetz-Konstruktion

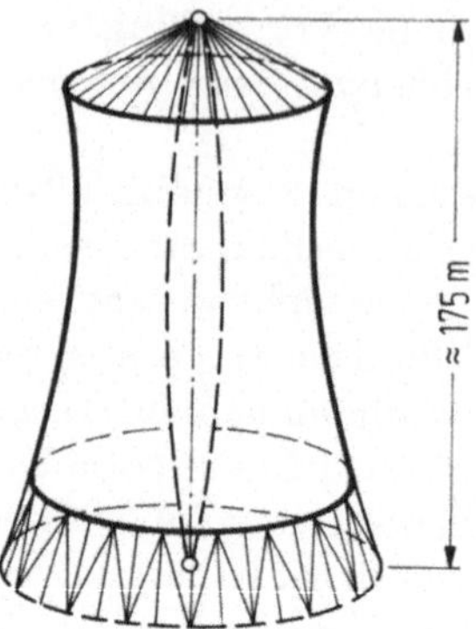

Bild 13.2. Hyperbolisches Seil-
netz als hängendes Tragwerk.

(Bild 13.2). Um einen Anhalt für die Größe des dargestellten Bauwerkes zu vermitteln, sei vermerkt, daß für den Mast in der Mitte
eine Höhe von 175 m vorgesehen ist.

Die Konstruktion ist in der Literatur ausführlich beschrieben. Sie
gestattet, den Baustoffbedarf für den Kamin durch den Übergang auf
andere Werkstoffe zu vermindern. Man denkt, für die Verkleidung
des hängenden Seilnetzes profilierte Aluminiumbleche, Asbestzement-
Tafeln, beschichtete Polyester-Gewebe o. ä. zu verwenden.

Die Konstruktion verbindet zwei Bauprinzipien:

• die Formgebung in Anlehnung an das Rotationshyperboloid der
  Betonschalen,
• die Hängekonstruktion eines Gitterwerkes von Seilscharen in Anlehnung an Vorbilder für Flächentragwerke.

Nachteilig ist
• die Bauhöhe des mittleren Mastes,
• der auf Knickung hochbelastete Ring der Kaminkrone.

Kann daher die Übertragung der hyperbolischen Form von einer ste-
henden Bauweise (Stahlbeton) auf eine hängende als eine befriedigende
Lösung angesehen werden?

Die Frage ist zu verneinen. Verbindet man jedoch
• das Bauprinzip der Hängekonstruktion von Seilscharen mit
• einer neuen Dimensionierung,

so gelangt man zu sehr sparsamen Lösungen (Bild 13.7).

13.5 Kamin und Ventilator

Die Unterscheidung von „natürlichem" und „künstlichem" Zug
wird dem Kamin in seiner technischen Funktion als Strömungsmaschine nicht gerecht.

Ein Kamin setzt in gleicher Weise wie ein Ventilator ein Energie-
gefälle in Strömungsbewegungen um. Das Enthalpiegefälle zwischen

der äußeren und der inneren Luft stellt die treibende Kraft des Kamins dar, die sich nach den Gasgesetzen in einem Dichteunterschied auswirkt. Der Dichteunterschied übt einen vertikalen Schub aus.

Die Grundgleichung für den Archimedischen Auftrieb ist einfach. Zur Lösung sind indessen Konzeptionen erforderlich, die Annahmen über die Vorgänge im Luftraum über dem Kühlturm einschließen.

Innerhalb des Kamins bildet der aufsteigende Luftstrom eine seitlich abgegrenzte, warme Gassäule mit adiabat abnehmender Dichte. Nach dem Austritt aus dem Kamin beginnt die Luft, sich zuerst am Rande mit der Umgebungsluft zu vermischen. Mit zunehmender Entfernung von der Kaminkrone nimmt die Vermischung nach innen hin zu, bis sie auch den Kern der erwärmten Luftmasse erfaßt hat.

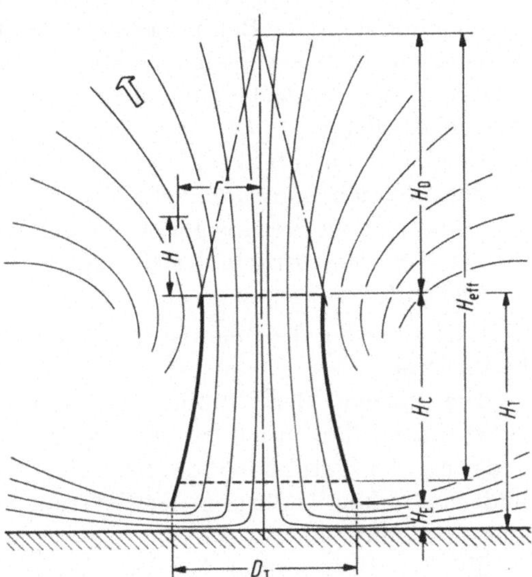

Bild 13.3. Strömungsbedingungen für einen hyperbolischen Kühlturm.

Die in die Atmosphäre eindringende Luftmasse besteht aus zahllosen Luftballen von unterschiedlicher Geschwindigkeit, Bewegungsrichtung, Temperatur, Dichte und Feuchte.

Im Zentrum ist die Vermischungswahrscheinlichkeit am geringsten; hier hält sich die höchste Temperatur — und dementsprechend die niedrigste Dichte. Die Aufstiegsgeschwindigkeit ist daher im Zentrum am größten.

Die aufsteigende Luftmasse nimmt ständig an Volumen zu. Unter dem Einfluß des Windes, der Turbulenz und der Schichtungen in der Umgebungsluft entstehen die wolken- und federförmigen Schwaden, die man als Kühlturmfahne bezeichnet. Die Grenze dieser Nebelschwaden ist aber keineswegs identisch mit der Grenze der warmen Luftmassen. Diese nimmt ein größere Volumen ein, sie enthält in den Randzonen noch ungesättigte Kühlturmluft.

Am Ende der fortschreitenden Vermischung sind die Dichtedifferenzen, die den Auftrieb bewirkt haben, bei den einzelnen Luftballen nacheinander so gering geworden, daß die beigemischte Umgebungsluft keinen Impuls mehr empfangen kann. Der Auftrieb wird allmählich durch die Vermischung — nicht so sehr durch die Zähigkeit der Luft — abgebaut. Schließlich werden auch die letzten aufsteigenden Luftballen nicht mehr in der Lage sein, in die darüber liegenden Luftschichten einzudringen.

Bild 13.3 zeigt die Stromlinien der Luftführung und die Bezeichnungen für die einzelnen Höhenmaße. Es handelt sich um Luftströme in der Größenordnung von 10 bis 100 Millionen m³/h. Jede unnötige Beschleunigung oder Behinderung in der Bewegung von derart großen Luftmassen muß vermieden werden, da die daraus resultierende Verringerung der Förderleistungen in diesen Größenordnungen erheblich zu Buche schlägt.

Es sind zwei Aufstiegsphasen zu unterscheiden:
- der Auftrieb *innerhalb* des Kamins
  (ohne jegliche Vermischung mit der Umgebungsluft)
- der Auftrieb *oberhalb* des Kamins
  (bei fortschreitender Vermischung mit der Umgebungsluft)

Bei kleineren Kühltürmen ist der Auftrieb innerhalb des Kamins vorherrschend.

Die üblichen Berechnungen beschränken sich auf die erste Phase; es wird somit angenommen: $H_{\mathrm{eff}} \sim H_{\mathrm{C}}$. Die Kaminhöhe H_{c} als fiktive Aufstiegshöhe vereinfacht die Rechnung, wenn ein Kühlturm nach Vorbildern — ohne Änderung der Relation zwischen den Dimensionen — ausgelegt werden soll.

Für die Berechnung der Auftriebsleistung großer Kühltürme sind beide Phasen des Prozesses heranzuziehen, wenn die Relationen zwischen den Hauptdimensionen optimiert werden sollen.

Die Auftriebsleistung ist von fünf Faktoren abhängig:
1. Von dem Archimedischen Auftrieb.
2. Von der Schichtung der Umgebungsluft.
3. Von der Ausbreitung der erwärmten Luft.
4. Von der Sogwirkung des Windes.
5. Von dem Coanda-Effekt in der aufsteigenden Luft.

13.6 Archimedischer Auftrieb

Die Grundgleichung für den Archimedischen Auftrieb lautet:

$$\Delta p_{\mathrm{A}} = g(\varrho_{\mathrm{a}} - \varrho_{\mathrm{i}}) H_{\mathrm{eff}} \, . \tag{13.1}$$

Der Auftriebsdruck eines Kamins, Δp_A, steht mit dem Gesamtdruck im Gleichgewicht,

- der dynamische Anteil wird zur Bewegung der Luftmassen aus der Ruhelage
- der statische Anteil wird zur Überwindung der Strömungswiderstände

aufgewendet:

$$\Delta p_A = \Delta p_t = \Delta p_{dyn} + \Delta p_{stat} \ . \tag{13.2}$$

Für den dynamischen Druckanteil hat man die maximale Luftgeschwindigkeit einzusetzen. Gegebenenfalls ist ein Rückgewinn an Strömungsenergie in der oberen, trichterförmigen Erweiterung des Kaminquerschnittes zu berücksichtigen.

Bei den herkömmlichen hyperbolischen Kühltürmen tritt die maximale Luftgeschwindigkeit am Eintritt, zwischen den Pfeilern, auf. Die Luft strömt waagerecht ein, ihre Dichte bemißt sich nach dem Luftzustand in Bodennähe. Die Kontinuitätsgleichung für den zylindrischen Lufteintritts-Querschnitt liefert

$$w_{hor} = \dot{m}_L / (3600 \, \varrho_a \pi D_T H_E) \ . \tag{13.3}$$

Der dynamische Druckanteil wird ausgedrückt durch

$$\Delta p_{dyn} = \varrho_a w_{hor}^2 / 2 \ . \tag{13.4}$$

Für den statischen Druckanteil ist die vertikale Luftgeschwindigkeit in den Austauschkörpern einzusetzen, da an dieser Stelle der Hauptwiderstand für die Strömung auftritt. Die Kontinuitätsgleichung für den kreisförmigen Querschnitt der Austauschkonfiguration liefert

$$w_{vert} = \dot{m}_L \left/ \left(3600 \, \varrho \, \frac{\pi}{4} \, D_T^2 \right) \right. . \tag{13.5}$$

Der statische Druckanteil wird ausgedrückt durch

$$\Delta p_{stat} = \zeta \, \varrho \, w_{vert}^2 / 2 \ . \tag{13.6}$$

Aus diesen sechs Grundgleichungen gewinnt man die allgemeine Leistungsgleichung für den Luftstrom, der vom Kamin eines Kühlturms als natürlicher Zug gefördert wird:

$$\dot{m}_1 = 3600 \, \pi \sqrt{\frac{2g \, (\varrho_a - \varrho_i) \, H_{eff}}{\dfrac{1}{\varrho_a D_T^2 H_E^2} + \dfrac{16\zeta}{\varrho D_T^2}}} \quad [\mathrm{kg/h}] \ . \tag{13.7}$$

Wenn H_E genügend hoch ist — wie beispielsweise bei den perimetrischen Kühlwänden — so kann der dynamische Druckanteil wegen der niedrigen Horizontalgeschwindigkeit w_{hor} vernachlässigt werden. Gl.

10   Berliner, Kühltürme

(13.5) vereinfacht sich zu

$$\dot{m}_{\mathrm{L}} = 0{,}885 \cdot 10^4\, D_{\mathrm{T}}^2 \sqrt{\frac{(\varrho_{\mathrm{a}}^2 - \varrho_{\mathrm{i}}^2)\, H_{\mathrm{eff}}}{1 + \zeta}} \quad [\mathrm{kg/h}]\,. \qquad (13.8)$$

Die beiden Gleichungen sind für die Konstruktion eines Kühlturms mit natürlichem Zug wichtig. Sie zeigen, daß die Förderleistung eines Kamins

- im Quadrat mit dem Durchmesser D_{T}
- und nur mit der Wurzel der wirksamen Höhe H_{eff}

ansteigt.

13.7 Theorie von Chilton

Zu dem gleichen Ergebnis — auf anderem Wege — gelangt *H. Chilton* [13.3]. Er führt eine Leistungszahl (duty coefficient) ein: $D = S/C(H_{\mathrm{T}}/C)^{1/2}$. Diese erweist sich identisch mit der Form

$$D = \mathrm{const}\, H_{\mathrm{T}}^{1/2}\, D_{\mathrm{T}}^2\,. \qquad (13.9)$$

Man kann somit einen Kühlturm für eine vorgegebene Leistung mit verschiedenen Maßrelationen $H_{\mathrm{T}}:D_{\mathrm{T}}$ auslegen, man kann ihn breit und niedrig oder schlank und hoch bauen (Bild 13.4).

13.8 Wirksame Höhe

Entsprechend den zwei Phasen des Aufstiegsprozesses sind für die wirksame Aufstiegshöhe der erwärmten Luft, H_{eff}, nach Bild 13.3 zwei Anteile zu unterscheiden,

- die Kaminhöhe, H_{C},
  und
- die Aufstiegshöhe oberhalb des Kamins, H_{D}.

Die Kaminhöhe, H_{C}, ist nicht mit der Bauhöhe, H_{T}, gleichzusetzen. Sie ergibt sich als Differenz zwischen der Bauhöhe und der Einströmhöhe, H_{E}; letztere unter Einschluß der nicht bezeichneten Höhe der Austausch-Konfiguration.

Dem Kamin kommen nach dieser Unterscheidung drei Aufgaben zu:

- Er soll mit seinem Höhenanteil beitragen, daß die wirksame Höhe genügend groß ist.
- Wichtiger für große Kühltürme ist die zweite Aufgabe: Er soll die Ausbreitung und Vermischung der erwärmten Luft im unteren Prozeßbereich verhindern, damit der Dichteunterschied, der die treibende Kraft darstellt, nicht zu rasch abgebaut wird.
- Er soll die störende „Rezirkulation" der erwärmten Luft verhindern. Diese verursacht nicht nur eine Leistungseinbuße, sondern auch Nebel, Bodennässe und Glatteis.

13.9 Maßrelationen

Die Gesetzlichkeiten, die die Geometrie eines Naturzug-Kühlturms bestimmen, sollen mit zwei Diagrammen veranschaulicht werden.

Bild 13.4 zeigt die Zunahme der Mantelfläche des Kamins mit wachsender Relation H_C/D_T. Die Kurve gibt einen Anhalt für die Kosteneinsparungen, die möglich sind, wenn die Bauhöhe vermindert wird.

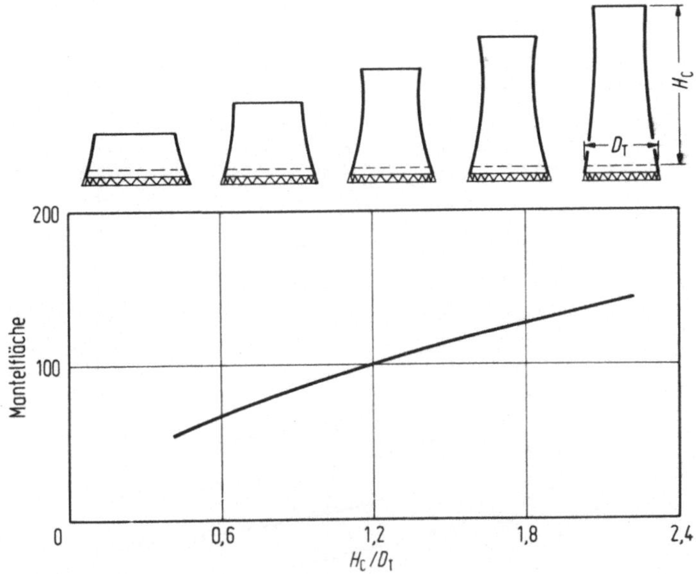

Bild 13.4. Gegenüberstellung von Kühltürmen gleicher Leistung und unterschiedlicher Kaminhöhe H_C. Das Diagramm verdeutlicht die Zunahme der Mantelfläche und damit der Baukosten mit steigendem H_C/D_T.

Die Einsparungen dürften noch größer sein, als es das Diagramm erkennen läßt, weil vier Einflußgrößen vernachlässigt sind:

- Das Diagramm beruht allein auf dem *Archimedischen Auftrieb*, es berücksichtigt nicht den günstigen Einfluß, den ein zunehmender Basisdurchmesser auf die wirksame Höhe und auf die Dichtedifferenz ausübt. Dieser günstige Einfluß ist aus der Meteorologie bekannt. Er läßt sich auch aus Ähnlichkeits-Überlegungen ableiten.

- Wenn man bei den fünf Dimensionierungen von gleichen *Einströmungsquerschnitten* — und damit von praktisch gleichen Drosselverlusten — ausgeht, so kann natürlich bei großem Durchmesser die Einströmhöhe entsprechend kleiner sein. Dies wirkt sich in den Kosten für die Pfeiler aus.

10*

- Die *Baukosten* für den Kühlturm-Mantel und für die Fundamente steigen mit zunehmender Bauhöhe steiler als die Außenfläche
- Die *Windkräfte* in großen Höhen sind so stark, daß ihr Einfluß ebenfalls nicht proportional der wachsenden Außenfläche gesetzt werden kann.

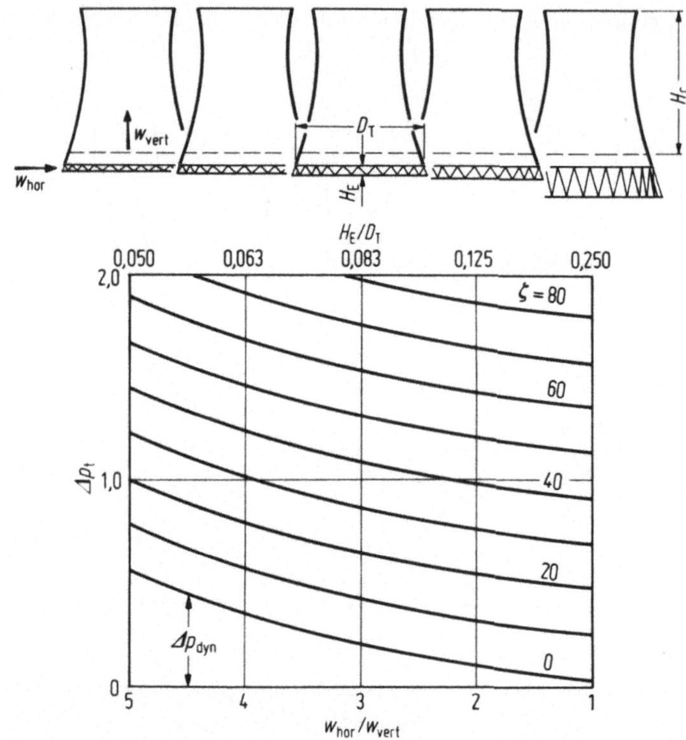

Bild 13.5. Gegenüberstellung von Kühltürmen mit verschiedener Eintrittshöhe der Luft H_{E2}. Das Diagramm verdeutlicht das Absinken des Druckverlustes Δp_t bei wachsendem H_E/D_T.

Bild 13.5 veranschaulicht den Einfluß der Pfeilerhöhe am Lufteintritt.

Strömungstechnisch ist eine reichlich bemessene Pfeilerhöhe und damit ein genügend großer Querschnitt für die eintretende Luft vorteilhaft (Abschn. 13.3.1).

Bautechnisch sind hohe Pfeiler, die einen Kamin aus Stahlbeton von 100 m Höhe zu tragen haben, als eine kostspielige Konstruktion anzusehen.

Das Diagramm zeigt, wie die Relation der Abmessungen, H_E/D_T, mit der Geschwindigkeitsrelation, w_{hor}/w_{vert}, verknüpft ist. Beide, wiederum, bestimmen mit der Widerstandszahl als Parameter den Druckverlust Δp_t.

Aus dem Funktionsverlauf ergibt sich zweierlei:

- Um im Rahmen wirtschaftlicher Gestaltung eine genügend große Eintrittshöhe für die Luft zu gewinnen, muß man die hohe Belastung durch den Kamin aus Stahlbeton entbehrlich machen.
- Um zu einem niedrigen Druckverlust und damit zu einer großen Luftleistung zu gelangen, muß man besonders bei niedrigen Widerstandszahlen, wie sie heute angestrebt werden, die Einströmhöhe groß bemessen.

13.10 Perimetrische Kühlwände

Die Erkenntnisse aus der vorstehenden Analyse lassen sich in folgenden Bemessungsregeln zusammenfassen:

- Die Bauhöhe H_T verringern.
- Die Lufteintrittshöhe H_E vergrößern.
- Die geodätische Förderhöhe H_W verringern.
- Die Austauschkonfiguration in perimetrischen Wänden anordnen.
- Das Gewicht und damit den Baustoffaufwand vermindern.

Die Bemessungsregeln führen zu der Konstruktion, die Bild 13.6 für den Fall der (alleinigen) Verdunstungskühlung zeigt. Die Konstruktion für trockene und nasse Betriebsweise ist ähnlich.

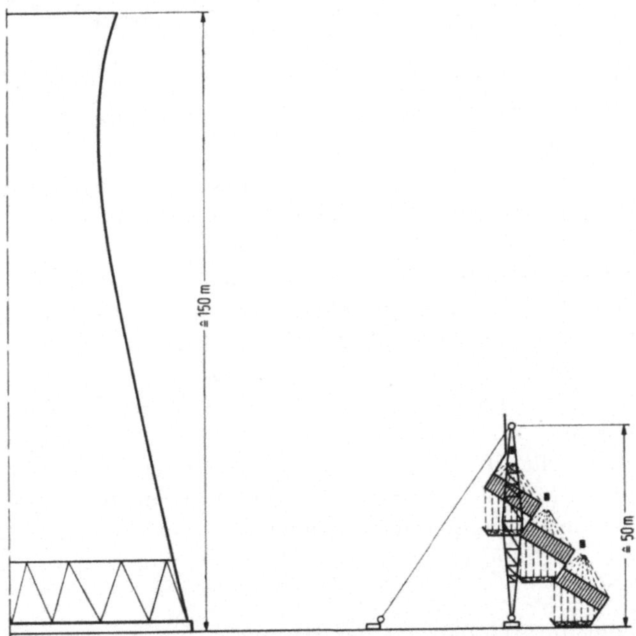

Bild 13.6. Gegenüberstellung eines hyperbolischen Kühlturms und einer perimetrischen Kühlwand, die als Seilnetz-Tragwerk ausgebildet ist.

Die Perimetrischen Kühlwände umschließen einen Innenraum, der nicht unbedingt kreisrund zu sein braucht. Es muß nur gewährleistet sein, daß ausschließlich erwärmte Luft nach innen gelangt. Die Lage der Kühlwände kann den örtlichen Gegebenheiten angepaßt werden. Wie groß der Innenraum zu bemessen ist, richtet sich nach der verfügbaren Bodenfläche. Es sind mit einer Vergrößerung des Innenbereichs nicht wesentlich höhere Kosten verbunden. Die frei verfügbare Fläche kann Anlagen aufnehmen, die außen nicht gut unterzubringen sind. Sie wird nicht von einem großen Wasserbecken gebildet, das jede Aufstellungsmöglichkeit ausschließt.

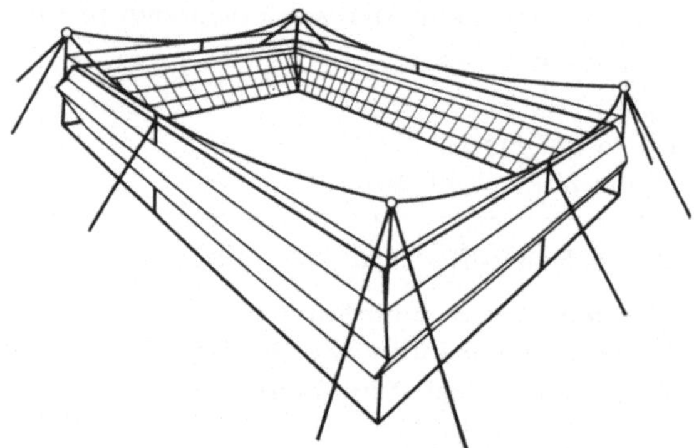

Bild 13.7. Perimetrische Kühlwände, als hängende Tragwerke nicht nur für die Mantelfläche ausgebildet.

Die in den Austauschkörpern erwärmte und befeuchtete Luft steigt nicht senkrecht über den Wänden auf. Sie wird mit Notwendigkeit nach innen geführt.

Diese allmähliche Umlenkung der Luftströme von der Horizontalen zur Vertikalen über einen breiten Querschnitt wird durch die schräge Lage der Kanäle in den Austauschkörpern begünstigt. Die eigentliche Ursache für die Zusammenführung der Luftströme im mittleren Bereich ist jedoch darin zu sehen, daß von innen keine Luft nachströmen kann. Die aufsteigende Luftmasse kann sich nur außen mit der Umgebungsluft vermischen. Die Mischluft strömt langsamer, weil sie einen Teil ihres Impulses verloren hat. Der Druck ist am Rande größer als innen. Dies hat wiederum zur Folge, daß sich eine Einschnürung einstellt. In einem mittleren „Aufstiegskanal" bewegt sich die erwärmte Luft schnell nach oben. Erst in einem beträchtlichen Abstand über den Perimetrischen Kühlwänden, der von den Witterungsbedingungen abhängig ist, wird auch die Kernströmung von der Vermischung erfaßt.

Man nennt die Ablenkung einer Strömung, die durch eine Behinderung der seitlichen Zuströmung hervorgerufen wird, Coanda-Effekt.

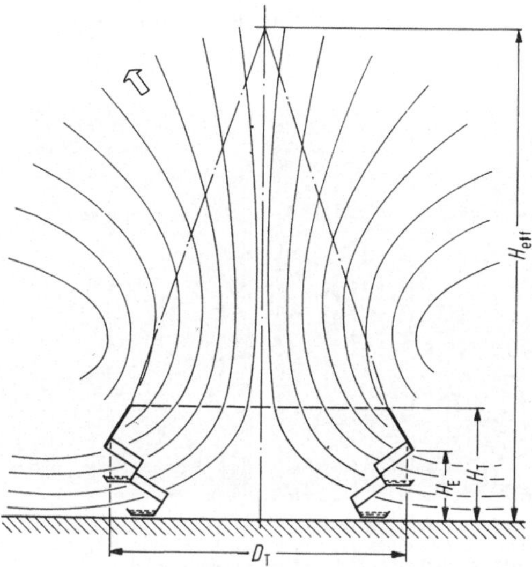

Bild 13.8. Strömungsbedingungen für Perimetrische Kühlwände.

Der in dem Mittelbereich der Perimetrischen Kühlwände gebündelte Luftstrom bildet eine verringerte Außenzone (Bild 13.8). Es entsteht eine ähnliche Wirkung, wie sie der Kamin hervorbringt.

Wenn Lattenroste als Austauschkörper verwendet werden, wie es bei hyperbolischen Kühltürmen die Regel ist, so wird eine unnötig große Förderhöhe und Pumpenleistung zur Umwälzung des Kühlwassers erforderlich. Austauschkörper für Filmverdunstung mit einer Schichthöhe von 0,6 bis 1,0 m können in Kaskaden angeordnet werden und damit zur Einsparung an Förderhöhe beitragen. Dabei wird ein Gegenstrom des Wassers zur Luft beibehalten.

Die schräge Lage im Luftstrom erlaubt, sowohl Wasserverteilung als auch Auffangschalen kleiner zu dimensionieren. Die Anströmfläche ist wesentlich größer als die beregnete Grundfläche.

13.11 Versuchsergebnisse

Die Untersuchungen von konvektiven Aufstiegsbewegungen bei punktförmigen oder linear ausgedehnten Wärmequellen lassen sich nicht auf ringförmige übertragen, die über einer Ebene angeordnet sind. Aus diesem Grunde wurden die Strömungen untersucht, die sich bei hyperbolischen Kühltürmen und Perimetrischen Kühlwänden einstellen. Bild 13.9 zeigt eine Gegenüberstellung. Die charakteristische Aufstiegsbewegung der erwähnten Luft verläuft bei beiden Berandungen so, wie es die Stromlinienbilder 13.3 und 13.8 schematisch vor Augen führen.

Beim Modell der Perimetrischen Kühlwand wurde der Deutlichkeit halber auf einen kleinen Kaminaufsatz verzichtet.

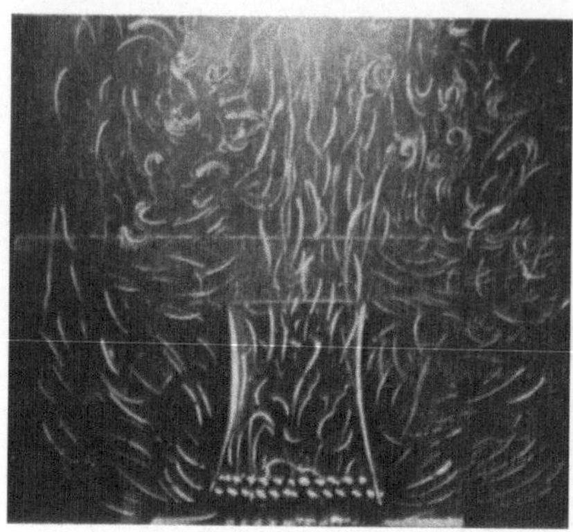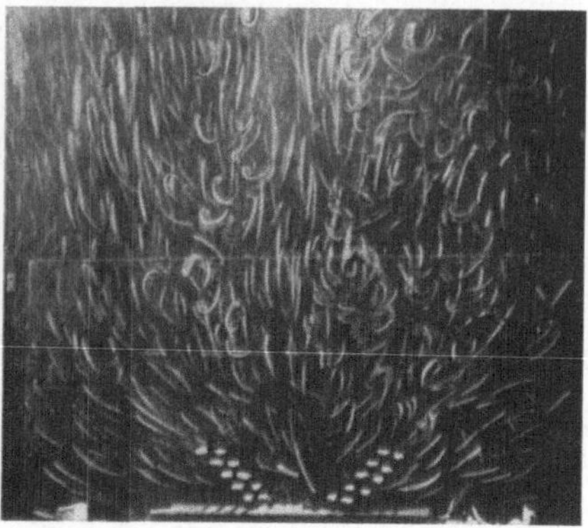

Bild 13.9. Aufstiegsbewegung erwärmter Luft und Zuströmungen.
Links: Modell eines hyperbolischen Kühlturms, $H_E/D_T = 0{,}125$.
Rechts: Modell einer Perimetrischen Kühlwand.

13.12 Sprühteiche

Die Sprühteiche liefern den Beweis, daß die Auftriebsleistung des natürlichen Zugs auch dort wirksam sein kann, wo man auf einen Kamin verzichtet, daß sich also bei $H_C = 0$ ein Auftrieb wie über jeder erwärmten Ebene einstellt. Die einfache Bauweise hat vielerlei Nachteile:

- Geringe spezifische Austauschleistung des Sprühraums
  (vgl. Abschn. 9.6)
- Starke Rezirkulation
  (vgl. Abschn. 11.3.7)
- Relativ hoher Pumpendruck
  (vgl. Abschn. 16.4)
- Ungenügende Zuströmung der Außenluft zum mittleren Bereich des ausgedehnten Sprühraumes, der weitgehend unwirksam bleibt, aber auch keine Aufstellungsfläche bietet
  (vgl. Abschn. 13.10)
- Abhängigkeit von der Wetterlage, da $H_{\text{eff}} = H_D$
  (vgl. Abschn. 14.2)

Dem Nachteil der Sprühteiche wird bei den Perimetrischen Kühlwänden, wie folgt, Rechnung getragen:

- Anwendung von Austauschkörpern
- Verminderte Rezirkulation durch die Wandhöhe von immerhin ca. 25 m (Vergleich der Größenordnungen:

Hyperbolischer Kühlturm $\qquad H_C \sim 125\ \text{m}$

Perimetrische Kühlwand $H_C \sim$ 25 m
Sprühteich $H_C \sim$ 5 m)

- Kaskadenschaltung der Wasserverteilung
- Erleichterung der Zuströmung durch genügend große Lufteintrittshöhe H_E — als Aufstellungsfläche verfügbarer Innenbereich
- Relativ günstige Nutzung eines niedrigen Kamins, da $\Delta p_A = = f(H_{eff}^{1/2})$.

Die Perimetrischen Kühlwände nehmen hinsichtlich H_C eine mittlere Stellung zwischen den hyperbolischen Kühltürmen und den Sprühteichen ein.

Neuerdings hat man versucht, die Funktion eines Sprühteiches in einem Stahlblech-Gehäuse zu erzielen, indem man den Anfangsimpuls des versprühten Wassers zur Luftförderung ausnutzte.

Literatur zum Kapitel 13

Berliner, P.: Cooling cascades for wet/dry transfer processes. ASME winter meeting. Detroit 1973, Dry and wet/dry cooling towers (Mon.) HTD 6.

Berliner, P.: Kühltürme mit natürlichem Zug. Klima- u. Kälteingenieur 2 (1974) 8.

Chilton, H.: Performance of natural — draught watercooling towers. Proc. Inst. El. Eng. 99 II. (1952) 71, 440—456.

Fernholz, H.-H.: Zur Umlenkung von Freistrahlen an konvex gekrümmten Wänden (Coanda-Effekt). Dt. Versuchsanstalt f. Luft- u. Raumfahrt, Fb. 66—21, München April 1966.

Geibel, C.: Über die Wasserrückkühlung mit selbstventilierendem Turmkühler. VDI-Fh. 242, Berlin 1921.

Lowe, H. J., Christie, D. G.: Natural draught towers. Proc. Int. Heat Transfer Conf. (1962) ASME 113, 933—950.

Mikyska, L.: Widerstands-Kennlinien von selbstventilierenden Kühltürmen. BWK 21 (1969) 12, 634—636.

Rish, R. F.: The design of natural draught cooling towers. Proc. Int. Heat Transfer Conf. (1962) ASME 114, 951—958.

Rish, R. F., Steel, T. F.: Design and selection of hyperbolic cooling towers. Proc. Am. Soc. Civil Eng. 85 (1959) PO 5, 10, 89—117.

Schlaich, J.: Naturzugkühltürme mit Seilnetzmantel. VGB-Bautagung, Dortmund 1972.

Spangenmacher, K.: Anwendung neuer Forschungsergebnisse. BWK 10 (1958) 7, 325—330.

Wood, B., Betts, P.: A contribution to the theory of natural draught cooling towers. Proc. Inst. Mech. Engn. 163 (1950) 54—78.

14. Umgebungseinflüsse auf die Leistung

14.1 Leistungsmessungen

Die Leistung eines Kühlturms kann nicht unabhängig von seiner Umgebung bestimmt werden. Zumindest drei Umgebungseinflüsse sollten in Betracht gezogen werden,

- die Schichtung der Umgebungsluft,
- die Ausbreitung der erwärmten Luft,
- die Sogwirkung des Windes.

Ob diese wichtigen Einflüsse der Witterungsbedingungen als jahreszeitliche Maximalwerte, als Mittelwerte oder in einer anderen Form bei den Berechnungen und Gewährleistungen berücksichtigt werden sollten, ist eine offene Frage.

Selbst bei einem Schornstein, dessen oberer Durchmesser um etwa zwei Zehnerpotenzen kleiner ist als ein Kühlturmdurchmesser, wird der Umgebungseinfluß in die Untersuchungen einbezogen.

14.2 Die Schichtung der Umgebungsluft

Zur Vereinfachung sei zunächst angenommen, die erwärmte Luft, die in den Luftraum über der Kaminkrone eindringe, behalte eine einheitliche Temperatur und Dichte; sie unterliege keinem Windeinfluß, keiner Vermischung mit der Umgebungsluft und keinem sonstigen Wärmeaustausch. Man könnte sich einen sehr hohen Kamin vorstellen, der ein abgeschlossenes thermodynamisches System bildet. Dann ist $H_{\mathrm{eff}} = H_{\mathrm{T\,(hyp)}}$. Jede Durchlässigkeit der Trennwand, die der hypothetische Kamin bildet, würde den Auftrieb durch Vermischung und seitliche Luftbewegung vermindern.

Die Dichte der erwärmten Luft kann bis über die Kaminkrone hinaus geringer sein als die Dichte der Umgebungsluft, so daß selbst ein unendlich hoher Kamin kein Maß für die Auftriebshöhe abgeben könnte.

Hier zeigt sich, daß für die Auftriebshöhe der *Verlauf* der Luftdichte entscheidend ist. Er ändert sich von Stunde zu Stunde. Für innen kann mit genügend guter Näherung ein adiabater Aufstieg angenommen werden. Für außen gelten die jeweils herrschenden atmosphärischen Bedingungen.

Betrachtet man atomsphärische Luft ohne Berücksichtigung eines Phasenwechsels, so erhält man für den Temperaturverlauf mit zunehmender Höhe allgemein

$$\frac{\mathrm{d}T}{\mathrm{d}H} = -\frac{g}{R}\frac{n-1}{n} \quad [\mathrm{K/m}] . \tag{14.1}$$

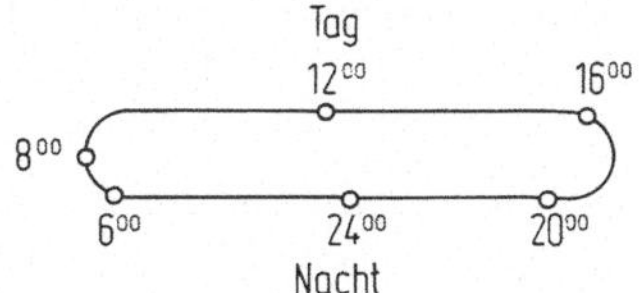

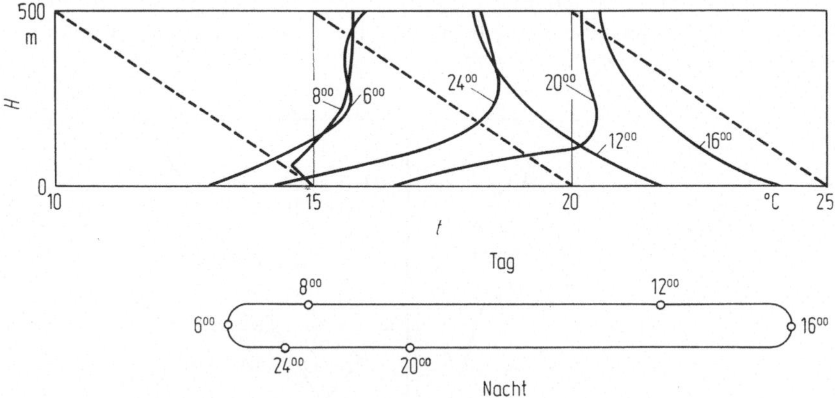

Bild 14.1. Durchschnittliche Temperaturverteilung im Tagesverlauf für Höhen bis 500 m nach Messungen des Oak Ridge Nat. Lab. für Sept.-Okt. 1950 (nach *Holland*).
Obere Schleife $H = 500$ m; untere Schleife $H = 0$ m.

Bild 14.1 zeigt an einem Beispiel, daß dT/dH im Tagesverlauf — von 6.00 Uhr früh bis 24.00 Uhr nachts — in den Höhen bis 500 m starken Schwankungen unterliegt.

Zusätzlich zu den gemessenen Verlaufskurven sind die Isenthalpen als gestrichelte Geraden eingezeichnet. Für sie gilt der adiabatische Temperaturgradient

$$\left(\frac{dT}{dH}\right)_{\text{ad}} = -\frac{g}{R}\frac{\varkappa - 1}{\varkappa} = -0{,}01 \ [\text{K/m}] \,. \tag{14.2}$$

Ein mittleres Maß, das allen Kühlturm-Berechnungen zugrundegelegt werden könnte, liefert die Norm-Atmosphäre (DIN 5450) mit den folgenden, auf Meereshöhe 0 bezogenen Werten

$$
\begin{aligned}
p_0 &= 101\,325 \ \text{N/m}^2 \\
T_0 &= 288{,}15 \ \text{K} \\
\varrho_0 &= 1{,}225 \ \text{kg/m}^3
\end{aligned}
$$

$$\left(\frac{dT}{dH}\right)_{\text{norm}} = -0{,}0065 \ \text{K/m} \,. \tag{14.3}$$

Diese Zusammenhänge werden zur Definition einer Inversion — $dT/dH > 0$ — (Zunahme der Temperatur mit der Höhe), sowie eines stabilen und eines labilen Gleichgewichts herangezogen.

Wenn sich die Luft in irgend einer Höhenlage in einem stabilen Gleichgewicht befindet, so wird sich darin ein Luftballen, der angehoben wird, zwar ausdehnen, aber in der Höhenlage verminderten Druckes noch immer kälter und dichter sein als die Umgebungsluft. Eine stabile Schichtung liegt in gleicher Weise vor, wenn ein nach unten gedrückter Luftballen trotz des dort herrschenden höheren Drucks eine geringere Dichte als seine Umgebung aufweist. In beiden Fällen ist die bewegte Luft bestrebt, ihre ursprüngliche Höhenlage wieder einzunehmen.

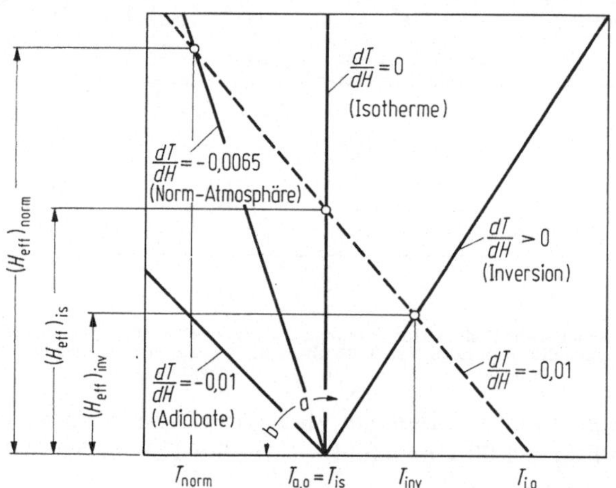

Bild 14.2. Abhängigkeit der Aufstiegshöhe H_{eff} vom Temperaturgradienten $\mathrm{d}T/\mathrm{d}H$. *a* zunehmend stabil; *b* zunehmend labil.

Die im Kühlturm aufsteigende Luft wird abgebremst, wenn sie in einen stabil geschichteten Luftraum eindringt.

Nach Bild 14.2 ist der obere Endpunkt der wirksamen Höhe, H_{eff}, als ein Gleichgewichtspunkt gekennzeichnet durch $T_{\mathrm{i}} = T_{\mathrm{a}}$. Durch Gleichsetzen der Gleichungen

- für den isentropen Zustandsverlauf der erwärmten Luft — *innen*:

$$T_{\mathrm{i}} = \frac{p_0}{R\varrho_0}\left(1 - H_{\text{eff}}\frac{\varrho_0 g}{p_0}\frac{\varkappa - 1}{\varkappa}\right) \tag{14.4}$$

und

- für den beliebigen (polytropen) Zustandsverlauf der Umgebungsluft — *außen*:

$$T_{\mathrm{a}} = \frac{p_0}{R\varrho_0}\left(1 - H_{\text{eff}}\frac{\varrho_0 g}{p_0}\frac{n - 1}{n}\right) \tag{14.5}$$

gewinnt man die wirksame Höhe

$$H_{\text{eff}} = \frac{p_0}{g} \frac{\dfrac{1}{\varrho_i} - \dfrac{1}{\varrho_a}}{\dfrac{\varkappa - 1}{\varkappa} - \dfrac{n - 1}{n}} \quad [\text{m}]\,. \tag{14.6}$$

Setzt man für $\chi = c_{pl}/c_{vl} = \dfrac{c_{pL} + c_{pD}x_s}{c_{vL} + c_{vD}x_s} = 1{,}397$ für $x_s = 20\,\text{g/kg tr. L.}$
und für n den Exponenten der Norm-Atmosphäre $= 1{,}235$, so erhält man

$$(H_{\text{eff}})_{\text{norm}} = 10{,}9 \cdot 10^4 \left(\frac{1}{\varrho_i} - \frac{1}{\varrho_a}\right) \quad [\text{m}]\,. \tag{14.7}$$

Der Auftriebsdruck ist bei Anwendung von Gl. (13.1)

$$\Delta p_A = p_0 \frac{\dfrac{\varrho_a}{\varrho_i} + \dfrac{\varrho_i}{\varrho_a} - 2}{\dfrac{\varkappa - 1}{\varkappa} - \dfrac{n - 1}{n}} \quad [\text{N/m}^2]\,. \tag{14.8}$$

Für die Norm-Atmosphäre gilt

$$(\Delta p_A)_{\text{norm}} = 1{,}07 \cdot 10^4 \, (\varrho_a/\varrho_i + \varrho_i/\varrho_a - 2)\,. \tag{14.9}$$

Die Häufigkeitsverteilung in den Schwankungen des Temperaturgradienten $\mathrm{d}T/\mathrm{d}H$ für einen Zeitraum von drei Jahren zeigt das Diagramm, Bild 14.3.

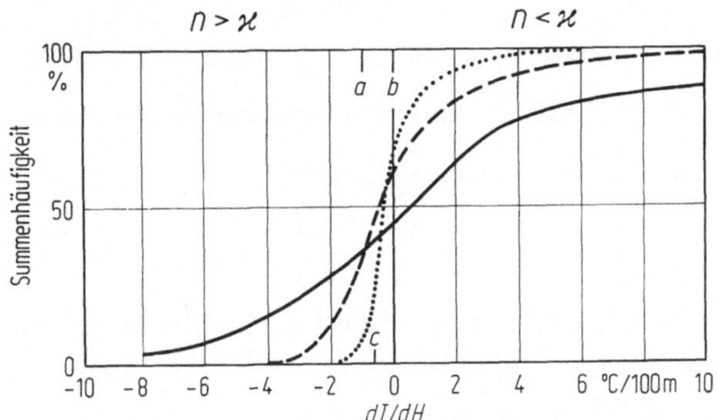

Bild 14.3. Summenhäufigkeit des Temperaturgradienten $\mathrm{d}T/\mathrm{d}H$.
———— $H = 0{-}15\,\text{m}$; ---------- $= 15{-}50\,\text{m}$; · · · · · · $H = 50{-}110\,\text{m}$ (nach *Best, Knighting, Pedlow, Stormonth*: Temperature and humidity gradients in the first 100 m over SE-England. Geophys. Mem. 89, London 1952).

14.3 Die Ausbreitung der erwärmten Luft

Die erwärmte Luft breitet sich nach Verlassen des Kamins aus (Bild 13.3). Sowohl ihre vertikale Geschwindigkeit als auch ihre Dichte und Temperatur sinkt durch die Vermischung mit der Umgebungsluft über das Maß hinaus, das das Modell, Abschn. 14.2, liefert. Anstelle des zylindrischen hat man einen trichterförmigen Aufstieg. Der adiabate Temperaturrückgang mit zunehmender Höhe wird von einem Temperaturrückgang durch Vermischung überlagert, der ebenfalls mit der Höhe ansteigt.

Mit der Höhe H nimmt der Radius des Trichters r zu. Für jede Querschnittsebene hat man einen Verlauf der Auftriebskraft A, der sich bei der Kenntnis der geeigneten Mittelwerte für die Dichte der Luft durch die folgende Gleichung ausdrücken ließe:

$$A = \frac{\pi r^2}{4} gH(\varrho_a - \varrho_i) \, . \tag{14.10}$$

Nimmt man an, daß kein Phasenwechsel eintritt, so kann man bei Anwendung des Gay-Lussacschen Gesetzes die Dichtedifferenz in einen mittleren Dichtewert und die Temperaturdifferenz überführen

$$\varrho_a - \varrho_i = \varrho\beta \, \varDelta T \, , \tag{14.11}$$

$$A = \frac{\pi r^2}{4} gH\varrho\beta \, \varDelta T \, . \tag{14.12}$$

Ähnliche Zusammenhänge gelten für die Impulskraft J. Der Verlauf der Impulskraft wird für irgend eine kreisförmige Querschnittsebene des Ausbreitungstrichters ausgedrückt durch

$$J = \frac{\pi r^2}{4} \varrho w^2 \, . \tag{14.13}$$

Nach dem Impulssatz ist die Impulszunahme $\mathrm{d}J/\mathrm{d}H$ in der Stromröhre vom Querschnitt $\dfrac{\pi r^2}{4}$ und von der vertikalen Länge $\mathrm{d}G$ gleich der Abnahme der Auftriebskraft $\mathrm{d}A/\mathrm{d}H$

$$\frac{\mathrm{d}J}{\mathrm{d}H} = \frac{\mathrm{d}A}{\mathrm{d}H} \, . \tag{14.14}$$

Die Ausbreitung der erwärmten Luft wird von diesen aerodynamischen Beziehungen und von der folgenden thermodynamischen bestimmt.

Die vom Kühlturm freigesetzte Wärme $\dot{Q}$ wandert innerhalb des Ausbreitungstrichters von einem Querschnitt zum nachfolgenden, größeren in unveränderter Höhe:

$$\dot{Q} = \dot{m}_1(h_a - h_i) = \varrho \dot{V}_1(h_a - h_i) \, , \tag{14.15}$$

$$\dot{Q} = \varrho \frac{\pi r^2}{4} w(h_a - h_i) \, .$$

Auch hier kann man — wenn kein Phasenwechsel auftritt — die Enthalpiedifferenz durch die Temperaturdifferenz ersetzen:

$$\dot{Q} = \varrho\,\frac{\pi r^2}{4}\,w c_{\mathrm{pl}}\,\varDelta T\,. \tag{14.16}$$

14.4 Dimensionsanalyse

Das Modell der trichterförmigen, turbulenten Ausbreitung der erwärmten Luft kann auf den Prandtlschen Mischungswegansatz zurückgeführt werden. Man sagt sich, daß die aufsteigenden Luftballen neben ihrer vertikalen Hauptbewegung noch Querbewegungen ausführen, die nach einer bestimmten Wegstrecke zu einer Vermischung mit den Luftballen der neuen Umgebung führen. Diese Wegstrecke l wird nach *Prandtl* „Mischungsweg" genannt. Wenn man keine Kenntnis über die Austauschkoeffizienten der turbulenten („scheinbaren") Schubspannung gewinnen kann, so ist man doch in einigen Fällen, z. B. bei freier Turbulenz, in der Lage, Aussagen über die Zusammenhänge von l zu machen. *Prandtl* geht davon aus, daß bei genügend großen Reynolds-Zahlen die Vorgänge in allen Querschnitten senkrecht zur Hauptströmungsrichtung geometrisch und dynamisch ähnlich verlaufen und l über den ganzen Querschnitt den gleichen Wert hat. Letzteres trifft natürlich bei allen rotationssymmetrischen Fällen zu.

Es ist dann der Mischungsweg l dem jeweiligen Trichterradius r proportional

$$l \ = \ \mathrm{const}_1\,r\,. \tag{14.17}$$

Aus der Theorie folgt weiterhin

$$l \ = \ \mathrm{const}_2\,H \tag{14.18}$$

und somit

$$r \ = \ \mathrm{const}_3\,H\,. \tag{14.19}$$

Um die Abhängigkeit der Lufttemperatur und der Luftgeschwindigkeit von der Aufstiegshöhe zu finden, bedient man sich zunächst der folgenden Ansätze

$$w \ = \ \mathrm{const}_4\,H^{\mathrm{p}}\,, \tag{14.20}$$

$$T \ = \ \mathrm{const}_5\,H^{\mathrm{q}}\,. \tag{14.21}$$

Wie *W. Schmidt* zeigte, ist es nun möglich, die Größe der Exponenten aus den Gleichungen für den Impuls- und Wärmetransport zu gewinnen. Aus Gl. (14.14) folgt

$$H^{1+2\mathrm{p}} \ = \ H^{2+\mathrm{q}}\,, \tag{14.22}$$

$$q \ = \ 2\,p - 1\,. \tag{14.23}$$

Aus Gl. (14.16) folgt

$$q \ = \ -\,p - 2\,. \tag{14.24}$$

Somit

$$2\,p - 1 \ = \ -\,p - 2\;,$$

$$p \ = \ -\,\frac{1}{3}\;,$$

$$q \ = \ 2\cdot -\frac{1}{3} - 1 = -\,\frac{5}{3}\;,$$

$$w \ = \ \text{const}_4\,H^{-\frac{1}{3}}\;. \tag{14.25}$$

$$T \ = \ \text{const}_5\,H^{-\frac{5}{3}}\;. \tag{14.26}$$

Die Meßwerte für die aufsteigende Luft bei einer sehr kleinen Wärmequelle führten bei dem Modell von *W. Schmidt* zu folgenden Koeffizienten

$$\text{const}_2 = 0{,}0417\;,$$

$$\text{const}_3 = 0{,}366\;.$$

Aus den Gln. (14.25) und (14.26) folgt, daß die Temperatur mit zunehmender Höhe schneller als die Geschwindigkeit sinkt.

14.5 Windeinflüsse

Der Wind, der in Höhe der Kaminkrone herrscht, beeinflußt die Leistung des Kühlturms und die Ausbildung der Nebelschwaden. Über beide Folgeerscheinungen liegen unterschiedliche Beobachtungen und Messungen vor. Offensichtlich sind die Windeinflüsse so stark von den jeweiligen Gegebenheiten abhängig, daß der Schluß auf Gesetzmäßigkeiten mit Vorbehalten gezogen werden muß.

Panell und *Jones* haben die Auftriebswerte von einem leeren, noch nicht fertiggestellten Kühlturm von 90 m Höhe mit entsprechenden Meßwerten nach der Inbetriebnahme verglichen. Danach entsteht bei der Windgeschwindigkeit von rund 3 m/s, wie sie häufig zu beobachten ist, im Kamin ein Aufwind, dessen Geschwindigkeit etwa die Hälfte des Wertes erreichte, der für den Betrieb vorausberechnet war. Im Mittel belief sich die vertikale Geschwindigkeit in Höhe der Kaminkrone auf etwa 23% der horizontalen. Nach dem Einbau der Austauschkörper sank sie auf etwa 13%.

Allgemein ist die Windgeschwindigkeit in Höhen von mehr als 100 m wesentlich größer als in Bodennähe. An einem Modell im Windkanal untersuchte *Khalil* den daraus resultierenden Druckunterschied. Wenn man die Meßwerte für den Druckgewinn in Abhängigkeit von der Einströmhöhe H_{E} aufzeichnet, stellt man fest, daß der Druckgewinn schnell sein Maximum erreicht, um dann wieder allmählich abzusinken.

Wie dagegen *Crawshaw* mit ausgedehnten Messungen unterhalb der Austauschkörper eines in Betrieb befindlichen Kühlturms nachwies, hat starker Wind eine ungleichmäßige Wasserverteilung zur Folge. Die von *Khalil* vermutete aerodynamische Steigerung der Übertragungsleistung bei starkem Wind wird anscheinend durch die hydrodynamischen Einbußen zunichte gemacht.

14.6 Messungen

Betriebsmessungen an großen Kühltürmen mit natürlichem Zug geben Aufschluß über die Leistung der betreffenden Konstruktion zum jeweiligen Zeitpunkt und bei den jeweiligen Aufstellungsbedingungen. Solche Messungen sind umfangreich und schwierig, wenn man das Ziel verfolgt, von den möglichst gleichzeitig über den großen Querschnitt aufgenommenen Einzelwerten zu exakten Mittelwerten zu gelangen.

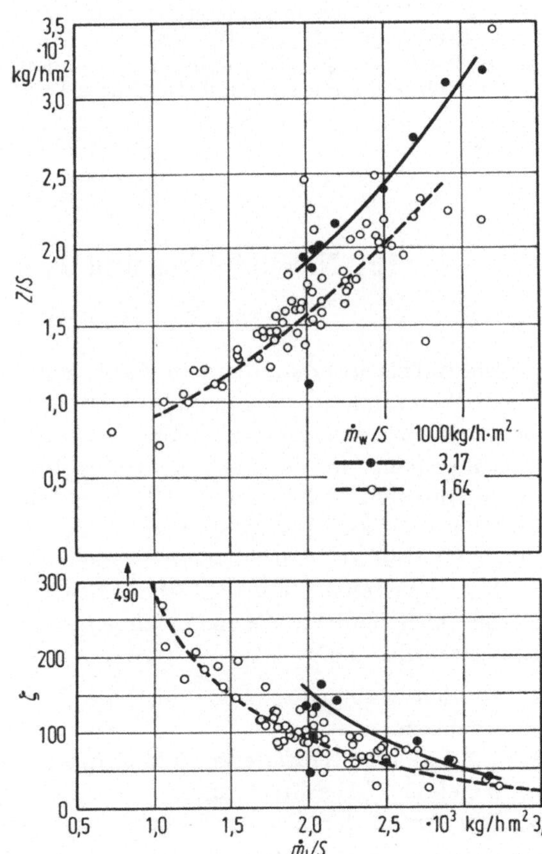

Bild 14.4. Charakteristische Daten für den Austauschkörper in der Form von Lattenrosten aufgenommen an einem Kühlturm mit natürlichem Zug für volle Kühlwasserbeaufschlagung 3,17 t/(h m²); halbe Kühlwasserbeaufschlagung 1,64 t/(h m²). Nach *Crawshaw*.

11 Berliner, Kühltürme

Crawshaw ist mit großer Sorgfalt vorgegangen. Seine Ergebnisse zeigt das Diagramm, Bild 14.4. Verglichen mit den Messungen nach Bild 9.1 bis Bild 9.8 streuen die Meßpunkte trotz aller Sorgfalt erheblich. Das Mißverhältnis zwischen der aufgewendeten Mühe und der Unsicherheit in den Ergebnissen wird deutlich. Es ist daher verständlich, daß man in der Praxis geneigt ist, nach Möglichkeit die vorausgerechneten Leistungsdaten mit Sicherheitszuschlägen zu versehen und sie bei günstigen Abnahmebedingungen nachzuweisen.

Literatur zum Kapitel 14

Crawshaw, C. J.: Effect of wind velocity on the performance of natural draught cooling towers. Engineer, Techn. Contr. Section (1962) 5, 905—911.

Crawshaw, C. J.: Investigation into variations of performance of a natural draught cooling tower. Proc. Inst. Mech. Eng. 178 (1963/64) Pt 1, Nr. 35.

Khalil, K. H.: Natural draught cooling towers. Engineer 198 (1954) 905—908

Pasquill, F.: Atmospheric diffusion. London: Van Nostrand 1962.

Schmidt, W.: Turbulente Ausbreitung eines Stromes erhitzter Luft. Z. AMM 21 (1941) 5, 265—278; 6, 351—361.

Tenner, A. R., Gebhart, B.: Laminar and axisymmetric vertical jets in a stable stratified environment. Int. J. Heat Mass Transfer 14 (1971) 12, 2051—2062.

15. Nebelbildung und Tropfenauswurf

15.1 Umwelteinflüsse

Die Nebelschwaden, die man vorwiegend bei kalter Witterung über den Kühltürmen aufsteigen sieht, werden in der Öffentlichkeit allgemein als störend empfunden. Hinzu kommt, daß sich Folgeerscheinungen einstellen, die als eine Gefährdung für die Umgebung angesehen werden müssen. Der Nebel führt zu Sichtbehinderungen. Die erwärmte Luft kann — auch wenn sie ungesättigt ist — Bodennässe oder, bei Frost, Glatteis auf den Straßen verursachen.

Die nachstehend aufgeführten Entwicklungstendenzen tragen, so wie sie sich heute abzeichnen, zu einer Steigerung der nachteiligen Umwelteinflüsse bei:

- In den Ballungszentren wird die Verkehrsdichte weiterhin anwachsen.

- Die Zahl der Kraftwerke, und damit die Zahl der Kühltürme wird zunehmen (Abschn. 17.2).

- Der Anteil der Kernkraftwerke, und damit der Anteil der hohen Abwärmeleistungen wird steigen (Abschn. 17.3).

- Im Schnitt werden die Standorte künftiger Kraftwerke näher bei den Verbraucherzentren liegen. Die Folge ist: weniger Flußwasserkühlung, mehr Verdunstungskühlung, sowie stärkere Belästigungen (Abschn. 10.3).
- Die Ablaufkühlung wird an Bedeutung gewinnen (Abschn. 17.6).

Man wird somit bei den künftigen Planungen den Fragen der Nebelbildung und Nebelauflösung erhöhte Aufmerksamkeit schenken.

15.2 Thermodynamik der Nebelbildung und Nebelauflösung

Verfolgt man den Zustandsverlauf der Luft, wie er sich im Kühlturm, und dann anschließend, in der freien Atmosphäre einstellt, so zeigt sich, daß mehrere Prozeßphasen, $I, II, \ldots VI$ zu unterscheiden sind. Die einzelnen charakteristischen Zustandswerte, die durchlaufen werden, lassen sich in h,x-Diagrammen für feuchte Luft anschaulich vor Augen führen. Das Diagramm, Bild 15.1, zeigt den Prozeßverlauf für einen Ventilator-Kühlturm. Die Analyse der Entstehung von Bodennässe ist eingeschlossen. Das Diagramm, Bild 15.2, verdeutlicht die Zusammenhänge für einen Kühlturm mit natürlichem Zug. Hier ist der Aufstieg der erwärmten Luft im Kamin, Prozeßphase III, der im Diagramm mit einer Verschiebung der Sättigungslinie einhergeht, der Übersicht halber gesondert herausgestellt.

I Erwärmung der Luft im Zustandsbereich LD

Die Außenluft strömt in Bodennähe mit den Zustandswerten, die sich dort eingestellt haben (Punkt A), in den Kühlturm ein. Sie er-

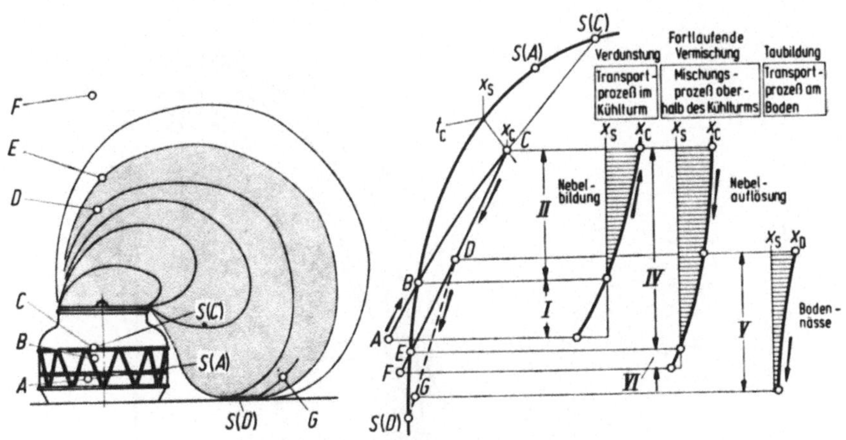

Bild 15.1. Ausbreitung von Nebelschwaden.
I Verdunstung (LD)
II Verdunstung (LDF)
IV Nebelauflösung (LDF)
V Taubildung (LDF)
VI Nebelauflösung (LD).

11*

wärmt sich, indem sie zunächst mit dem weitgehend abgekühlten Wasser unter den Austauschkörpern in Berührung kommt. Sie wird im Gegenstrom zum Wasser geführt. Ihr Zustand (A) nähert sich am Eintritt dem Zustand der feuchtgesättigten Luft an der Oberfläche des gerade austretenden Wassers $S(A)$.

Sie bleibt zunächst ungesättigt. Ihre Enthalpie, ihre Feuchte, evtl. auch ihre Temperatur, nehmen beim Durchströmen der Austauschkörper zu. Zugleich kühlt sich das Wasser ab. Schließlich erreicht die Luft innerhalb der Austauschkörper den Sättigungszustand (B).

II Erwärmung der Luft im Zustandsbereich LDF

Mit dem Eintritt in den Übersättigungsbereich beginnt die Nebelbildung. Der Dampfgehalt, x_S, nimmt langsamer zu als vorher. Ein wachsender Feuchteanteil, $x - x_\mathrm{S}$, wird in flüssiger Form mitgeführt. Nach dem Überschreiten eines maximalen Nebelgehalts kann sogar eine Rückbildung des Nebels einsetzen.

Bei einer über alle realen Grenzen wachsenden Erwärmung der Luft, d. h. bei sehr großer Austauschfläche, würde sich der Luftzustand (C) dem Zustandspunkt der gesättigten Luft an der Grenzfläche des eintretenden Kühlwassers $S(C)$ nähern. Der Grenzwert ist $x_\mathrm{C} - x_\mathrm{S(C)} = = 0$. Es ist kein Nebel mehr vorhanden. In den Diagrammen ist dieser fiktive Prozeß nicht gezeichnet. Das Ende der Erwärmung (C) ist dort kurz hinter dem Überschreiten des maximalen Nebelgehalts angenommen. Aus Gründen der Wirtschaftlichkeit wird man gewöhnlich auf eine weitere Erwärmung der Luft verzichten.

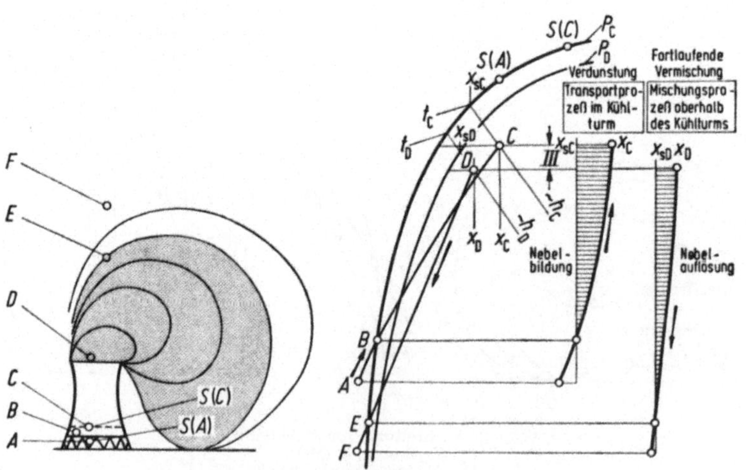

Bild 15.2. Ausbreitung von Nebelschwaden.
III Adiabater Aufstieg (LDF).

Beim Maximum des Nebelgehalts hat offenbar der Zustandsverlauf die gleiche Steigung wie die Sättigungslinie (da die Krümmung der Zustandslinie stets geringer ist als die Krümmung der Sättigungslinie).

III Aufstieg der Luft im Kamin

Beim adiabaten Aufstieg innerhalb des Kamins ($C \to D$, Bild 15.2) verliert die Luft einen Teil ihrer Enthalpie. Für den verminderten Druck, der sich nach diesem Prozeß einer Isenthalpen einstellt, gilt im Diagramm die Sättigungslinie, P_D, die rechts neben der ursprünglichen, P_C, angedeutet ist.

IV Mischung im Zustandsbereich LDF

Nach dem Austritt aus dem Kühlturm vollzieht sich zwischen der erwärmten Luft (C, Bild 15.1; D, Bild 15.2) und der kühleren Umgebungsluft (F) ein fortlaufender Mischungsprozeß.

Auch hier kann man sich — analog der Überlegung zu Phase II — vorstellen, daß der Flüssigkeitsanteil, $x - x_\mathrm{S}$, zunächst zunimmt und dann ein Maximum überschreitet. Die Luftenthalpie nimmt indessen stetig ab, desgleichen der Dampfgehalt, x_S. Schließlich wird die Grenze des übersättigten Zustandsbereiches passiert (E).

V Tauniederschlag oder Reifbildung

Die sogenannte Rezirkulation der im Kühlturm erwärmten Luft ist häufig beobachtet worden. Die Messungen über längere Zeiträume sind in der Literatur zusammengestellt. Danach ist für die Berechnung der Leistung von Ventilator-Kühltürmen und für die Nebelbildung stets mit einem solchen Teilprozeß zu rechnen. Verschiedene Autoren machen darauf aufmerksam, daß auch bei Kühltürmen mit natürlichem Zug der Sog in der Umgebung des Lufteintritts eine Abwärtsbewegung der erwärmten und in die freie Atmosphäre diffundierenden Luft begünstigt.

Es handelt sich im Grunde um einen Vorgang im Bereich der Technik, der den bekannten Naturerscheinungen ähnelt, gelegentlich wohl auch mit diesen Hand in Hand läuft.

Im Diagramm, Bild 15.1, ist für einen Teil der Mischluft, die nach der Erwärmung in Bodennähe auftritt, ein Zustand der Übersättigung (D) angenommen. Bei Berührung einer kalten Bodenfläche, Zustand der Grenzschicht $S(D)$, entsteht ein Tauniederschlag (bzw. Glatteis).

Die Übersättigung der abgesunkenen Luftmassen ist keinesfalls eine notwendige Voraussetzung für das Entstehen von Bodennässe. Die Luft, die die Nässe hervorbringt, kann unsichtbar sein. Wie die Erfahrung zeigt, wird dies oft übersehen, wo die thermodynamischen Zusammenhänge nicht beachtet werden.

Von der Mischluft aus wird (dampfförmige und flüssige) Feuchtigkeit zur kalten Bodenfläche geleitet. Der Tauprozeß V steht als ein Transportprozeß in Analogie zum Verdunstungsprozeß II. Der Feuchteanteil eines Teilstromes der Mischluft nimmt ab, und zwar sowohl der flüssige Anteil, $x - x_S$, als auch der dampfförmige, x_S. Am Ende (G) ist das Enthalpie-Potential, $h_D - h_{S(D)}$, das die treibende Kraft des Tauprozesses darstellt, so weit abgesunken, daß sich in der verfügbaren Zeit kein Niederschlag mehr auf der kalten Bodenfläche bildet.

VI Mischung im Zustandsbereich LD

Da der Hauptstrom der Kühlturmluft nicht einem Transportvorgang sondern einer fortlaufenden Vermischung mit der Umgebungsluft unterliegt, kann er in den Zustandsbereich der Untersättigung eindringen. Der Nebel verschwindet beim Überschreiten der Sättigungslinie (E). Nunmehr beginnt auch der Dampfgehalt der Mischluft, unter den Sättigungswert zu sinken.

Bis zum Abschluß des Prozesses (F) (wenn der ‚Anteil' der Umgebungsluft alle Grenzen überschreitet) kann die Mischluft, die bei Windstille einen großen Raum einnimmt — trotzdem aber weitgehend unsichtbar bleibt — Folgeerscheinungen hervorrufen, deren Ursache dem Auge entzogen ist.

15.3 Technische Maßnahmen zur Verhinderung von Nebel in der Umgebung

Die Analyse der Nebelbildung und Nebelauflösung bei Kühltürmen läßt deutlich werden, daß Nebelschwaden in der Umgebung verhüten, nur zweierlei bedeuten kann:

- den Prozeß gänzlich im Zustandsbereich LD ablaufen zu lassen,
- ihn nach einem vorübergehenden Eintritt in LDF wieder zurück, zu einem Grenzzustand auf der Sättigungslinie zu führen.

Insgesamt sind fünf technische Maßnahmen denkbar. Nach der vorstehenden Unterscheidung zählen *drei* (elementare) zur ersten, *zwei* (kombinierte) zur zweiten Kategorie.

Zur Verdeutlichung des Wesentlichen wird die Darstellung der fünf Fälle von je einem h,x-Zustandsdiagramm, Bild 15.3 bis 15.7 begleitet, die den beiden Diagrammen der Analyse genau entsprechen. Zur Vereinfachung ist $S(A) = S(C)$ gesetzt, weil der Temperaturverlauf des Kühlwassers für die Prinzipien keine Bedeutung hat.

15.3.1 Die Austauschfläche vergrößern

Die Temperatur des Kühlwassers wird durch den Übergang von der Austauschfläche A_1 zu A_2 soweit abgesenkt, daß der Sättigungszustand der Luft an der Grenzschicht von $S(A)1$ nach $S(A)2$ wandert.

Jetzt kann ein Verdunstungsprozeß von (A) nach $S(A)2$ stattfinden — Prozeßphase I — ohne daß die Sättigungslinie überschritten wird. Es kann also kein Nebel entstehen.

Nach der Merkelschen Hauptgleichung verhalten sich bei sonst unveränderten Bedingungen die Austauschflächen, A_1 und A_2, umgekehrt proportional den zugehörigen *Enthalpie-Potentialen*, $(h_{S(A)1} - h_A)$ und $(h_{S(A)2} - h_A)$.

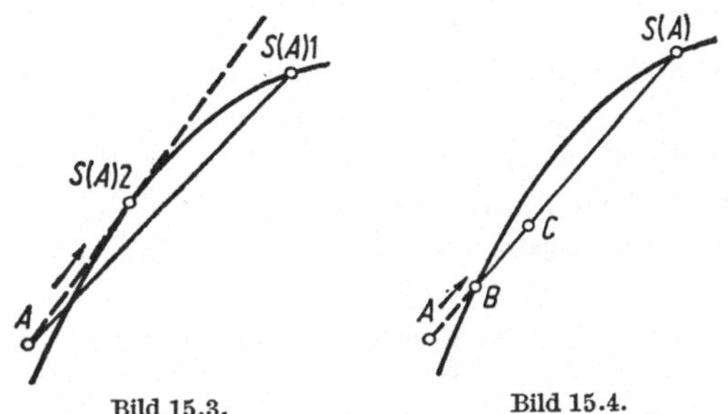

Bild 15.3.   Bild 15.4.

Vergleicht man einen Verdunstungsprozeß 1, der zur Nebelbildung führt, mit einem zweiten, 2, der die Mindest-Austauschfläche A_2 kennzeichnet, die gerade noch eine Nebelbildung verhindert, so erkennt man in dem Diagramm 3.1, daß bei diesem der Zustandsverlauf eine Tangente zur Sättigungslinie bilden muß. Für mittlere Vergleichswerte gilt danach mit hinreichender Genauigkeit

$$A_2/A_1 = (h_{S(A)1} - h_A)/(h_{S(A)2} - h_A) \, . \tag{15.1}$$

15.3.2 Die Luftleistung erhöhen

In analoger Weise kann eine Nebelbildung verhindert werden, wenn die Luftleistung von $\dot{m}_1$ auf $\dot{m}_2$ gesteigert wird. Der Austrittszustand der erwärmten Luft wandert dann im Diagramm 3.2 von (C) nach (B), d. h. zu einem Zustandspunkt auf der Sättigungslinie, der unmittelbar vor der Nebelbildung liegt.

Nach der Bilanzgleichung für die Lufterwärmung stehen bei sonst unveränderten Bedingungen die Luftströme, $\dot{m}_1$ und $\dot{m}_2$, im umgekehrten Verhältnis zu den entsprechenden *Enthalpie-Zunahmen*, $(h_C - h_A)$ und $(h_B - h_A)$.

Vergleicht man einen Verdunstungsprozeß 1, der zur Nebelbildung führt, mit einem zweiten, 2, der die Mindestluftmenge m_2 aufweist, die gerade noch eine Nebelbildung ausschließt, so erkennt man in dem Diagramm 3.2, daß bei diesem der Zustandsverlauf an der Sättigungslinie endet. Es ist dann

$$\dot{m}_2/\dot{m}_1 = (h_C - h_A)/(h_B - h_A) \, . \tag{15.2}$$

Mit den beiden Maßnahmen kann nicht bei jedem Außenluftzustand eine Nebelbildung verhindert werden. Wenn die Außenluft feuchtgesättigt ist, so können selbst sehr große Austauschflächen und Luftleistungen eine Nebelbildung nicht ausschließen. Die Maßnahmen haben den Vorteil, daß der Verdunstungsprozeß, der sich bisher als der entschieden wirtschaftlichste Kühlturmprozeß erwiesen hat, thermodynamisch, d. h. in seinen Funktionskomponenten, nicht verändert zu werden braucht. Nur die Auslegung muß geändert werden. Die Maßnahmen erscheinen sinnvoll,

- wenn man sich bei den Vergrößerungen in der Auslegung nicht zu sehr von der optimalen Bemessung entfernt,
- wenn — was die Maßnahme 3.1 betrifft — der Kondensationsdruck während der kalten Jahreszeit auf die Druckhöhe absinken darf, die sich einstellt, wenn die Kühlwassertemperatur herabgesetzt worden ist.
- wenn man mit trockenem Festlandsklima rechnen kann.

15.3.3 Die Wärme trocken abführen

Wenn man die Wärme von einem geschlossenen Kühlwasser-Kreislauf oder, direkt, vom Dampf her abführt, so kann kein Nebel auftreten.

Der Vergleich, Abschnitt 10, zeigt, daß ein vielfacher Aufwand an Energie für die erhöhte Luftleistung erforderlich ist.

Nach der vereinfachenden Reynolds Analogie mit Le $= 1$ kann man die Merkelsche Hauptgleichung heranziehen. Man erhält

$$\dot{E}_2/\dot{E}_1 \approx U_{\mathrm{Re}} = \dot{Q}_1/\dot{Q}_2 = (h_{\mathrm{S(A)}} - h_{\mathrm{A}})/(h_{\mathrm{S(T)}} - h_{\mathrm{A}}) \, . \qquad (15.3)$$

Eine geometrische Deutung für diese Vereinfachung liefert das h,x-Diagramm, Bild 3.3. Der übliche nasse Prozeß verläuft, wie im Diagramm, Bild 15.1, im einzelnen gezeigt, vom Außenluft-Zustand (A) aus in Richtung $S(A)$, der trockene Prozeß verläuft zum Zielpunkt $S(T)$.

Da der trockene Prozeß eine sehr aufwendige Maßnahme zur Beseitigung des Nebels ist, liegt es nahe, ihn mit dem Verdunstungsprozeß zu kombinieren. Drei Prozeßführungen sind möglich:
- Aufteilung in zwei Teilströme und anschließende Vermischung
- Verdunstungskühlung und anschließende trockene Kühlung
- Trockene Kühlung und anschließende Verdunstungskühlung

15.3.4 Vermischung zweier Teilströme

Der eine Teilstrom wird im Verlaufe eines Verdunstungsprozesses erwärmt. Nach dem h,x-Diagramm, Bild 15.6, verläuft der Prozeß vom Außenluftzustand (A) zum Endzustand (C) im Nebelgebiet.

Der zweite Teilstrom erwärmt sich trocken von (A) bis zum Endzustand (K).

Anschließend findet eine Vermischung der beiden Teilströme statt. Nach den Mischungsregeln steht die Relation der beiden Teilströme, $\dot{m}_{\mathrm{dry}}$ und $\dot{m}_{\mathrm{wet}}$, im umgekehrten Verhältnis zu den betreffenden Prozeßstrecken, $K \to M$ und $C \to M$, im Diagramm:

$$\dot{m}_{\mathrm{dry}}/\dot{m}_{\mathrm{wet}} = (C \to M)/(K \to M) \, .$$

Will man möglichst sparsam verfahren, so muß der trocken erwärmte Teilstrom so klein wie möglich sein. Dies ist der Fall, wenn der Mischpunkt (M) auf der Sättigungslinie liegt.

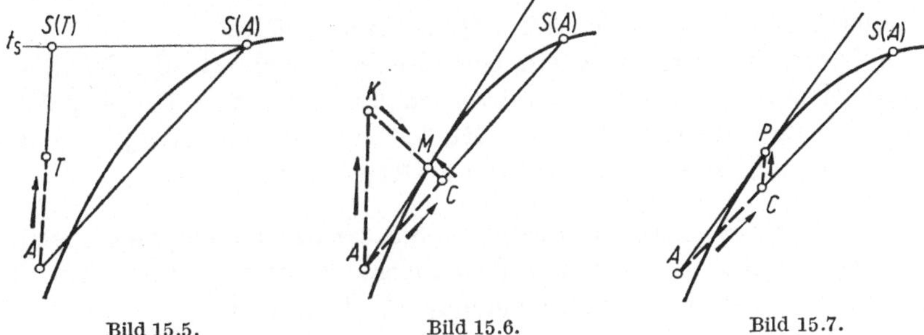

Bild 15.5.   Bild 15.6.   Bild 15.7.

Nach den Bilanzgleichungen für die Lufterwärmung verhalten sich die Wärmeströme der trockenen und nassen Rückkühlung, $\dot{Q}_{\mathrm{dry}}$ und $\dot{Q}_{\mathrm{wet}}$, proportional den entsprechenden Produkten der Luftströme, $\dot{m}_{\mathrm{dry}}$ und $\dot{m}_{\mathrm{wet}}$, und ihrer Enthalpiezunahmen:

$$\dot{Q}_{\mathrm{dry}}/\dot{Q}_{\mathrm{wet}} = \dot{m}_{\mathrm{dry}}/\dot{m}_{\mathrm{wet}}(h_{\mathrm{K}} - h_{\mathrm{A}})/(h_{\mathrm{C}} - h_{\mathrm{A}}) \, . \tag{15.4}$$

Aus geometrischen Gründen (Strahlensatz) verhalten sich die Streckenabschnitte, $K \to M$ und $C \to M$, im Diagramm proportional den zugehörigen Isenthalpen-Abständen, $h_{\mathrm{K}} - h_{\mathrm{M}}$ und $h_{\mathrm{C}} - h_{\mathrm{M}}$. Man kann daher die Streckenabschnitte in der oben angegebenen Mischungsgleichung auswechseln:

$$\dot{m}_{\mathrm{dry}}/\dot{m}_{\mathrm{wet}} = (h_{\mathrm{C}} - h_{\mathrm{M}})/(h_{\mathrm{M}} - h_{\mathrm{K}}) \, . \tag{15.5}$$

Verbindet man die beiden Gleichungen, so erhält man die Relation der Wärmeströme in Abhängigkeit von den Enthalpiewerten:

$$\dot{Q}_{\mathrm{dry}}/\dot{Q}_{\mathrm{wet}} = (h_{\mathrm{C}} - h_{\mathrm{M}})/(h_{\mathrm{M}} - h_{\mathrm{K}}) \, (h_{\mathrm{K}} - h_{\mathrm{A}})/(h_{\mathrm{C}} - h_{\mathrm{A}}) \, . \tag{15.6}$$

15.3.5 Verdunstung und anschließende trockene Kühlung

Wenn die Luft, die in den Kühlturm einströmt (A), nach dem Verdunstungsprozeß (C) trocken erwärmt wird, so muß zur vollständigen Nebelbeseitigung dieser nachgeschaltete Prozeß nach dem h,x-Dia-gramm, Bild 15.7, bis zur Sättigungslinie geführt werden (P).

Aus den Bilanzgleichungen für die Lufterwärmung folgt für diese Strömungsführung bis zum Zustandspunkt (P):

$$\dot{Q}_{\mathrm{dry}}/\dot{Q}_{\mathrm{wet}} = (h_{\mathrm{P}} - h_{\mathrm{C}})/(h_{\mathrm{C}} - h_{\mathrm{A}}) \ . \qquad (15.7)$$

Nachteile:

- Infolge der Förderung des Gesamtvolumens, $\dot{m}_{\mathrm{wet}} + \dot{m}_{\mathrm{dry}}$, ist der Leistungsbedarf für die Ventilatoren größer als bei der Maßnahme 3.4.
- Infolge des größeren, senkrechten Abstandes ($C \rightarrow P$), Bild 15.7, gegenüber ($C \rightarrow M$), Bild 15.6, ist die erforderliche trockene (und teuere) Übertragungsleistung, $\dot{Q}_{\mathrm{dry}}$, etwas größer.
- Insbesondere stellt sich ein betrieblicher Nachteil ein. Nachdem der Wasseranteil der übersättigten Luft an den Rippenrohren schnell verdunstet, bilden die Rückstände der Nebeltropfen einen wachsenden Belag von Gips und anderen Härtebildern.

Die umgekehrte Prozeßführung zu 3.5 wird hier nicht mehr behandelt. Sie ergibt im Rahmen der thermodynamisch quantitativen Gegenüberstellung keine entscheidenden Unterschiede.

15.4 Gegenüberstellung des Mehraufwandes für die Maßnahmen zur Nebelbeseitigung anhand eines Zahlenbeispiels

Es sei folgender Außenluftzustand zugrundegelegt:

$$t_{\mathrm{A}} = -4\ {}^{\circ}\mathrm{C}\,, \qquad h_{\mathrm{A}} = 0\ \mathrm{kJ/kg}\ .$$

Diesem Luftzustand entspricht der Zustand der gesättigten Luft an der Oberfläche des Kühlwassers:

$$t_{\mathrm{S(A)1}} = +20\ {}^{\circ}\mathrm{C}\,, \qquad h_{\mathrm{S(A)1}} = 57{,}9\ \mathrm{kJ/kg}\ .$$

Die Außenluft werde bis zum Endzustand (C) erwärmt:

$$t_{\mathrm{C}} = +10\ {}^{\circ}\mathrm{C}\,, \qquad h_{\mathrm{C}} = 29{,}5\ \mathrm{kJ/kg}\ .$$

Es tritt Nebel auf.

15.4.1 Die Austauschfläche vergrößern

Es ist im h,x-Diagramm gemäß Bild 15.3, die Tangente von (A) zur Sättigungslinie zu ziehen, die diese bei $S(A)2$ berührt.

$$t_{\mathrm{S(A)2}} = +8\ {}^{\circ}\mathrm{C}\,, \qquad h_{\mathrm{S(A)2}} = 25{,}0\ \mathrm{kJ/kg}\ .$$

Nach Gl. (15.1) ist der Mindestwert der Austauschfläche:

$$A_2 = (57{,}9 - 0)/(25{,}0 - 0)\, A_1 = 2{,}3\, A_1\ .$$

15.4.2 Die Luftleistung erhöhen

Die Gerade des Zustandsverlaufs zwischen A und $S(A)$ schneidet gemäß Bild 15.4, die Sättigungslinie bei (B).

$$t_B = 0 \text{ °C}, \qquad h_B = 9{,}6 \text{ kJ/kg} .$$

Nach Gl. (15.2) ist der Mindestwert der Luftleistung

$$\dot{m}_2 = (29{,}5 - 0)/(9{,}6 - 0)\, \dot{m}_1 = 3{,}2\, \dot{m}_1 .$$

15.4.3 Die Wärme trocken abführen

Nach dem h,x-Diagramm, Bild 10.2 ist $U_{cc} = 2{,}2$. Somit ist nach der Chilton-Colburn-Analogie und für $\text{Le} \neq 1$

$$\dot{E}_2 = 2{,}2\, \dot{E}_1 .$$

Nach dem h,x-Diagramm, Bild 15.5, ist bei trockener Erwärmung $x_T = x_A$.

$$t_{sT} = +20 \text{ °C}, \qquad h_T = 24{,}0 \text{ kJ/kg} .$$

Nach Gl. (15.3) ist für die Reynolds-Analogie mit $\text{Le} = 1$ die Antriebsleistung der Ventilatoren

$$\dot{E}_2 = (57{,}9 - 0)/(24{,}0 - 0)\, \dot{E}_1 = 2{,}4\, \dot{E}_1 .$$

Der Unterschied zwischen den beiden Ergebnissen ist unwesentlich.

15.4.4 Vermischung zweier Teilströme

Der trocken erwärmte Teilstrom erreicht nach dem h,x-Diagramm, Bild 15.6, den Endzustand (K)

$$t_K = +15 \text{ °C}, \qquad h_K = 18{,}8 \text{ kJ/kg} .$$

Er wird sodann mit der nebelhaltigen Luft (C) gemischt. Der Zustandspunkt der Mischluft (M) liegt auf der Verbindungsgeraden zwischen (K) und (C) dort, wo diese die Sättigungslinie schneidet:

$$t_M = +9{,}2 \text{ °C}, \qquad h_M = 27{,}7 \text{ kJ/kg} .$$

Nach Gl. (15.6) muß der folgende Anteil der Wärme trocken übertragen werden:

$$\dot{Q}_{\text{dry}} = (29{,}5 - 27{,}7)/(27{,}7 - 18{,}8)\,(18{,}8 - 0)/(29{,}5 - 0)\, \dot{Q}_{\text{wet}}$$
$$= 0{,}13\, \dot{Q}_{\text{wet}} .$$

Der Anteil des trocken erwärmten Luftstromes ergibt sich aus Gl. (15.5) zu

$$\dot{m}_{\text{dry}} = 0{,}20\, \dot{m}_{\text{wet}} .$$

15.4.5 Verdunstung und anschließende trockene Kühlung

Nach dem h,x-Diagramm, Bild 15.7, muß die im Verlauf des Verdunstungsprozesses erwärmte Luft (C) soweit trocken erwärmt werden, daß die senkrechte Linie des Zustandsverlaufes die Sättigungslinie schneidet (P).

$$t_\mathrm{P} = +11{,}5\ {}^\circ\mathrm{C}\,, \qquad h_\mathrm{P} = 33{,}6\ \mathrm{kJ/kg}\,.$$

Nach Gl. (15.7) ist der Anteil des trocken übertragenen Wärmestromes

$$\dot{Q}_\mathrm{dry} = (33{,}6 - 29{,}5)/(29{,}5 - 0)\ \dot{Q}_\mathrm{wet} = 0{,}14\ \dot{Q}_\mathrm{wet}\,.$$

Welcher der fünf thermodynamischen Prozesse als der vorteilhafteste anzusehen ist, kann nicht allein nach den rechnerischen Ergebnissen entschieden werden, da diese lediglich einen zahlenmäßigen Anhalt für den Vergleich vermitteln sollen.

15.5 Tropfen in den Kühlturmschwaden

Die Wassertropfen, die in der erwärmten Luft mitgeführt werden, entstehen im Zusammenhang

- mit der *Nebelbildung* (d. h. durch einen thermodynamischen Prozeß),
- mit der *Wasserverteilung* (d. h. durch einen hydromechanischen Prozeß).

Der Anteil der Nebeltropfen ist gering. Wie Bild 15.1 zeigt, verdunstet der größte Teil im Zuge der Vermischung mit der Umgebungsluft.

Die Tropfen, die von der Wasserverteilung herrühren, entstehen entweder durch den Aufprall auf ebene Flächen, wenn sich Wasserstrahlen — und auch große Tropfen, die an sich nicht vom Luftstrom mitgerissen werden — zerteilen. Das gilt für Prallteller (Abschn. 16.3) wie für Lattenroste und sonstige Einbauten. Oder die Tropfen entstehen sofort beim Austritt der Wasserstrahlen in den Sprühraum. Dies trifft für Sprühdüsen zu (Abschn. 16.4).

15.6 Tropfenabscheidung

Nur größere Wassertropfen werden allein durch ihre Schwerkraft abgeschieden. Das Diagramm, Bild 15.8, veranschaulicht den Funktionsverlauf des Grenzwertes für den Tropfendurchmesser in Abhängigkeit von der Aufstiegsgeschwindigkeit der Luft. Praktisch können in Kühltürmen nur Tropfen mit $D_\mathrm{Tr} > 0{,}5$ mm durch ihr Gewicht ausfallen. Das ist nach der Häufigkeitsverteilung, Bild 15.9, weniger als 5%.

Bei den Prallblechabschneidern sind zwei Funktionen zu unterscheiden,

- die eigentliche aerodynamische Trennung durch die Ausnutzung der unterschiedlichen Trägheit im Wasser/Luft-Gemisch, der Turbulenz im Luftstrom,

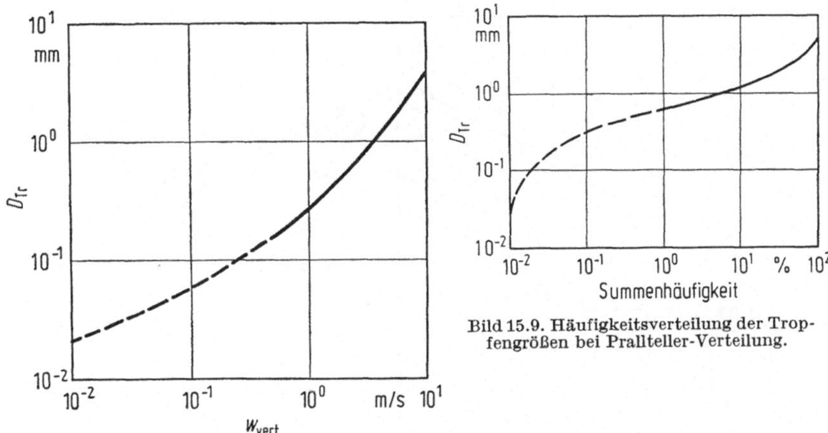

Bild 15.9. Häufigkeitsverteilung der Tropfengrößen bei Prallteller-Verteilung.

Bild 15.8. Grenzwerte für die Tropfendurchmesser, bei denen die im Luftstrom mitgeführten Tropfen noch mitgerissen werden. Aufstiegsgeschwindigkeit der Luft w_{vert}.

- die Rückführung des an den Prallflächen haftenden Wassers, das vom Luftstrom leicht an Ablösungskanten und -vorsprünge getrieben wird.

Zur Ausnutzung der unterschiedlichen Trägheit sind mehrfache Umlenkungen des Luftstromes vorgesehen. Zur Trennung durch die Turbulenz der Luft würden Flächen parallel zur Strömungsrichtung genügen. Tropfen in der Grenzschicht gelangen mit höherer Wahrscheinlichkeit als Tropfen in der Kernströmung an die Flächen. Die Abnahme der Tropfenkonzentration ist in der Grenzschicht am stärksten. Je geringer daher der Abstand zwischen den Flächen ist, um so wirksamer ist deren Abscheidefunktion.

Man ist bei den neueren Konstruktionen bestrebt, eine günstige Kombination zwischen der Trägheits- und Turbulenzabscheidung zu erzielen. Zugleich muß der Werkstoffaufwand und der Strömungswiderstand in Grenzen gehalten, sowie ein Abreißen des Wasserfilms verhütet werden, Bild 15.10.

Der Wirkungsgrad bezieht sich nicht auf den Druckverlust (was vernünftiger wäre) sondern auf den Gewichtsanteil. Da die kleinen Tropfen ihrer Zahl nach den Hauptanteil ausmachen und weniger leicht zurückgehalten werden, ist der Wirkungsgrad nur ein bedingt taugliches Maß. Nach Empfehlungen der britischen Kraftwerksbehörde sollen nur Tropfen passieren

- mit weniger als 0,2 mm Durchmesser,
- mit mehr als 0,15 mm Durchmesser zu max. 5%,
- von der umgewälzten Wassermenge max. 0,01%!

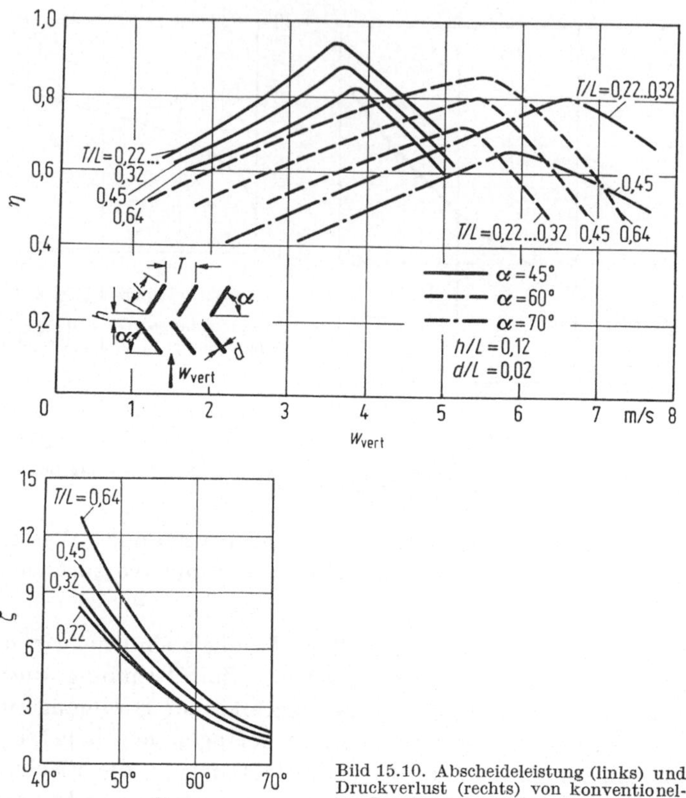

Bild 15.10. Abscheideleistung (links) und Druckverlust (rechts) von konventionellen Prallblechabscheidern (nach *Chilton*).

Die insgesamt durch den Einbau der Abscheider erforderlichen Investitions- und Erneuerungskosten — im besonderen aber die Leistungsminderungen durch den zusätzlichen Druckverlust werden meist unterschätzt.

15.7 Entbehrlichkeit der Tropfenabscheider

In Anbetracht der empfindlichen Leistungsminderungen und des hohen baulichen Aufwandes, den die Prallblech-Systeme mit sich bringen, hat man geprüft, welche technischen Maßnahmen diese Abscheider entbehrlich machen können.

Zunächst ist dafür zu sorgen, daß in den Austauschkörpern nicht kleine Tropfen entstehen, die im Luftstrom sofort mitgerissen werden — Abschn. 8.5, Punkt (9). Ein gutes Beispiel sind die Wabenkörper von Munters, Abschn. 9.2.

Sodann ist die Wasserverteilung zu entwickeln, die ein Mitreißen der versprühten Tropfen ausschließt — Abschn. 16.5.

Literatur zum Kapitel 15

ıker, K. G.: Water cooling tower plumes. Chem. Proc. Engng. (Jan. 1967).

ırliner, P.: Fog formation and fog elimination. Proc. IAEA/ECE Symp. Eff. Env. of Cooling Systems ... Oslo 1974, No. IAEA-SM 187.

ʾum, A.: Drizzle precipitation from water cooling towers. Engineer 186 (1948) 128.

ɔgh, P., Hopkirk, R., Junod, A., Zuend, H.: A new method of acessing the environmental influence of cooling towers. Nuclex, Basel 1972, Nr. 9/25.

ıilton, H.: Elimination of carryover from packed towers with special reference to natural draught cooling towers. Trans. Inst. Chem. Engrs. 30 (1952) 235—250.

ıiniaria, C.: Ein thermodynamisches Verfahren zur Bestimmung des Tropfengehaltes nasser Luft. BWK 25 (1973) 2, 31—48.

ılbaugh, W. C., Blackwell, J. P., Leavitt, J. M.: Investigation of cooling tower plume behaviour. Chem. Engng. Progr. "Cooling Towers" (Mon.) 1972, 83—86.

ɔcker, F. W.: Probabilities of cooling system fogging. Chem. Engng. Progr. "Cooling Towers" (Mon.) 1972, 91—93.

ıgels, P.: Untersuchungen des Abscheideverhaltens von Tropfenfanggittern in senkrecht aufsteigendem Luftstrom. Diss. Th. Aachen (1971).

ırmerdonk, R., Günther, H.: Wirksamkeit von Tropfabscheidern im senkrechten Gasstrom. Chem. Ing. Techn. (1969) 649.

all, W. A.: Cooling tower plume abatement. Chem. Engng. Progr. "Cooling Towers" (Mon.) 1972, 33—35.

enning, H., Kliemann, S.: Niederschlags- und Nebelbildung durch Kühltürme. Energie u. Techn. 23 (1971) 3.

enning, H.: Techn. Maßn. z. Verringerung der Umweltbeeinflussung beim Betrieb von Naßkühltürmen. VGB-Konferenz „Kraftwerk und Umwelt 1973" Essen, Sektion B. Nr. 5.

osler, C. L.: Wet cooling tower plume behaviour. Chem. Engng. Progr. "Cooling Towers" (Mon.) 1972, 27—32.

übschmann, W.: Thermal discharges from nuclear power plants and their impact on the environment. IAEA Panel Meeting, Wien 1972 (unveröffentl. Bericht).

ughes, R. R., Gilliland, E. R.: The mechanics of drops. Chem. Engng. 48 (1952) 10, 497—504.

unod, A. u. a.: Bericht über den heutigen Stand der Kenntnisse und die entwickelte Arbeitsmethode zur Abschätzung der meteorologischen Auswirkungen von Kühltürmen. (Man. an die Eidg. Kühlturmkommission) 15. 3. 72, unveröffentl.

aylor, F. B., Petrillo, J. L., Tsai, Y. J.: Prediction and verification of visible plume behaviour. Chem. Engng. Progr. "Cooling Towers" (Mon.) 1972 36—41.

ſikyska, L.: Naturzugkühltürme und ihr Einfluß auf die Umgebung. BWK 25 (1973) 2, 48—51.

vard, J. C., Reismann, J. I.: Cooling tower fog plumes — characteristics and control. (Man.) Ecodyne Corp. Santa Rosa, Cal. (Hrsg.).

vercamp, Th. J., Hoult, D. P.: Precipitation in the wake of cooling towers. Atm. Env. 5 (1971) 751—765.

ʾasquill, F.: The estimation of the dispersion of windborne material. Met. Mag. 90 (1961) 33—49.

Regehr, U.: Tropfenabscheidung in Kühltürmen. KT-Klim. 22 (1970) 10, 339—342.

Rögener, H., Kowollik, G.: Messung des Tropfenauswurfes von Kühltürmen. BWK 15 (1963) 270.

Rvhde, B.: The effect of turbulence on fog formation. Meteor. Inst. Uppsala, Nr. 83, Tellus Vol. 14, Nr. 1. Uppsala, Almqvist 1962.

Ruthman, T.: Droplet size of cooling tower fogs. Thesis, University of Texas (1969).

Shofner, F. M., Thomas, C. O.: Drift measurements in cooling towers. Chem. Engng. Prog. "Cooling Towers" (Mon.) 1972, 125—130.

Slawson, P. R.: Buoyant moist bent—over plumes. Chem. Engng. Progr. "Cooling Towers" (Mon.) 1972, 87—90.

Spurr, G.: Persistance of cooling tower plumes. C. R. G. B. (Oct. 1967).

Sutton, O. G.: Micrometeorology. New York 1953.

Schiffers, A., Flunkert, F.: Eine neue Methode zur Bestimmung kleinster Niederschlagsmengen im Bereich Kühltürme; Energie 23 (1971) 7/8, 232—234.

Watzel, G.: Über die Untersuchung von Tropfenbahnen in umgelenkten Strömungen und ihre Anwendung auf die Tropfenabscheidung in Trocknern. VDI-Fh 41 (1970).

Wessels, H. R. A., Wisse, J. A.: A Method for calculating the size for cooling tower plumes. Atm. Env. 5 (1971) 743—750.

Wistrom, G. K., Ovard, J. C.: Cooling tower drift. Cooling Tower Inst. Ann Meeting. Houston 1973.

16. Kühlwasser-Verteilung

16.1 Verteilsysteme

Bei großen Kühltürmen wird das Wasser den Austauschkörpern über offene Tröge und Rinnen zugeführt. Die Abmessungen richten sich nach den Wassergeschwindigkeiten, die sich als zweckmäßig erwiesen haben. *Berman* empfiehlt für die Hauptstränge 0,8, für die Nebenstränge 0,4 m/s.

Schwierigkeiten treten in Bergbauregionen auf, wenn die waagerechte Lage der Tröge durch Bodensetzungen verändert wird.

Eine weitere Quelle von Betriebsstörungen sind Verwerfungen bei den Trögen und Rinnen, sowie bei den Traggerüsten. Diese stellen sich ein, wenn Holz als Werkstoff verwendet wird. Das Holz quillt, und das Lignin wird ausgewaschen. Die Folge sind Mängel hinsichtlich Dichtheit und Steifigkeit.

16.2 Verteilbecken

Kreuzstrom-Kühltürme haben gegenüber Gegenstrom-Kühltürmen den entscheidenden Vorteil der wesentlich größeren Regendichte. Das Verteilen und ebenso das Auffangen des Kühlwassers erstreckt sich über eine geringe Tiefe und ist weitgehend unabhängig vom Querschnitt des Luftstromes. Verteilbecken und Auffangbecken können daher kleiner ausgebildet werden (Abschn. 11.5).

Bei Kreuzstrom-Kühltürmen braucht die Luft nicht durch die Verteilsysteme hindurchzuströmen. Es können einfache offene Becken angewendet werden, die zugleich die Austauschräume oben abdecken. Größere Becken sind in Abteile aufgegliedert. Eine gleichmäßige Beaufschlagung der Austauschkörper mit warmem Kühlwasser wird durch Schieber erzielt, deren Durchflußmenge im Betrieb eingestellt werden kann. In den Öffnungen am Boden sind Düsenringe eingesetzt; verschiedene Öffnungsdurchmesser ermöglichen auch hier eine Anpassung der Beaufschlagung. Diese Ringe aus Polyäthylen sind von oben aus leicht zu überwachen, zu reinigen und gegebenenfalls zu ersetzen.

16.3 Prallteller

Bei großen Gegenstrom-Kühltürmen haben sich allgemein Prallteller bewährt, die in zahlreichen Abwandlungen auftreten.

Man findet mehrstufige Konstruktionen; die oberen Teller sind als Ringe ausgebildet. Von dem herabfallenden Wasserstrahl wird in jeder Stufe der äußere Anteil abgezweigt und versprüht. Der mittlere Anteil fällt zur nächsten Stufe, bis schließlich die Kernströmung auf den untersten Teller auftrifft.

Bild 16.1. Dreistufiger Prallteller (Bauart Fluor/Ecodyne)

Weitere Konstruktionsvarianten findet man in der Ausbildung der Tellerränder. So wird beispielsweise durch die Neigung der Randflächen um etwa 45 Grad ein weiter Streubereich erzielt. Der hohe Strömungswiderstand gegenüber der aufsteigenden Luft, den die vielen pilzförmigen Wasserschleier durch die Querschnittsverengung hervorrufen, wird durch Zacken am Tellerrand vermindert. Das Kühlwasser bildet dann nicht mehr einen geschlossenen Schleier, der erst weitab vom Prallteller aufreißt. Es wird sofort in radial austretende Strahlen aufgeteilt, die in ihren Zwischenräumen die Luft hindurchtreten lassen.

Ungleichmäßigkeiten in der Beaufschlagung der Austauschkörper fallen bei den Pralltellern nicht ins Gewicht, da diese meist in Verbindung mit Lattenrosten angewendet werden. Die Lattenroste übernehmen ihrerseits die Funktion einer weiteren, gleichmäßigeren Verteilung. Von Lage zu Lage trifft das herabfallende Wasser erneut auf ebene Prallflächen. Jeder Aufprall bringt eine Vermischung (Abschn. 8.2) und eine Neuverteilung mit sich. Die erforderliche Fallhöhe von etwa 2 bis 5 m ist in den konventionellen Kühltürmen mit natürlichem Zug und in den Zellenkühltürmen mit Ventilatoren stets ausreichend verfügbar.

Prallteller sind einfach und billig in der Konstruktion. Sie gestatten, eine relativ große beregnete Querschnittsfläche in einer Einheit zu versorgen. Die Wasserverteilung muß sich daher nicht in die kleinsten Teilströme verästeln.

Prallteller eignen sich indessen nicht für die moderne Filmverdunstung. Die Verteilung ist zu ungleichmäßig. Bei den jetzigen Bauweisen würde ein zu hoher Anteil der Tropfen die Kanäle mit Wasser zusetzen, während zugleich andere Austauschflächen nicht genügend benetzt wären. Die Einfachheit und Betriebssicherheit der Prallteller reizt jedoch, günstige Lösungen für die Kombination der Verteil- und Austauschfunktionen zu finden.

16.4 Sprühdüsen

Bei kleineren Kühltürmen wendet man häufig Sprühdüsen an. Sie benötigen einen relativ hohen Pumpenvordruck, der bei großen Kühlwasserströmen zu einem unwirtschaftlichen Betrieb führen würde, bei kleineren Kühltürmen aber hingenommen wird.

Der hohe Vordruck wirkt sich vorteilhaft hinsichtlich der Verdunstungsleistung aus. Es entstehen zu einem hohen Anteil kleine Tropfen, die mit einem hohen Anfangsimpuls gegen den aufsteigenden Luftstrom etwa 0,30 m weit geschleudert werden. Die gute Verdunstungsleistung im oberen Sprühraum beruht somit auf der großen Austauschfläche, bezogen auf die geringe Wassermenge eines kleinen Tropfens, auf der anfänglich hohen Relativgeschwindigkeit der beiden Medien und auf dem geringen Weg der Wärme vom Tropfeninnern zur Austauschfläche. Hohe Nusselt- bzw. Sherwood-Zahlen sind daher erreichbar (Abschn. 8.9).

So wird bei vielen kleineren Kühltürmen das Wasser, noch ehe es auf die Austauschkörper gelangt, bereits im Sprühraum weitgehend gekühlt. Da die Größe der beiden Anteile von Fall zu Fall verschieden ist und eine Trennung meßtechnische Schwierigkeiten bereitet, sind die Meßergebnisse oft nicht vergleichbar. Werden nicht alle Gegebenheiten der Geometrien, der Strömungsführungen, der Düsenkonstruktionen, der Vordrücke usw. genau beachtet, stellen sich leicht bei der Übernahme von Meßdaten Irrtümer ein.

Nachteilig bei Sprühdüsen ist nicht nur der hohe Energiebedarf für den Vordruck vor der Mündung und die Notwendigkeit, einen wirksamen Abscheider vorzusehen, sondern auch das leichte Verstopfen.

Der erforderliche Drall der Wasserströmung im Innern der Düsen wird entweder durch eine tangentiale Einführung des Wassers oder durch spiralförmige Einsätze hervorgerufen.

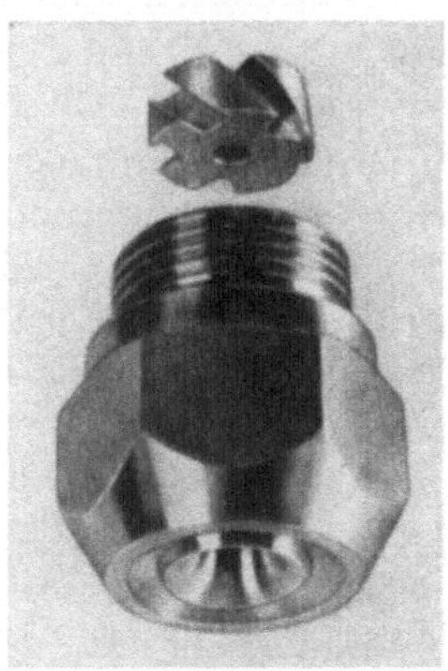

Bild 16.2. Sprühdüse mit Dralleinsatz (Bauart Lechler).

16.5 Segnersche Wasserräder

Die Nachteile der Düsen und Prallteller haben zur Entwicklung von rotierenden Verteilern geführt. Als Antrieb dient der Rückstoß des austretenden Kühlwassers.

Die rotierenden Verteiler, die nach dem Prinzip des Segnerschen Wasserrades arbeiten, wurden von *H. R. Worthington* eingeführt, der wohl die ersten typisierten Kühltürme 1895 in den USA auf den Markt brachte. Es wurde eine reine Filmverdunstung angestrebt. Als Austauschkörper dienten zuerst senkrecht übereinander geschichtete Steinzeugringe. Wegen der Querschnittsverengungen durch deren dicke Wandungen (Abschn. 8.5, Punkt 4) und wegen des hohen Gewichts ging *Worthington* auf Ringe aus 0,5 mm starkem, verzinktem Stahlblech über. Die Ringe waren mit Schlitzen versehen und konnten auf der Baustelle zu einem steifen Verband zusammengesteckt werden.

Die hohe Übertragungsleistung dieser Konfiguration mit ihren wiederholten Anlaufströmungen machte eine vollkommen gleichmäßige

Beaufschlagung erforderlich. Es wurde ein sechsarmiger, rotierender Verteiler entwickelt. Jeder Verteilarm war an der Rückseite mit einer Lochreihe für den waagerechten Austritt der Wasserstrahlen versehen. Das in der Mitte aufgesetzte Standrohr gewährleistete einen gleichbleibenden, relativ geringen Vordruck. Jedes Ringelement sollte zumindest einmal je Sekunde beaufschlagt werden.

Der Gedanke wurde von *C. G. Munters* erneut aufgegriffen. Er benötigte ebenfalls für Austauschkörper mit engen Kanälen eine unbedingt gleichmäßige Wasserverteilung (Abschn. 9.2). Luft und Wasser mußten wechselweise die engen Kanäle durchströmen. Die Benetzung mit einem Wasserschleier löste den periodischen Luftdurchtritt im Takt der Drehungen ab. Das Segnersche Wasserrad leitete den Übergang vom stationären zum instationären, regenerativen Austauschprozeß ein.

Die Vorteile lassen sich, wie folgt, zusammenfassen:

- Der erforderliche Pumpenvordruck ist gering.
- Eine Wasserverteilung über den beregneten Querschnitt durch ein verzweigtes Rohr- oder Rinnensystem, wie es bei Düsen und Pralltellern benötigt wird, erübrigt sich.
- Bei zweiarmigen Verteilern wird dem Luftstrom infolge des geringen Querschnittsbedarfs nur eine geringe Verengung aufgezwungen.
- Die Verteilung ist für jede Ringzone des beregneten Querschnitts, die von einem Strahl bestrichen wird, vollkommen gleichmäßig.
- Die geringe Fallhöhe des Wassers nach dem Austritt ermöglicht die Unterbringung des Verteiles bei gedrängter Bauweise des Kühlturmgehäuses.

Als nachteilig sind zunächst folgende Merkmale anzusehen:

- Zwischen den Austrittslöchern stellen sich tote Zonen verminderter Beaufschlagung ein.
- Nach dem Aufprall der Wasserstrahlen werden vereinzelt Tropfen im Luftstrom mitgerissen.
- Die Menge der aus den vielen Löchern austretenden Wasserstrahlen läßt sich nach der Inbetriebnahme nicht mehr in Abhängigkeit von dem jeweiligen (vorher meist nicht bekannten) Pumpendruck regeln.
- Die kleinen Löcher, die man bei einer möglichst feinen Verteilung anstrebt, setzen sich leicht zu.
- Anfänglich bot das (meist wassergeschmierte) Lager Schwierigkeiten.
- Es wird von jedem Verteiler eine kreisrunde Querschnittsfläche beaufschlagt.

Die Nachteile haben zu einigen Verbesserungen in der Konstruktion geführt. Zunächst wurden die toten Zonen in der Beaufschlagung

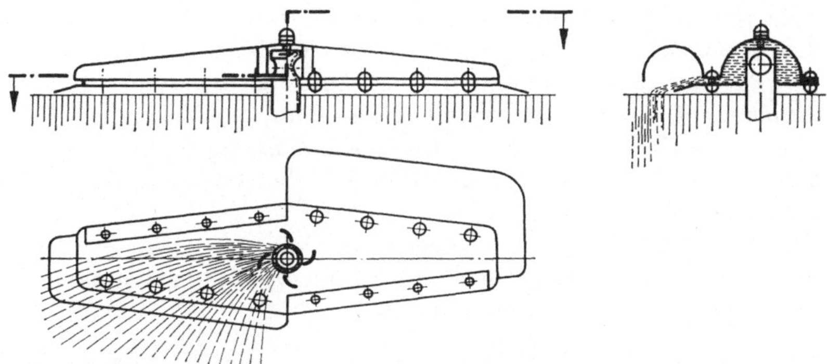

Bild 16.3. Rotierender Wasserverteiler nach dem Prinzip des Segnerschen Wasserrades. Überdeckte Ablauffläche. Minimaler Druckverlust für den Luft- und Wasserstrom. Minimaler Tropfenauswurf. Prallblechabscheider entbehrlich.

dadurch beseitigt, daß die Wasserstrahlen unter einem spitzen Winkel gegen eine Fläche strömten, so daß sie sich vor dem Auftreffen auf die Austauschkörper ausbreiten konnten. Sodann wurden betriebssichere Lösungen für das mittlere Lager gefunden.

Bild 16.3 veranschaulicht die weitere Entwicklung. An die Stelle der Vielzahl einzelner Löcher sind Schlitze getreten, die von einem gewölbten Oberteil und einem flachen Unterteil gebildet werden. Die Schlitzbreite ist nach der Inbetriebnahme verstellbar. Die Reinigung ist leichter als bei den vielen kleinen Löchern. Der Verteiler kann auch schnell auseinandergeschraubt werden.

Das Wasser gleitet über eine schwach geneigte Fläche auf die Austauschkörper. Es findet kaum ein eigentlicher Aufprall statt. Trotzdem ist hinter der Zone des Auftreffens eine Haube vorgesehen, die verhindert, daß Tropfen im Luftstrom mitgerissen werden. Da diese Haube als ‚Abscheider‘ nur einen geringen Querschnitt für den Luftstrom abdeckt, ist ihre Wirkung als Strömungswiderstand tragbar.

16.6 Turbinenantrieb des Ventilators

Große Abmessungen der Schaufelräder und entsprechend niedrige Drehzahlen der Ventilatoren machen schwere Getriebe erforderlich (Bild 12.16). Eine Möglichkeit, solche kostspieligen Zahnräder-Konstruktionen zu umgehen, stellt der Ventilator-Antrieb durch Turbinen dar. Wasserverteilung und Luftförderung sind miteinander gekuppelt. Es entfallen nicht nur die Anschaffungskosten für die Spezialgetriebe sondern auch die üblichen Betriebskosten (Ölwechsel usw.).

Die beiden Strömungsmaschinen arbeiten auf einer gemeinsamen Welle. Die Turbine nutzt den Vordruck des zugeführten Kühlwassers aus. Das drucklos abfließende Wasser soll möglichst gleichmäßig über die Austauschkörper gelangen.

Bild 16.4 veranschaulicht die Grundgedanken. Das Kühlwasser wird in jeder Zelle durch ein mittleres Standrohr zugeführt. Es tritt in die Turbine innen ein und durchströmt das Schaufelrad radial, von innen nach außen. Der Axialventilator auf der Turbinenwelle ist mit vier Schaufeln ausgerüstet. Die Förderleistung kann durch eine Änderung des Pumpenvordruckes während des Betriebes den Erfordernissen angeglichen werden.

Die von der Turbine abgegebene ist gleich der vom Ventilator aufgenommenen Leistung. Die Volumströme verhalten sich daher wie die Kehrwerte der zugehörigen Drücke:

$$\dot{V}_{\mathrm{w}}/\dot{V}_1 = \Delta p_{\mathrm{t}}/g\varrho_{\mathrm{w}}H_{\mathrm{w}}\eta_{\mathrm{w}}\eta_1 \, . \tag{16.1}$$

Aus den identischen Drehzahlen der beiden Strömungsmaschinen ergibt sich eine analoge Beziehung zwischen den Umfangsgeschwindigkeiten und den Durchmessern der Schaufelräder:

$$u_{\mathrm{w}}/u_1 = D_{\mathrm{w}}/D_1 \, . \tag{16.2}$$

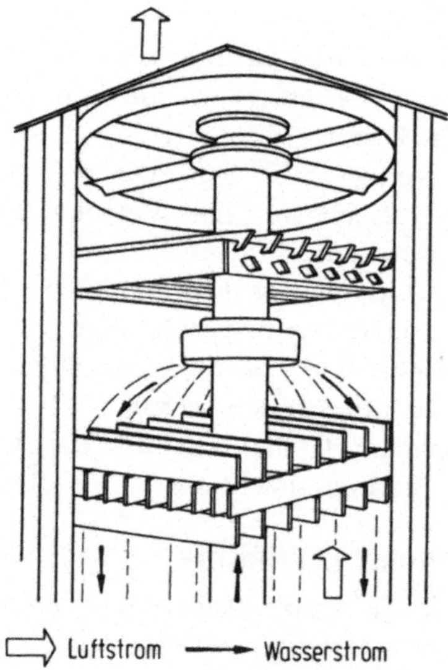

Bild 16.4. Kühlturmzelle mit einem durch eine Turbine angetriebenen Axialventilator (Werkbild: Standard-Messo).

16.7 Kühlwasser-Kaskaden

Bei den Kühltürmen hoher Leistung bewirken zwei Faktoren,

- die große Eintrittshöhe der Luft (Bild 13.6, H_{E}),
- die große Fallhöhe der Lattenroste (Bild 8.1, $b + c$),

gemeinsam, daß von den Umwälzpumpen eine geodätische Förderhöhe überwunden werden muß, die eine unnötige Leistungsvergeudung zur Folge hat.

Um hier Abhilfe zu schaffen, wurden die Perimetrischen Kühlwände, Bild 13.6, mit einer Kaskadenschaltung versehen. Die Pumpen haben nur die verminderte Förderhöhe, H_w rechts, zu überwinden. Die Aufgliederung der geodätischen Förderhöhe in Teilhöhen, wie sie für den Verdunstungsprozeß erforderlich sind, setzt Austauschkörper für Filmverdunstung von geringerer Bauhöhe nach Möglichkeit, unbedingt aber getrennte Kühlwasserkreisläufe voraus. Diese Bedingung ist bei den Anlagen mit großen Rückkühlleistungen meist gegeben.

Literatur zum Kapitel 16

Berliner, P.: Kühltürme mit Turbinenantrieb des Ventilators. HLH 21 (1970) 6, 196—201.

Glaser, St.: Einfluß d. hydr. Eigensch. eines Kühlturms auf die Kaltwassertemperatur. KT-Klim. 22 (1970) 11, 377—382.

17. Kühltürme in Kraftwerken

17.1 Kondensatordruck

Große Kühltürme werden fast ausschließlich für die Energieversorgung gebaut. Bei den mittleren und kleineren Leistungen nimmt die Kälte- und Klimatechnik den ersten Platz ein.

In beiden Anwendungen ist die Verdampfungswärme aus einem thermodynamischen Kreisprozeß abzuführen. Bei allen Lastverhältnissen und Witterungsbedingungen soll sich ein genügend niedriger Kondensationsdruck einstellen.

17.2 Wärmeabgabe

Seit Beginn der Elektrizitätserzeugung konnte man die Wärmeenergie, bezogen auf die abgegebene Leistung, ständig senken. Bis zur Jahrhundertwende war diese Zahl von mehr als 25 auf 18 vermindert worden. 1910 lag sie bei 10, 1920 bei 6, 1930 bei 4,0, 1940 bei 3,4, 1950 bei 3,0, 1960 bei 2,5. Die Entwicklung zeigt, daß die Kurve, die den technischen Fortschritt kennzeichnet, zunehmend flacher verläuft; die Marke von 2,5 wird nicht mehr wesentlich unterschritten.

Die Einsparungen, die künftighin in der Wärmeaufnahme je kWh abgegebener Leistung erzielt werden könnten, treten gegenüber der steigenden Stromerzeugung ganz zurück. Die Wärmeabgabe wird etwa proportional mit der Stromerzeugung wachsen.

17.3 Kernkraftwerke

Die Kernkraftwerke, die nach den gegenwärtigen realisierbaren Technologien gebaut werden, liefern Dampf von niedrigem Druck und geringer Überhitzung. Das verfügbare Enthalpiegefälle ist nur halb so groß wie bei den modernen HD-Heißdampfanlagen mit Zwischenüberhitzung. Dies hat zur Folge:

- Zur Kondensation des Abdampfes ist eine niedrige Kühlwassertemperatur und/oder eine große umgewälzte Kühlwassermenge wirtschaftlich.
- Der thermische Wirkungsgrad ist in besonders starkem Maße von den Temperaturschwankungen am kalten Ende abhängig.
- Die Gefahr einer Bildung von Naßdampf — und damit die Gefahr von Korrosion, Kavitation und Schaufelbrüchen — ist größer.
- Der spezifische Dampfverbrauch — und damit die Niederdruckkomponenten, einschließlich der Kondensatoren und Kühltürme — müssen wesentlich größer bemessen werden.

17.4 Verdunstungskühlung

Beim Übergang von der Flußwasser- auf die Verdunstungskühlung wird mit einem Anstieg des maximalen Kondensationsdruckes von etwa 0,03 auf 0,07 bar gerechnet. Der Wärmeverbrauch steigt hiermit

- bei fossil befeuerten Kraftwerken   um ca. 5%
- bei Kernkraftwerken   um ca. 8%.

Hand in Hand mit der Wahl eines höheren Kondensatordruckes bei der Auslegung kann indessen das Abdampfvolumen, und damit die Flutenzahl sowie die Turbinenlänge, vermindert werden.

17.5 Optimierung des Kondensationsdruckes

Eine Verbesserung der Kraftwerksleistung um beispielsweise 1%, die dem Außenstehenden zunächst unbedeutend erscheinen mag, wird von den EVUs mit Recht als wichtiger Fortschritt gewertet. Die Fahrprogramme für Flußwasserkühlung wurden dementsprechend optimiert. Analoge Rechnungen führen zu einer besseren Auslegung und Ausnutzung bei Kühlturmbetrieb.

Krieb und *Zimmermann* errechneten für eine (Durchschnitts-) Temperatur am feuchten Thermometer von $+7\,°C$ folgende Optimalwerte:

Kondensationstemperatur	+32		+37		°C
Wärmeübertragung	290	410	290	410	MW
Kühlwasserstrom, spez.	94	74	76	68	m³/MWh
Kühlgrenzabstand, opt.	13,3	11,4	15,1	14,6	°C
Aufwärmespanne, opt.	9,1	11,7	11,4	12,7	°C
Grädigkeit d. Kondensators	2,6	2,0	3,5	2,7	°C

Berechnung zur Optimierung, die *Král* für die Kühlkreisläufe von projektierten Kraftwerken in der Tschechoslowakei durchführte, ergaben eine optimale Eintrittstemperatur des Kühlwassers in die Kondensatoren

- bei Kühltürmen mit Ventilatoren   von 21 bis 22 °C
- bei Kühltürmen mit Kamin   von 24 bis 28 °C.

17.6 Ablaufkühlung

Bie großen Kraftwerken werden Kühltürme heute vielfach nicht zur *Einsparung* von Kühlwasser sondern zur Verhinderung einer unzulässig hohen *Erwärmung* des Kühlwassers eingesetzt. Das in den Kondensatoren erwärmte Flußwasser darf nicht ungekühlt in die Gewässer zurückgeführt werden, da ökologische Gründe dagegen sprechen. Die Kühltürme arbeiten somit nicht mit Kühlwasserkreislauf.

In solchen Fällen wird der Kühlturm nicht nach Optimalrechnungen sondern nach den Auflagen der Überwachungsbehörde ausgelegt. Verschiedentlich sind die Auflagen so streng, daß ein Kühlturm mit natürlichem Zug nicht in Betracht kommt. Bei Erfüllung der Forderung nach einer niedrigen Rücklauftemperatur kann sich kein ausreichender Auftrieb einstellen.

Zu den Auflagen über die maximal zulässige Temperatur kommen Vorschriften über den minimalen Sauerstoffgehalt des Kühlwassers, das in den Fluß zurückgeführt wird. Die Anreicherung mit Luftsauerstoff ist nun in vielen Fällen so umständlich, daß bei Kraftwerken, die unmittelbar an großen Flüssen liegen, ein Kühlturmbetrieb mit Kreislaufwasser der Ablaufkühlung vorgezogen wird.

17.7 Umwälzpumpen

Für die Umwälzung des Kühlwassers werden in Kraftwerken vorzugsweise schnelläufige, axiale oder halbaxiale, Pumpen verwendet. Diese sogenannten Propellerpumpen sind mit dem Antriebsmotor direkt gekuppelt. Sie erreichen einstufig eine Förderhöhe von 12 m bei axialer, bzw. von etwa 24 m bei halbaxialer Anordnung der Schaufeln.

Man ist bei den modernen Grenzleistungsturbinen bestrebt, den Kondensationsdruck im Winter, bei den tiefen Kühlwassertemperaturen nicht absinken zu lassen. Die Drosselverluste bei Volumenzunahme des Dampfes verhindern, daß in der letzten Stufe bei sehr niedrigem Druck noch ein Leistungsgewinn erzielt werden kann. Zudem wird die Turbine durch möglicherweise auftretende Dampfnässe gefährdet.

Aus diesen Gründen zieht man vor, die Förderleistung der Pumpen während der kalten Jahreszeit zu vermindern. Man regelt nicht mit der Drehzahl sondern mit dem Anstellwinkel der Schaufeln. So wird ein gleichbleibender Kondensationsdruck aufrechterhalten.

Literatur zum Kapitel 17

Baker, D. R.: Selecting cooling towers for condensing steam turbines. Ann. Meeting ASME 1961. Marley Co., Kansas City, Techn. Bull. R-62-P-2.

Beck, P., Goettling, D.: Energie und Abwärme. Berlin, E. Schmidt 1973.

Berliner, P.: Dry Versus Wet Heat Transfer Processes, Proc. Int. Conf. Nuclear Solutions to World Energy Problems (ANS Winter Meeting), Washington 1972.

Fratzscher, W., Felke, H.: Einführung in die Kernenergetik. Lpzg. 1971.

Förster, S.: Die Kühlung von Kernkraftwerken. BWK 25 (1973) 11, 426—432

Frewer, H., Lepie, G., Martin, A.: Die Auslegung von Druckwasser-Kernkraftwerken. BWK 19 (1967) 12, 574—579.

Henning, H.: Der Kühlturm im Kraftwerksprozeß. NUCLEX 72. Fachtagung, Basel. Nr. 9/23.

Král, V.: Optimierung der Kühlkreisläufe von Kraftblöcken großer Leistung. Schwerindustrie der Tschechoslowakei (1970) 10, 26—35.

Krieb, R. H., Zimmermann, F.: Optimierung des kalten Endes. BWK 21 (1969) 3, 120—125.

Moore, F. K.: On the minimum size of natural draft dry cooling towers for large power plants. ASME Winter Meeting on Waste Heat Disposal from Large Power Plants. New York 1973.

Odenthal, A., Spangenmacher, K.: Der Kühlturm im Dampfkraftprozeß. BWK 11 (1959) 12, 556—562.

Trenkler, H.: Bedeutung des kalten Endes beim Wasserdampfprozeß für Kernkraftwerke. BWK 19 (1967) 266—269.